Experimental Teaching Guide for
# PRECISE
# INTERFEROMETRIC
Testing and Machine Vision

# 精密干涉检测与机器视觉实验教学指导书

刘　东　徐兆锐　彭韶婧 ◎编著

ZHEJIANG UNIVERSITY PRESS
浙江大学出版社
·杭州·

**图书在版编目（CIP）数据**

精密干涉检测与机器视觉实验教学指导书 / 刘东，
徐兆锐，彭韶婧编著. -- 杭州：浙江大学出版社，
2025. 7. -- ISBN 978-7-308-25446-5

Ⅰ. TP212.4

中国国家版本馆 CIP 数据核字第 2024PT6590 号

**精密干涉检测与机器视觉实验教学指导书**

刘　东　徐兆锐　彭韶婧　编著

| | | |
|---|---|---|
| **策划编辑** | 徐　霞（xuxia@zju.edu.cn） | |
| **责任编辑** | 徐　霞 | |
| **责任校对** | 王元新 | |
| **封面设计** | 春天书装 | |
| **出版发行** | 浙江大学出版社 | |
| | （杭州市天目山路 148 号　邮政编码 310007） | |
| | （网址：http://www.zjupress.com） | |
| **排　　版** | 杭州青翊图文设计有限公司 | |
| **印　　刷** | 小麦（杭州）印刷科技有限公司 | |
| **开　　本** | 787mm×1092mm　1/16 | |
| **印　　张** | 14.25 | |
| **字　　数** | 346 千 | |
| **版 印 次** | 2025 年 7 月第 1 版　2025 年 7 月第 1 次印刷 | |
| **书　　号** | ISBN 978-7-308-25446-5 | |
| **定　　价** | 48.00 元 | |

# 前　言

　　高端光学元件作为制造业的核心基础零件,其制造技术的研究对于强化产业基础能力、促进制造业优化升级具有举足轻重的意义。被列为重点发展的科技前沿领域的和重大基础设施的极紫外光刻机、X射线望远镜、激光核聚变装置、自由电子激光装置、同步辐射装置等一系列高端装备,其性能在很大程度上取决于关键光学元件的性能。超精密光学制造的核心特征在于高精度、高性能与高效率的深度融合,加工与检测一体化是攻克相关难题的关键手段。自2012年回国以来,我逐步承担起"精密干涉检测"这门专业课程的主讲任务。经过多年教学实践积累,我于2017年暑期正式启动教材编写工作。从规划架构、文字撰写、图片绘制,到反复校稿,《光电干涉检测技术》教材终于在2020年正式出版,并初步构建了适合精密干涉检测专业课程的教学理论体系,明确了教书育人的方针策略。该教材沿用至今,为学生们快速融入精密光学制造与检测领域提供了坚实的理论支撑,受到高校学生、专业科技工作者等的广泛好评,也激励着我进一步完善教学体系建设。

　　在《光电干涉检测技术》教材正式出版的同年,通过与学生们深入交流课程心得,我发现学生们对书本上抽象的理论知识理解得不够透彻,往往只是停留在课件中几个动画的表面认知上。基于此,我利用暑期时间,与研究生团队一起,依托实验室的现有资源,自主设计搭建了一套"干涉检测与机器视觉"桌面实验系统,并精心编写了配套的控制软件,极大地方便了学生操作。从那以后,对于每一届新入学的干涉检测方向研究生,我都会安排他们亲手调试这套实验系统,并根据他们的反馈情况,持续优化软硬件,直至其具备完整的实验教学功能。同时,我也同步完成了本实验指导教材的编写工作,将其作为理论课程教材的实践补充,进一步完善了知识体系。在编写教材的整个过程中,我时刻铭记习近平总书记强调的"浇花浇根,育人育心"理念,力求在内容上既能够夯实学生的知识基础,又能激发他们崇尚科学、探索未知的热情,培养他们的探索性、创新性思维品质,致力于培育面向先进制造业创新需求的工程技术人才以及基础扎实的应用型研发人才。如今,当看到教材即将出版时,我的内心不禁感慨万千!

本教材专为"精密干涉检测"专业课程的实验环节量身定制,紧密围绕课程大纲中划分的 6 套实验原理展开详细阐述,旨在帮助学生进一步巩固理论基础,回顾理论课程中的关键知识点。同时,作为实验指导书,在每个实验的末尾都精心附上了实验操作步骤、实验记录表格、思考题以及注意事项等实践内容,时刻提醒学生关注实操过程中的细节,做好详尽的记录,引导学生在实践中积极思考并自主解决问题,全方位培养学生在实践中的综合能力。为了让学生们对实验课程有一个全面且清晰的认识,教材在绪论中对"光电微纳检测及信息处理系统"进行了全方位的介绍。这不仅涵盖了实验内容,如平面检测、球面检测与非球面检测光路的工作原理,以及硬件系统关键器件的参数介绍,还详细阐述了通用的系统搭建步骤与软件系统的各项功能描述。

干涉检测技术的核心原理是基于参与干涉的两个光波之间存在光程差,从而形成可供分析的干涉信号。特别是对于数字波面干涉仪这类波前检测系统而言,其获取的干涉信号即是我们熟知的干涉条纹图,简称干涉图。在数字波面干涉检测系统的众多应用场景中,平面光学元件的检测是最为常见且基础的环节。因此,课程精心设置的第一个实验为"数字波面干涉仪平面面形检测",这不仅是后续每个实验系统装调的基石,也是学生掌握基本检测技能的关键起点。为了实现对平面元件的精准检测,首要任务是调试出垂直于平面元件的平行光束。本章重点介绍了基于剪切板调节平行光束的实验步骤,巧妙地结合了理论课程中的剪切干涉原理,为光路装调提供了直观且可视化的判据,有力地保障了系统检测的高精度。紧接着,本章详细阐述了基于特外曼-格林干涉结构的平面镜面形检测原理,复习了干涉相位提取算法的理论知识,为学生实际动手装调系统以及熟练使用测试软件奠定了坚实且稳固的基础。

干涉面形检测通常反映的是待测元件表面形貌与参考元件之间的相对差异,属于典型的相对测量方式。尤其是对于非共路的特外曼-格林干涉结构而言,干涉条纹对比度的优化以及系统误差的精准标定是提升检测精度的两大关键环节。课程设置的第二个实验紧密穿插在平面检测系统装调过程中,涵盖了干涉条纹对比度调节、图像预处理以及系统误差标定等三个核心环节。为了让学生获得最佳的实践体验,我们精心设计的实验系统采用了偏振干涉光路。学生可以通过手动调节光路中不同位置的偏振元件,灵活改变检测路或参考路的光强,进而直观地实现对比度的调节,并且能够从软件呈现的干涉图中清晰地观察到对比度的变化。在图像预处理部分,我们充分融入了大量"数字图像处理"课程的理论知识。本章列举的所有预处理步骤都在实验软件中编写了对应的操作模块,学生可以自由调整参数,并且能够直观地看到每一步操作的效果。在系统误差标定方面,我们主要介绍了干涉仪器常用的多种标定方案。从入门教学的角度出发,实验环节选择了直接标定法进行误差定标,既保证了标定效果,又兼顾了操作效率。

干涉球面面形检测在军民各领域都有着极为广泛的应用。通常情况下，需要在平面检测光路的基础上，依据待测样品的曲率半径，精心挑选合适焦距的消球差透镜，从而产生与之完美匹配的球面波。将光路精准调整至共焦位置后，即可实现平行光进、平行光出的效果，无须更换平面参考镜即可高效检测球面元件。课程设置的第三个实验聚焦于凹球面镜的面形检测，采用了与前两个实验相同的偏振干涉光路，不同之处在于检测路替换为由消球差透镜与待测样品组成的共焦望远镜结构。实验原理部分不仅科普了两种球面镜曲率半径的检测方法，用于精准评价未知样品的关键参数，还详细介绍了球面镜检测的基本原理以及参数匹配需遵循的严格关系。受限于实验课程时间的约束，本次实验选用的消球差透镜与待测球面镜均已预先完成了参数检测，确保满足匹配关系。由于球面检测光路相较于平面更为复杂，其干涉图像中的像差组分也更加丰富多样。本章重点介绍了含有初级像差的干涉图分析方法以及实际软件操作步骤，全方位帮助学生在实验过程中更好地理解各类干涉图所对应的装调误差，从而更加便捷地实现最终所需的实验效果。

通过前三个实验的系统学习与实际操作，相信学生们已经对干涉面形检测的基本流程有了较为深入的了解。在正式进入更为复杂的非球面检测领域之前，第四个实验从算法层面深入剖析了干涉图的相位恢复技术。干涉信号的产生源于两束光波满足干涉条件后的相干叠加，在强度方面呈现出明暗相间的干涉条纹，其本质是正余弦分布。干涉相位恢复技术的核心就是通过对干涉图强度信息的精细处理，精准解算出相位分布。为了求解多值的三角函数方程，通常需要借助更多维度的已知信息，例如多幅相位差已知的干涉图，以此构建方程组，也就是经典的相移干涉技术。本章实验另辟蹊径，从独特的角度展现了相位恢复技术的无穷魅力，详细介绍了一种适用于单幅球面干涉条纹闭合图像的二维正则化相位跟踪解调算法，并补充介绍了单幅倾斜载波傅里叶分析算法，全方位拓展了干涉相位的分析思路。通过预先编写好的软件，让学生直观地感受不同算法对相同元件检测结果所产生的差异，引导学生深入思考误差的来源。

非球面光学元件相较于传统的球面及平面元件，能够提供更大的设计自由度，从而更加高效地矫正像差，轻松满足光学设计的严格要求。然而，不同非球面的形状差异极大，很难找到一种通用的高精度检测方法，其检测光路也变得更加复杂多变。因此，针对非球面检测这一复杂问题，我们精心设计了两个实验环节来开展教学。

实验五主要聚焦于非球面光学性质的深入介绍，紧密结合理论教材中的基础知识，更加强调在实际检测过程中需要重点关注的非球面关键参数，以便确定最为合适的检测方法。同时，综述了各类非球面面形检测方法，涵盖接触式与非接触式两大类别。其中，干涉检测技术凭借其卓越的精度，被公认为是非接触式检测方法中的佼佼者。本章重点介绍了通用性更强的非零位检测技术,并展示了团队自主研发的部分补偿镜对典型样品的检测成果。实验环节以球面检测系统为基础,精心挑选凹抛物面作为待测样品,构建非零位检测光路,深入分析各类像差对干涉条纹产生的影响,明确顶点球与最佳球的物理概念,并详细阐述光路装调以及相位分析的具体步骤。

实验六在实验五奠定的非球面理论基础之上,重点聚焦精度更高且专用性更强的零位干涉检测技术,全面介绍了补偿镜法、计算全息法、无像差点法等多种方法。以实验五中用到的凹抛物面镜为例,详细描述了无像差点法的光路组成以及调试细节。在实验数据处理环节,紧密结合理论课程知识,介绍了环形区域的Zernike多项式拟合算法,巧妙地避免了中孔反射镜光路遮挡部分对像差分解可能产生的影响。

以上所有实验都精心配置了对应的思考题,旨在帮助学生在实验结束后,能够更加深入地思考实验现象背后所蕴含的丰富物理意义。

在本教材的编写过程中,团队的青年教师以及研究生小伙伴们给予了极大的支持和帮助。特别是共同编者徐兆锐老师、彭韶婧老师,以及博士生臧仲明、严天亮、孙焕宇、胡晓波等,他们在实验环节的实际操作以及部分实验原理的图片绘制等方面,投入了大量的时间和精力。此外,博士生王玥、李欣明,硕士生张鹄翔、陈楠及金王赞在原材料的搜集等方面也提供了许多可靠的支持。亦要感谢硕士生马仕哲、邹思睿与骆维舟在实验软件编写方面作出的贡献。浙江大学出版社黄娟琴老师、徐霞老师多次关心教材的撰写、校稿、排版等进展,加班加点、逐字逐句地审稿与校稿;Thorlabs(中国)公司提供了教材中部分光学器件的精美图片;浙江大学及浙江大学光电科学与工程学院对教材的出版给予了大力支持。在此,我对所有给予帮助的个人和单位表示衷心的感谢!

另外,期待各位读者朋友的宝贵意见(liudongopt@zju.edu.cn)。书中部分图片来源于互联网,虽极尽所能进行了引用及标注,但难免有所疏漏,亦恳请批评指正。

刘东于浙江大学玉泉校区

2025 年 6 月 9 日

# 目　录

# 光电微纳检测及信息处理系统介绍

## Ⅰ 实验内容介绍

本课程实验以光电微纳检测及信息处理系统（Photoelectric micro-nano Detection and Information Processing System，PDIPS）为基础，进行相关的光电微纳检测实验，帮助学生理解信号调制、解调与图像处理方法。PDIPS 以特外曼-格林干涉仪为基础，增加了偏振器件以适应不同的检测需求，并且集成了光电信号调制与数字图像处理等功能，如图 0-1 所示。

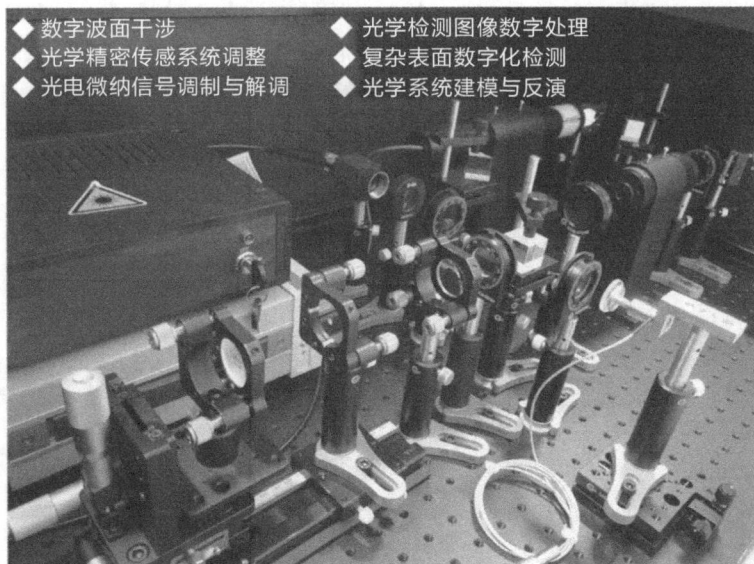

图 0-1　光电微纳检测及信息处理系统（PDIPS）

　　PDIPS可根据待测面各自的特点,对检测路略作调整,即可实现平面、球面及非球面等面形的检测。图0-2(a)～(c)分别为检测平面镜、球面镜和非球面镜时的光路示意图。激光器发出的光经过扩束器扩束后,射向波片和偏振分光棱镜(Polarizing Beam Splitter,PBS)。由于激光的束腰及发散角各不相同,在激光器与扩束镜之间使用了反射镜及直角棱镜,可调节光路长度,以使干涉光斑更加均匀。起偏器用于分配入射光的光强,经过PBS分束后的光,一路由参考镜反射后原路返回,为参考路;另一路射向待测件,为检测

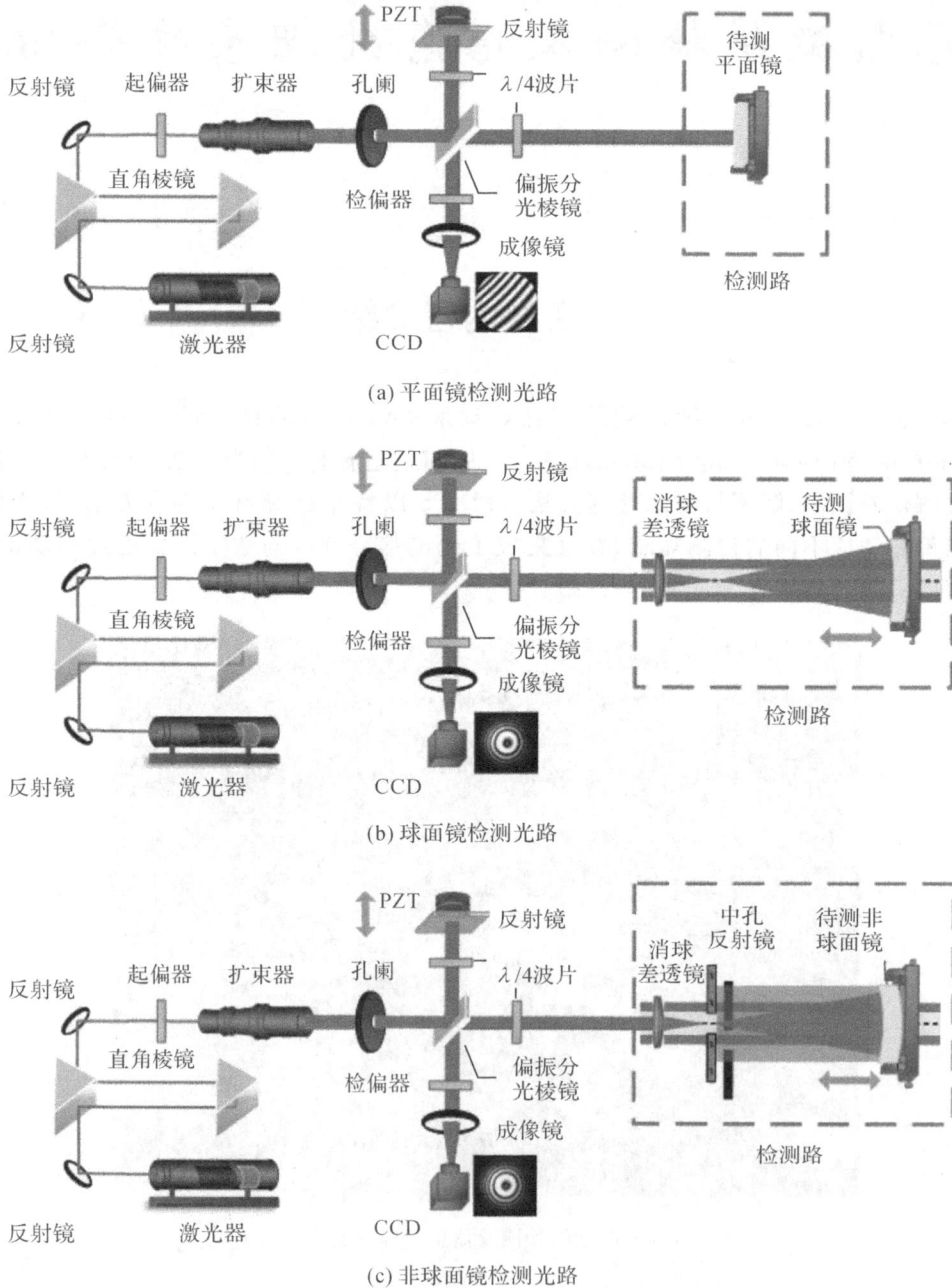

(a) 平面镜检测光路

(b) 球面镜检测光路

(c) 非球面镜检测光路

图 0-2　先进光电微纳检测技术及信号调制与图像处理系统

路。为了实现零位检测,需要使检测光沿原路返回。在检测平面镜时,由于检测光波为平面波,因此直接使检测波入射至待测件,便可使光原路返回。当待测面为球面时,选择合适的消球差透镜,使得平面波通过后可以形成与待测球面镜适配的球面波,从而经待测球面镜反射后原路返回。当待测面为二次非球面时,可以使用类似于图 0-2(c)的无像差点法进行检测。无像差点法主要利用了二次曲面光学共轭点的性质。以抛物面面形检测为例,抛物面的焦点与无穷远处互为共轭点,由抛物面焦点发出的光经抛物面反射后将成像于无穷远处。即置于抛物面焦点处的点光源所发出的光,经抛物面反射后为平行光。经过置于焦点附近处的中孔平面反射镜反射后原路返回,实现零位检测。

特外曼-格林干涉仪的基本光路形式如图 0-3 所示,可以认为是迈克耳孙干涉仪的一种变种。与迈克耳孙干涉仪不同的是,其光源是单色点光源,置于一个校正像差的透镜 L1 的前焦点上,而从干涉仪射出的光用另一个校正像差的透镜 L2 汇聚,人眼处在透镜 L2 的焦点附近位置观察,能够看到反射镜 M1 和 M2 的整个范围。由于特外曼-格林干涉仪使用单色光源,具有良好的相干性,所以不再需要迈克耳孙干涉仪中的补偿板。

若作出反射镜 M1 在分光棱镜(Beam Splitter,BS)半反射面中的虚像 M1′(图 0-3 中未画出),则光通过干涉仪产生的光程差等效于通过 M2 和 M1′所构成的空气楔的光程差。因此

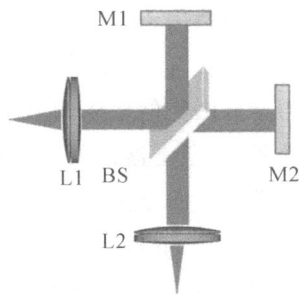

图 0-3　特外曼-格林干涉仪

特外曼-格林干涉仪产生的干涉条纹为等厚干涉条纹,即同一条纹处在波面等高的地方,条纹密集的地方波面弯曲大,而条纹稀疏的地方波面弯曲小。检测零件时,可以将检测件放入其中一支光路,并将该路作为检测路。将反射镜移动或者旋转一定角度,可以观察条纹移动方向来确定面形误差的弯曲方向为凹或凸,从而精修零件表面。

在实际检测中,一个有像差的波前在传播过程中是不断变化的,一个光学系统的误差只能是以其光瞳处的波前误差来描述。因此,经典数字波面干涉仪要获得高精度结果必须满足:

(1)干涉仪光瞳处的干涉图必须能够表征该处的波前变化;

(2)探测器接收面位于该系统出瞳处。

PDIPS 的开发基于偏振特外曼-格林干涉体系,如图 0-2(a)所示。系统采用波长为 632.8nm 的氦氖激光器作为光源,经过两个平面反射镜和两个直角棱镜后,通过起偏器,成为线偏振光。线偏振光进入扩束倍数为 20 倍的扩束器,转换为平行光。然后线偏振光通过孔阑后入射进 PBS,其平行于入射面振动的线偏振光称为 p 光(平行偏振光),将完全透过 PBS;垂直于入射面振动的线偏振光称为 s 光(垂直偏振光),大部分将被反射。透射过的 p 光经过 $\lambda/4$ 波片(四分之一波片)变为椭圆偏振光(或者圆偏振光),被待测镜反射后,再次通过 $\lambda/4$ 波片,变为 s 光,因此在 PBS 处被反射,到达检偏器;而在 PBS 反射的 s 光,经过参考平面镜光路后两次通过 $\lambda/4$ 波片变为 p 光,透过 PBS,到达检偏器。两路光通过检偏器达到相同的偏振方向,即满足干涉条件。通过成像镜将干涉图成像在电荷耦合器件图像传感器(Charge-Coupled Device,CCD)上。针对不同待测件,只需更换检测路结构即可。

参考平面镜后方有压电陶瓷(Piezoelectric Ceramic,PZT),检测过程中需要使用线性电源精确控制 PZT 的移动距离,以实现干涉移相,求解面形误差。实验配套的软件分析系统中,除提供经典的四步移相相位解调方法外,还提供了傅里叶分析法及单幅闭合条纹干涉图处理技术,用于干涉相位解调。在解调得到相位信息后,通过 Zernike 多项式拟合处理,即可得到待测镜的面形信息。此外,偏振干涉光路还可便捷调节干涉条纹对比度,通过调整起偏器的角度,可以改变两路光的分光比,再调整检偏器和起偏器之间的夹角,可以改变两干涉光束的光强比值,从而提高最终干涉条纹图的对比度。

本实验课程共有六个实验。其中实验 1 以数字波面干涉仪检测平面镜面形为例,让学生熟悉用于精密测试领域的光机电算一体化系统的一般组成及调整方法、相位调制与解调方法、面形数据处理及表征方法等,进而初步建立起干涉检测的基本概念。实验 2 介绍干涉图像的偏振调节及图像处理技术,从实验调节和图像处理两方面来获取高质量干涉图,介绍干涉检测中系统误差的标定,减小干涉测量中的误差,提升检测精度。实验 3 为数字波面干涉仪检测球面镜面形实验,主要目的包括:帮助学生理解球面镜的特点及曲率半径、了解球面镜面形干涉检测原理及调整方法、体会消球差透镜与待测球面镜的匹配原则、实践带有初级像差的波前干涉图分析方法等。实验 4 集中学习多种单幅干涉图处理方法,主要包括空间载波相位调制及傅里叶干涉条纹分析技术,使学生实际体会光电信号调制与解调技术、光电干涉信息傅里叶分析法、傅里叶分析频谱泄漏效应、空间载频误差对检测结果的影响等,以及本实验系统独有的单幅闭合干涉图相位解调技术——二维正则化相位跟随(Regularized Phase Tracker,RPT)。实验 5 和实验 6 分别为非球面光学性质及通用化检测、非球面高精度零位干涉检测。通过实验 5 与实验 6 的比较,了解复杂光学元件干涉检测方法的特点,体会零位干涉检测与非零位干涉检测的区别,加深对非球面等复杂曲面检测方法的理解,同时体会计算机建模技术在光电干涉检测中的应用。

上述六个实验将使学生深刻理解光机电算一体化检测系统"以光学原理为核心、电路控制为辅助、计算机及软件技术做提升"的特点。具体技能培养方面,以平面、球面、非球面为例,让学生学习并理解光电微纳检测信号调制与解调方法、光电干涉图像处理与信息重构方法等技术的同时,更好地掌握光电干涉检测系统的调整和实验方法。

# Ⅱ 硬件系统介绍

下面介绍 PDIPS 实验中所用到的器件以及干涉实验中的其他常用器件。

**1. 激光器**

激光作为 20 世纪的重要发明之一,具有准直性好、单色性好、强度/密度高等优点。激光器是利用受激辐射原理产生激光的一种器件,图 0-4 为数字波面干涉仪常采用的氦氖激光器实物图。

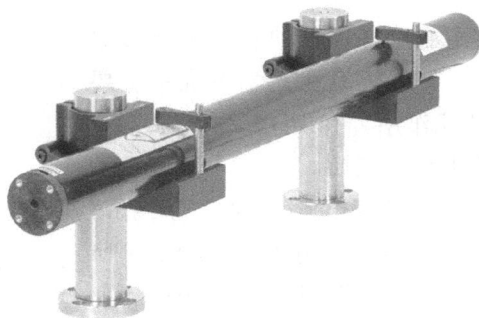

图 0-4　氦氖激光器

激光器通常由三部分组成:激光工作物质、泵浦源以及光学谐振腔。其中,激光工作物质是指能够用来实现粒子数反转并产生光受激辐射放大作用的物质体系。泵浦源的作用是对激光工作物质进行激励,将激活粒子从基态抽运至高能级,以实现粒子数反转。光学谐振腔主要有两个方面的作用:一个是产生并且维持激光的振荡;另一个是控制激光器的输出质量,保证输出光束的高单色性和高方向性。

激光器可以在连续或者脉冲模式下工作,当光脉冲的速率小于激光器的空腔寿命时,称作脉冲激光器。产生脉冲的方式有 Q 开关方式、锁模方式、脉冲泵浦方式等。根据工作物质的不同,激光器可以分为气体激光器、固体激光器和染料激光器等。常见的气体激光器有氦氖激光器、二氧化碳激光器、准分子激光器等。常见的固体激光器有红宝石激光器、掺钕钇铝石榴石(Neodymium-doped Yttrium Aluminium Garnet,Nd:YAG)激光器、光纤激光器等。染料激光器使用有机染料作为激光器的介质,通常为液体。

激光器的常见参数包括以下几个方面。

(1)光源波长:指激光光源的工作中心波长。

(2)光谱宽度:描述了所发射激光的单色性。实际中的激光器都没有真正达到单色光的水准,其光谱都有一定的宽度。光谱宽度越小,激光单色性越好。一般来说,固体激光器的光谱宽度往往小于 0.2nm,而半导体激光器的光谱宽度一般较宽。

(3)光束发散角:描述了激光的准直性。发散角越小,准直性越好。

(4)光功率:描述了激光器发射的激光功率的大小。

(5)功率稳定性:一般用 24 小时内的功率偏差的百分比来表示,如 0.1%(24h)。该项数值越小,激光器的功率稳定性越好。

(6)噪声:一般用噪声相对功率均方根(Root Mean Square,RMS)的百分比来表示,如 0.1%RMS。该项数值越小,噪声越小。

(7)相干长度:描述激光器单色性的参数,表示相干波保持一定的相干度进行传播的距离。相干长度越长,单色性越好。氦氖激光器的相干长度可达几公里,一般连续激光器的相干长度也可达几十米,但脉冲激光器的相干长度会相对稍短。

(8)偏振态:描述了光的振动方向。在配合偏振系统使用时,需要注意激光的偏振态。

### 2. 直角棱镜

将一个或者多个反射面磨制在同一块玻璃上所形成的光学元件称为反射棱镜。反射棱镜在光学系统中主要实现转相、转折光路和扫描等作用。在 PDIPS 中,采用直角棱镜(见图 0-5)进行光路折转及变换。

按照不同的镀膜方式,可将直角棱镜用作 90° 反射镜或 180° 中空回射镜。在两个直角面镀反射膜,如图 0-6(a)所示,则两个直角面可以充当两个反射镜,相比于传统的反射镜,这种方式可以使光路更加紧凑;在斜面镀上反射膜,利用全内反射,可以使入射光线实现 90° 转折,如图 0-6(b)所示;在斜面镀增透膜,两个直角面镀上反射膜,通过两次透射和两次内反射,可以实现光路的 180° 转折,如图 0-6(c)所示。

图 0-5 直角棱镜

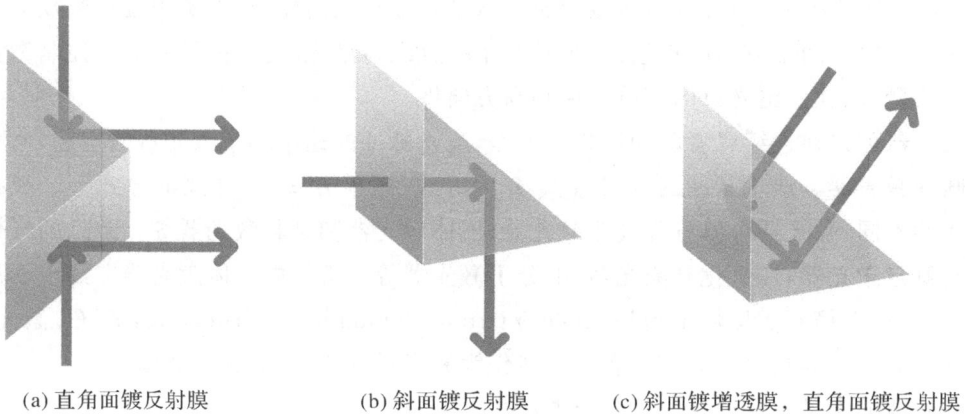

(a) 直角面镀反射膜     (b) 斜面镀反射膜     (c) 斜面镀增透膜,直角面镀反射膜

图 0-6 直角棱镜折转光路

### 3. 扩束器

激光扩束器可以用于增大激光光束直径和减小发散角,其实物图如图 0-7(a)所示。其原理为一个倒置望远镜,如图 0-7(b)所示。

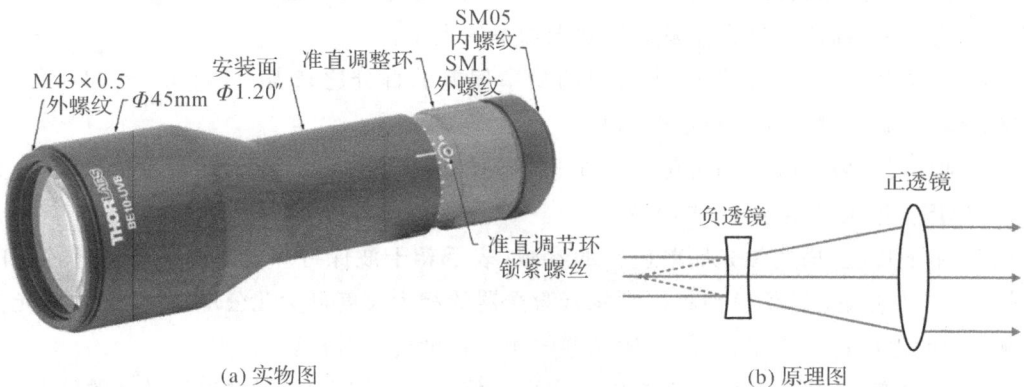

(a) 实物图        (b) 原理图

图 0-7 激光扩束器

激光器所发出的光束一般为高斯光束,高斯光束远场发散角与束腰半径的关系为

$$2\theta = \frac{2\lambda}{\pi\omega_0}, \tag{0.1}$$

式中,$\theta$ 为远场发散角;$\omega_0$ 为束腰半径;$\lambda$ 为激光波长。由式(0.1)可知,为了减小发散角,增大准直性,必须增大束腰半径。从第一个透镜出射的光束束腰半径为

$$\omega_0' = \frac{\lambda f_1}{\pi\omega}, \tag{0.2}$$

式中,$\omega$ 为入射光束在第一透镜处的光斑尺寸。第二个透镜又将 $\omega_0'$ 变换为 $\omega_0''$,即

$$\omega_0'' = \frac{\lambda f_2}{\pi\omega_0'}, \tag{0.3}$$

将式(0.1)代入式(0.3),有

$$\omega_0'' = \frac{f_2}{f_1}\omega. \tag{0.4}$$

因此,从第二个透镜出射的光束的远场发散角为

$$2\theta' = \frac{2\lambda}{\pi\omega_0''} = \frac{f_1}{f_2}\frac{2\lambda}{\pi\omega}, \tag{0.5}$$

定义经过该系统后光束发散角的压缩比为

$$M' = \frac{2\theta}{2\theta'} = \frac{f_2}{f_1}\frac{\omega}{\omega_0} = M\frac{\omega}{\omega_0}, \tag{0.6}$$

式中,$M$ 为倒置望远镜的放大倍率,$M = f_2/f_1$。由于 $M>1$ 以及 $\omega>\omega_0$,因此有 $M'\geqslant M>1$,即 $\theta'<\theta$,即实现了扩束和准直。根据扩束器原理,可知其调节方法:调整扩束器中两个透镜之间的距离,从而使得激光束腰位置满足上述关系,实现扩束准直。

扩束器的镜面通常会镀增透膜,来保证入射激光的透过率最大。因此在选用扩束器时,也要注意膜层的工作波长与入射激光波长相匹配,才能保证激光的最大透过率。除此以外,还需考虑扩束器的一些常见参数。

(1)放大倍率:输出束腰半径的放大倍数。

(2)最大光束直径:在 632.8nm 条件下,输出峰-谷波前误差<$\lambda/4$ 时的最大输入光束直径。

(3)增透膜损伤阈值:限制了扩束器可接受的功率。出口处的功率不能超过这个阈值。

### 4.反射镜

反射镜通过表面镀膜,实现将大部分入射光反射的效果。按照面型不同,反射镜通常可以分为平面镜、球面镜、非球面镜等。图 0-8 所示为常见的平面镜。平面镜的应用范围较广,主要用于使光线偏折,而凹面镜常用于聚光、成像或聚焦。在干涉系统中,与待测元件相匹配的低面形误差平面镜、球面镜或非球面镜等可用作标准镜。

在选用反射镜时,需要考虑的几个主要性能参数包括反射率、入射角、工作波长、面形质量以及激光损伤阈值等。实际上,上述参数都与其表面镀膜有关。一般的光学玻璃,其折射率约为 1.5,可计算得到,光垂直入射时其反射率约为 4%。为了提高光能利用率、减少

图 0-8 平面镜

杂散光,需要在反射镜表面镀制高反膜。同时,需要注意光束入射至反射镜的角度,因为不同的入射角度可能导致膜层的反射率并非设计值。另外,反射镜的工作波长与光学系统光源波长的匹配问题也要注意。膜层的工作波长可以是某个特定波长,如632.8nm、532nm等,也可以是一个波长范围,如400~700nm。需要注意的是,波长适用范围并不是越大越好,而是要根据实际需求进行选择。因为宽谱段的工作波长往往对某一个波长不能达到最好的效果,如一块适用波长是400~700nm的全反镜,其在532nm这一波长的反射率在99.5%左右,而适用波长仅在532nm的全反镜的反射率能做到大于99.8%。然而,如果需要一块反射镜既能用在532nm的光学系统中,也能用在632.8nm的光学系统中的时候,就要选择宽谱段工作波长的反射镜。同时,还需关注其激光损伤阈值,若是激光强度高于其阈值,则可能对其膜层造成损伤。因此,在高能量激光系统中,需要注意选用镀高损伤阈值膜层的反射镜。一般来说,介质膜的激光损伤阈值较金属膜要高。此外,还需要考虑面形参数。反射镜的面形通常表示为$\lambda/8@632.8\text{nm}$的形式,代表该反射镜在工作波长为632.8nm时,其相对于理想平面的不平整度为八分之一个波长。当然,还有很多参数也是需要考虑的,如通光口径、厚度、材料等。

### 5. 线偏振片

线偏振片是一种常用的偏振器件,可用于从自然光中获取偏振光。当自然光入射到线偏振片上时,只有与其振透方向相符的光才可以透过,其他方向的光都被反射。如图0-9(a)所示用一条黑线所标示的,即为线偏振片的透光轴。根据这一原理,可将线偏振片用作光路中的起偏器和检偏器。自然光入射进线偏振片成为线偏振光,与振透方向不符的光全部被反射,此时线偏振片起到了起偏器的作用。线偏振光入射进线偏振片,只有与振透方向相合的分量方向才可以透过,其他方向的分量被反射,此时线偏振片起到了检偏器的作用。利用这一原理,并且辅以本系统的其他偏振器件,可实现两干涉光偏振态的调节,进而改变透过光束的强度,调整干涉图对比度。图0-9(b)为线偏振片的实物图。

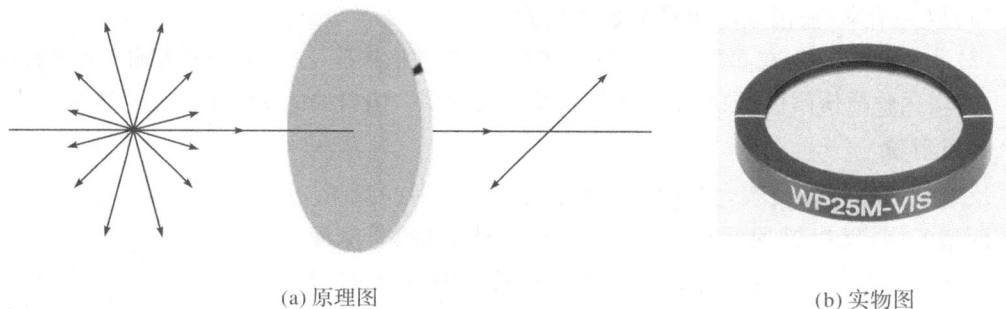

(a) 原理图　　　　　　　　　　　　　(b) 实物图

图 0-9　线偏振片

线偏振片的一个常用参数是消光比(PER),定义为

$$\text{PER} = 10\lg\frac{P_{\max}}{P_{\min}} \quad \text{(单位:dB)}, \tag{0.7}$$

式中,$P_{\max}$代表偏振片对准透光轴时的透射率;$P_{\min}$代表将透光轴旋转90°时的透射率。这个参数描述了线偏振片的性能,衡量了偏振方向垂直于透光轴透过时的消光能力。除了

消光比外,在选择偏振片时亦要注意其膜层工作波长,与前述反射镜工作波长类似。

### 6. 波片

光学波片主要是基于双折射现象。在材料中存在两个正交主轴,称为快轴和慢轴。波片快轴方向的折射率较低,光速较快;慢轴方向的折射率较高,光速较慢。由于光沿两轴传播的速度不同,通过晶片后会产生相位差,因此,波片也称为相位延迟器。

图 0-10　工作波长 473nm 的 λ/2 波片

典型的波片有全波片、λ/2 波片(二分之一波片)、λ/4 波片,图 0-10 为工作在 473nm 的 λ/2 波片的实物图。其中,全波片产生的相位延迟为

$$\delta = \frac{2\pi}{\lambda} |n_o - n_e| d = 2m\pi \qquad (m = 0, 1, 2, \cdots), \tag{0.8}$$

其厚度为

$$d = \frac{m}{|n_o - n_e|} \lambda. \tag{0.9}$$

式中,$n_o$、$n_e$ 分别为寻常光线 o 光、非常光线 e 光的折射率。

由于全波片产生的相位延迟为 $2\pi$ 的整数倍,因此不改变偏振态。

λ/2 波片产生的相位延迟和相应的波片厚度分别为

$$\delta = (2m+1)\pi, \tag{0.10}$$

$$d = \frac{2m+1}{|n_o - n_e|} \cdot \frac{\lambda}{2}. \tag{0.11}$$

由于 λ/2 波片产生的相位延迟为 $\pi$ 的奇数倍,因此线偏振光通过 λ/2 波片后,依然为线偏振光,但是其合振动的振动面与入射线偏振光的振动面转过了 $2\theta$($\theta$ 为入射线偏振光的振动方向与波片快轴/慢轴的夹角),如图 0-11(a)所示。当 $\theta = 45°$ 时,偏振态转过 90°。

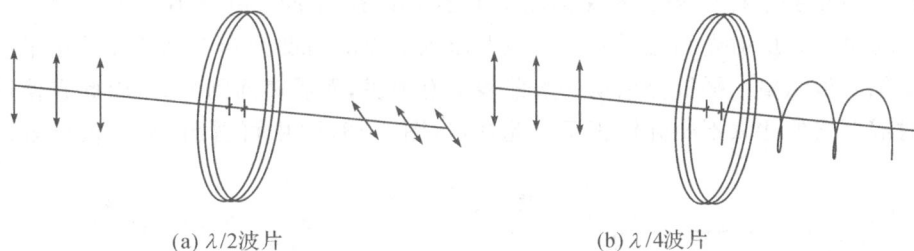

(a) λ/2波片　　　　　　　　　　(b) λ/4波片

图 0-11　线偏振光经过波片之后的偏振态

λ/4 波片产生的相位延迟和相应的波片厚度分别为

$$\delta = (2m+1)\pi/2, \tag{0.12}$$

$$d = \frac{2m+1}{|n_o - n_e|} \cdot \frac{\lambda}{4}. \tag{0.13}$$

也就是说,λ/4 波片产生的相位延迟为 $\pi/2$ 的奇数倍。因此,线偏振光通过 λ/4 波片后,变为椭圆偏振光;如果线偏振光的振动方向与波片的光轴夹角为 45°,则变为圆偏振光。椭圆偏振光(或圆偏振光)通过 λ/4 波片后,变为线偏振光,如图 0-11(b)所示。线偏

振光通过两次 $\lambda/4$ 波片的效果等同于通过一次 $\lambda/2$ 波片。

需要注意的是,通常情况下的大部分 $\lambda/2$ 波片、$\lambda/4$ 波片都只针对特定波长使用。如果该波长以外的光通过波片,则无法产生预期的相位延迟。所以,在选用波片时,需要特别注意工作波长。当然,也存在一些由两种不同材料的双折射晶体组成的、经过了精密调配的消色差波片。这种波片可以在较宽的波长范围内提供几乎独立于波长的相位延迟,可以在多波长光学系统中使用。

### 7. 分束镜

常见的分光器件主要有立方体分束镜、平板分束镜、薄膜分束镜、二向色镜等,如图 0-12 所示。这些分光器件由于制作原理的不同,各自的外形和应用范围也有一定差异。

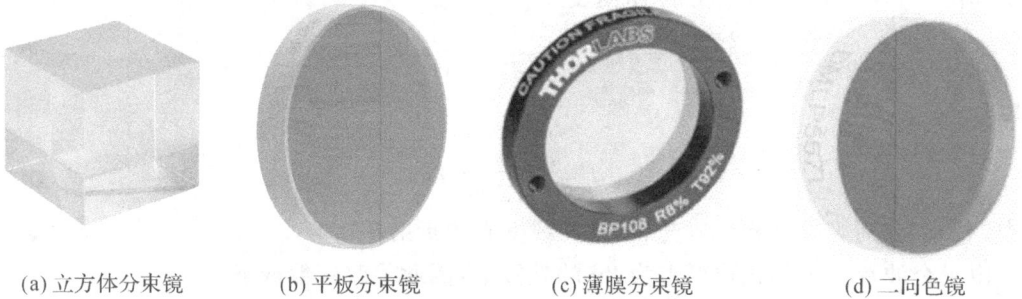

(a) 立方体分束镜　　　　(b) 平板分束镜　　　　(c) 薄膜分束镜　　　　(d) 二向色镜

图 0-12　常见的分光器件

立方体分束镜为玻璃方块,由两个玻璃三角柱沿对角线黏合而成,如图 0-13(a)所示。一个玻璃三角柱斜面会镀制特殊膜层,使得特定波长的光束能按照一定比例分开。反射光与透射光的分束比例 $R:T$(反射:透射)不一定为 $5:5$,$1:9$、$3:7$、$7:3$、$9:1$ 等都是常见的比例。由于立方体分束镜中间具有胶合面,而胶合面相对较容易被强激光损伤,因此在强激光系统中要特别注意其激光损伤阈值。

平板分束镜从某种意义上来说类似于上述反射镜,不同点在于其目的是使得入射光按照一定比例分为反射光和透射光。一般要求入射光的角度为 $45°$,因此在使用平板分束镜时需要细心地调整。平板分束镜一般前表面有镀膜,而后表面则没有,因此在使用平板分束镜时需要格外注意不要弄错正反。此外,从图 0-13(b)中可看出,在平板分束镜的后

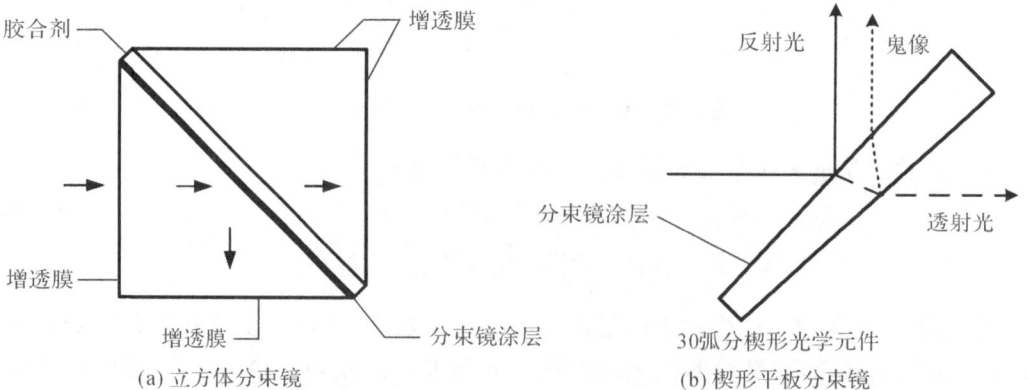

(a) 立方体分束镜　　　　　　　　　　(b) 楔形平板分束镜

图 0-13　分束镜原理

表面位置,原本希望全部透过的光会有少量反射,导致其与在前表面处反射的光一起返回检测器。这种杂光会影响光学系统性能,形成"鬼像"。当然,在光从立方体分束镜的出射面出射时,同样会存在杂光。为了减少这类杂光对光学系统的影响,平板分束镜往往做成楔形,如图 0-13(b)所示。这样,返回的杂光就可以与我们所期待的反射光尽量分开,降低对检测结果的影响。

　　立方体分束镜和平板分束镜中还存在一种特殊的种类——偏振分束镜。如图 0-14 所示,它可用于将特定波长的 p 光和 s 光区分开来。通过在斜面上镀制多层膜结构,利用光线以布儒斯特角入射时 p 光透射率为 1 而 s 光透射率小于 1 的性质,在光线以布儒斯特角多次通过多层膜结构以后,达到 p 光完全透过,而绝大部分 s 光(至少 90%)被反射的目的。偏振分束镜可以配合波片等偏振器件在偏振系统中进行使用。

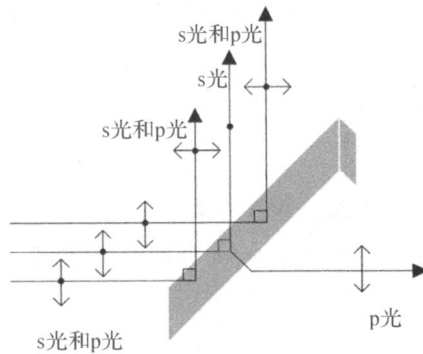

图 0-14　偏振分束镜原理

　　需要注意的是,在选择偏振分束镜时也需考虑其工作波长。另外,偏振分束镜只是粗略地进行偏振选择的元件,如果对于偏振的纯度要求很高,可以使用格兰-汤普森(Glan-Thompson)棱镜等其他偏振分束镜。

　　薄膜分束镜也是一种特殊的分束镜,它具有较高的加工难度和较为优秀的性质。由于其厚度仅仅只有几微米,因此第一反射面和第二反射面几乎重合,不会有立方体和平板分束镜杂光、鬼像的问题。在入射光非准直入射时,由于薄膜分束镜极薄,也不会因此产生额外的像差。但也由于其极薄,在使用时需要注意不能触碰到薄膜,否则极有可能导致薄膜破碎。其对于环境也有一定要求,过强的空气喷射流都可能将其损坏,也无法应用在真空中。

　　与前述几种分光镜相比,二向色镜略有不同。如图 0-15 所示,图(a)为二向色镜的工作原理,图(b)为二向色镜对波长的作用。其根据波长将入射光予以分束。可将其视为一个滤波器,对于截止波长上下的光分别具有高反射性和高透射性。

　　在选择分束镜时,需要结合系统的情况进行多方面考虑。根据系统中所用的光源波长,来决定分束镜所镀膜层的使用波段。根据系统的光强变化情况,选择合适的分束比,来控制分束后两束光的强度比。根据系统对像质的要求,决定选择立方体分束镜、平板分

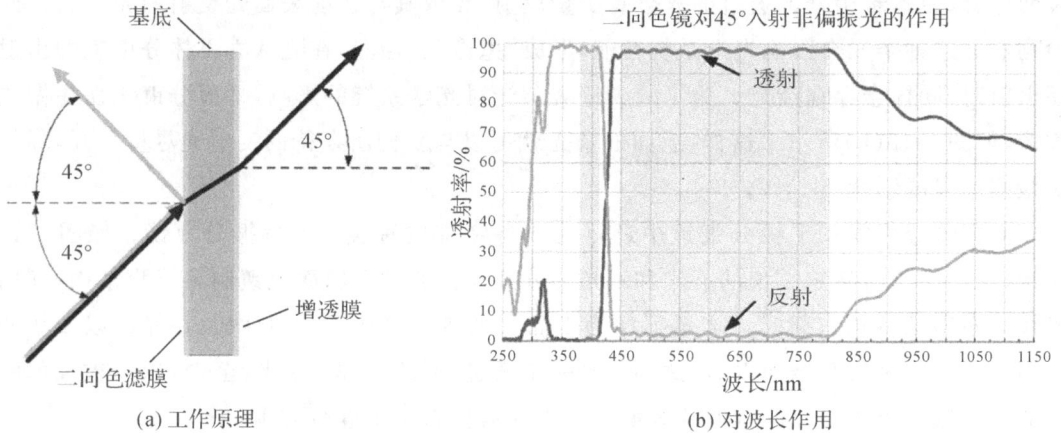

(a) 工作原理      (b) 对波长作用

图 0-15 二向色镜原理及其对波长的作用

束镜或是薄膜分束镜。如果检测环境较为恶劣，则需要考虑薄膜分束镜能否适应环境。此外，还应考虑系统的其他要求，如尺寸、厚度等。

**8. 成像镜**

光学系统中，通常采用透镜成像。用于成像的透镜一般分为单透镜、双胶合透镜、三胶合透镜，以及更为复杂的透镜组等。图 0-16 分别为单透镜、双胶合透镜，以及内部设有镜组的消色差长工作距离物镜实物图。

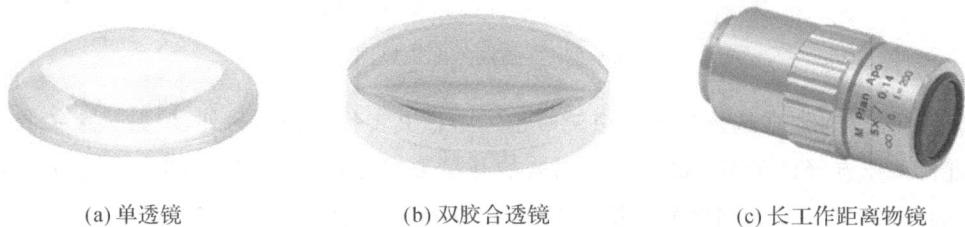

(a) 单透镜      (b) 双胶合透镜      (c) 长工作距离物镜

图 0-16 成像透镜

一般来讲，单个透镜可以用于成像，但球面镜固有存在的球差、色差等种种像差会对其像质产生影响。特别是其仅有两个球面及一个厚度作为变量，很难较好地校正像差。为了提高像质，一般会采用多个透镜进行组合，因此就有了双胶合透镜和透镜组。

双胶合透镜将两个不同折射率色散特性的透镜粘接成一个透镜，可以被设计用来消除特定波长下的色差和球差，得到比单个球镜更小的色差和球差。因此，相较于单透镜，双胶合透镜可产生更小的聚焦光斑，并在较宽波长范围内具有更好的成像质量。为了在双胶合透镜之上获得更好的像质，则需要设计更为复杂的透镜组，来消除各类像差。

在选用成像镜时，也需要考虑所镀膜层的工作波长、激光损伤阈值等。如果需要考虑像质的话，则需要考虑双胶合透镜等像质更好的透镜。如果需要精密分析光学系统中的像差，则可以在 Zemax 等光学设计软件中对加入了不同透镜的光学系统进行仿真，来判定所选透镜是否满足像质需求。

### 9. 衰减片

衰减片通常用于减弱光学系统中的光强,如图 0-17 所示,有圆形、方形等形状。其对光的衰减程度由衰减片的光密度参数决定。光密度越大,透过率越小。一般衰减片的光密度在 632.8nm 处测量得到,其他波长下的光密度会有变化,但是差异不大。

圆形
直径0.5英寸

方形
2英寸×2英寸

圆形
直径2英寸

圆形
直径1英寸

图 0-17　衰减片

注:1 英寸＝25.4mm。

### 10. 滤光片

滤光片可看作一个光学滤波器,对于满足特定波长区域的入射光予以透过,否则都不予透过。根据滤光区域,可将滤光片分为带通滤光片、截止滤光片、陷波滤光片等。顾名思义,带通滤波片可使某一特定波长及其附近带宽范围内的光予以透过;截止滤光片有一个截止波长,对大于或小于该波长的光予以透过;陷波滤光片则对一个小范围内波长的光予以反射,其他波长的光予以透过。

滤光片根据其原理还可以分为介质膜滤光片和有色玻璃滤光片。介质膜滤光片又称为干涉滤光片,如图 0-18(a)所示。以带通滤光片为例,其原理实际上是一个法布里-珀罗标准具。其最基本的结构由半透明金属层-氟化镁层-半透明金属层组成,其中,两金属层形成了法布里-珀罗标准具的两块平行板。通过改变间隔层的厚度,或者反射层的数量,可以改变滤光片中心波长及带宽。有色玻璃滤光片通过在玻璃中加入染料制作而成,一般该种颜色的滤光片只可通过该种颜色的光,如图 0-18(b)所示。

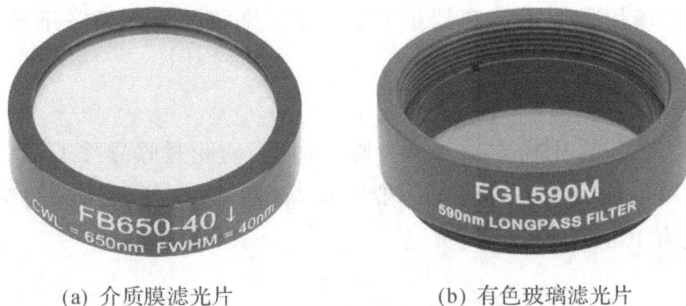

(a) 介质膜滤光片　　　　　(b) 有色玻璃滤光片

图 0-18　滤光片

虽然介质膜滤光片和有色玻璃滤光片在效果上类似,但是两者在使用上却有所不同。有色玻璃滤光片在特定波长下可能会产生荧光效应,从而影响光学系统像质;介质膜滤光片存在介质膜老化的问题,一般只有两年左右的使用寿命,不及时更换会导致透过率降低。此外,由于介质膜滤光片镀有多层膜,也有可能受到空气的影响,可将其安装在透镜套管中来减少影响。

### 11. 图像传感器

常用的图像传感器主要有 CCD 传感器,如图 0-19(a)所示,以及互补金属氧化物半导体传感器(Complementary Metal-Oxide-Semiconductor,CMOS),如图 0-19(b)所示,其区别主要在于数据传输方式。在 CCD 传感器中,每一个像素会依次传输到这一行的下一个像素上,进而从边缘传输到放大器等后续信号处理电路;而在 CMOS 传感器中,每个像素将先进行放大等信号处理,随后才会进行传输。因此,CCD 所输出的信号一致性较好。CMOS 由于每个像素都有各自的信号放大过程,所以其整体一致性较差。

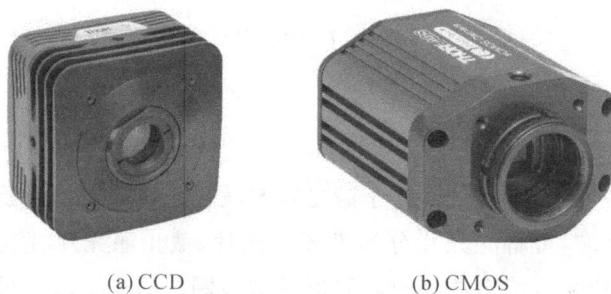

(a) CCD　　　　　(b) CMOS

图 0-19　图像传感器

在输出速度上,由于 CCD 中信号必须逐个像素地输出,速度较慢。而 CMOS 有多个电荷-信号转换器和行列开关,速度较快,比如大部分 500fps 的高速相机都是 CMOS 相机。此外,CMOS 可以实现子窗口输出,更为灵活。

在成像质量方面,CCD 采用 PN 结或二氧化硅隔离噪声;而 CMOS 中,每个光敏元件旁边都有一个放大器。若像素数以百万,则放大器也数以百万,其每个放大器差异造成的噪声不小,会对图像质量产生不小的影响。目前,随着制造工艺越来越先进和消噪技术的提高,CMOS 的图像采集质量也越来越高。

由于 PDIPS 中所用的图像传感器是 CCD,接下来将简单介绍一下选择 CCD 时需要注意的相关参数。

1)曝光时间

如果所拍摄图像过亮,则需要适当减少曝光时间,防止过曝导致 CCD 像素损坏;如果所拍摄图像过暗,可以增加曝光时间。一般来说,普通 CCD 的曝光时间都是以微秒为单位的,可将其设置为 $10\mu s$、$200\mu s$ 等。

2)增益

为了拍摄过暗图像,除了增加曝光时间,也可以调节增益来将 CCD 所接收到的信号放大。需要注意的是,虽然调大增益可以将弱光信号放大,但噪声也会同时被放大。

3) 分辨率

CCD 的分辨率与 CCD 像面上的像素数和像素尺寸大小相关。像素数指 CCD 上感光元件的数量。像素数通常可用如 3296×2472 等形式表述，表示横纵方面分别有 3296 和 2472 个像素。设像素尺寸为 $\alpha$，则像面大小为 3296$\alpha$×2472$\alpha$。像素数越多，像素尺寸越小，图像分辨率越高，越清晰。虽然理论上像素数越多越好，但是像素数增加到一定程度，对于成像质量的提升就不会太明显，因为其还受前面的光学系统的影响。

4) 动态范围

CCD 的动态范围定义为 $20\log_{10}$（满阱电子/总噪声）。也可理解为在规定信噪比、失真等条件下，输出的最小有用信号和最大不失真信号之间的电平差，即信号的幅度变化范围。

5) 接口

CCD 的数据接口可选用通用串行总线（Universal Serial Bus，USB），也可选用网线等接口。显而易见，USB 接口的传输速率低于网线接口。所以，高帧频、大像素数的相机不会采用 USB 接口。

6) 帧数

CCD 的帧数是指相机每秒可采集的图像数量。如果对于超快拍摄有需求，那么选用的 CCD 帧数越高越好。如果要求不高，则选择 20、30 帧的 CCD 即可。

7) 制冷

在选用 CCD 时，也可考虑是否使用可制冷传感器。制冷的目的是降低 CCD 温度，从而减少热噪声。CCD 采集图像的噪声来源包括光散粒噪声、暗电流噪声、固定图形噪声等。其中，光散粒噪声与温度有关。暗电流噪声与光热效应产生的暗电流有关。在 CCD 采集图像时，所生成的信号电荷在期望上应该只与光敏元件所接收到的光有关。但是，热效应却会产生额外的信号，从而对采集到的图像质量产生影响。由于暗电流会随着温度的降低而降低，故可以通过降低温度来减小暗电流。另外，由于温度上升主要是由曝光引起的，所以是否要使用制冷传感器，一方面要看系统对图像质量的要求，另一方面也要看 CCD 曝光时间。如果 CCD 曝光时间只有 1s，则没有必要进行制冷；如果曝光时间为 5s，则可以进行制冷；而如果曝光时间为 10s，则必须进行制冷。

8) 量子效率（Quantum Efficiency，QE）

量子效率常用于定义光敏元件将接收到的光子转化为电子-空穴对的百分比，即

$$QE = \frac{\text{光生电子-空穴对}}{\text{入射光子数}}. \tag{0.14}$$

量子效率与光敏器件的材料有关。由于光敏材料对入射光的响应几乎都与波长有关，因此量子效率也就是一个与波长有关的函数。哈勃望远镜中感光耦合元件的量子效率曲线如图 0-20 所示，可以看到，其随着波长的变化明显，在 600～800nm 之间量子效率达到了峰值。量子效率越高，对入射光的响应越灵敏。

为了加强或减弱某些波段的响应，可以使用一些相应的技术。在一些需要接近人眼响应的相机中，可在探测器前面放置红外截止滤光片，来滤除红外部分。若想要加强红外

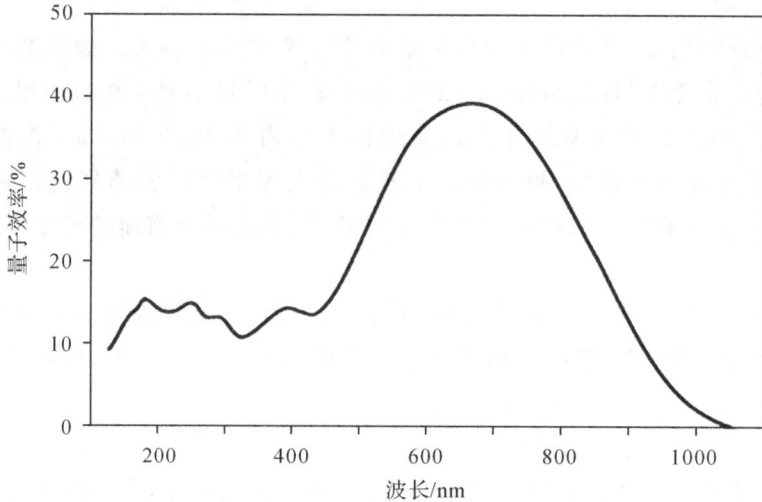

图 0-20 感光耦合元件对不同波长光信号的量子效率曲线

部分,也可使用相关算法。

PDIPS 所使用的相机参数如表 0-1 所示。从表中可看出,像面对角线长为八分之一英寸,即 3.175mm。像素数为 1628×1236,像素尺寸为 $4.4\mu m \times 4.4\mu m$,帧率为 20fps,即每秒所拍摄的帧数为 20 帧。

表 0-1 实验所用 CCD 的参数

| 型号 | MER-200-20GC-P | MER-200-20GM-P |
|---|---|---|
| 分辨率 | 1628(H)×1236(V) | |
| 帧率 | 20fps | |
| 传感器类型 | 1/1.8″Sony ICX274 AL/AQ CCD | |
| 像素尺寸 | $4.4\mu m \times 4.4\mu m$ | |
| 光谱 | 彩色 | 黑白 |
| 图像数据格式 | Bayer RGB/Bayer RG12 | Mono8/Mono12 |
| 数据接口 | 快速以太网(100Mbit/s)或千兆以太网(1000Mbit/s) | |
| 功耗 | <3W@12V DC,<3.75W@PoE | |
| 镜头接口 | C 口 | |
| 机械尺寸(L×W×H) | 38.3mm×29mm×29mm(不含 C 接口) | |
| 工作温度 | 0~45℃ | |
| 工作湿度 | 10%~80% | |

续表

| 型号 | MER-200-20GC-P | MER-200-20GM-P |
|---|---|---|
| 质量 | 75g ||
| 认证 | RoHS,CE,GigE Vision,GenICam ||

### 12. PZT

PZT 即为锆钛酸铅压电陶瓷,本系统所用的压电陶瓷如图 0-21 所示。由于其具有较大的压电耦合系数、稳定的材料性能、较高的居里温度等优点,自 20 世纪 50 年代发明以来,已成为迄今为止使用最多的压电陶瓷。

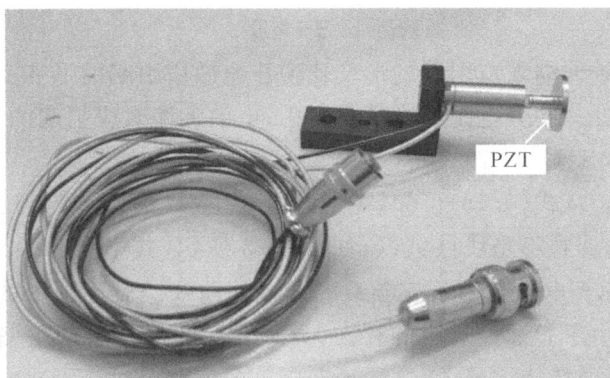

图 0-21　PZT 实物

1)正压电效应和逆压电效应

压电效应是一种可以实现电能与机械能相互转换的现象。如图 0-22(a)所示,沿着压电材料的某些方向施加作用力后,两个电极上会产生等量的正负电荷,且电荷量与压力成正比。当作用力去除后,电荷也消失。这种现象为正压电效应,即有

$$P = d\sigma, \tag{0.15}$$

式中,$P$ 为压电材料的极化强度,$C/m^2$;$d$ 为压电系数,$C/N$;$\sigma$ 为应力,$N/m^2$。

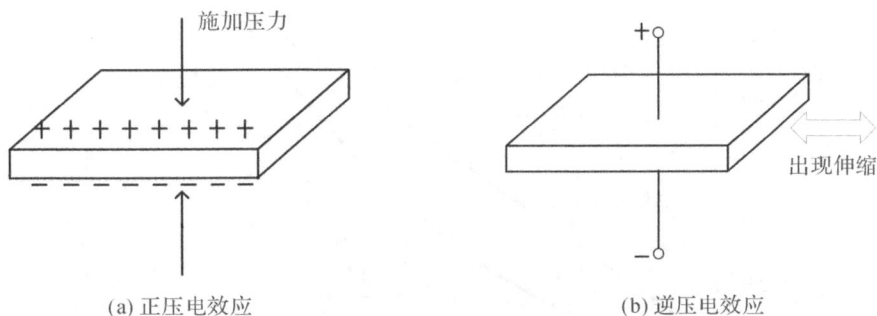

(a) 正压电效应　　　　　　　　　　　　(b) 逆压电效应

图 0-22　压电效应

除了正压电效应,还有逆压电效应,如图 0-22(b)所示。逆压电效应为向压电材料上

加电压时,压电材料产生形变,出现拉伸或压缩,即有

$$S = d_t E,\qquad(0.16)$$

式中,$S$ 为压电材料的形变;$d_t$ 为逆压电效应的压电系数,m/V;$E$ 为所加电场强度,V/m。可以证明,正压电和逆压电效应的压电系数是相等的,并且具有正压电效应的材料必然具有逆压电效应。

需要注意的是,如果外界电场较强,还会出现电致伸缩效应。这种效应由电场中电介质的极化所引起,可发生在所有电介质中,并可表示为

$$S = \mu E^2,\qquad(0.17)$$

式中,$\mu$ 为电致伸缩系数,$m^4/C^2$。

于是,可以得到逆压电效应和电致伸缩效应引起的总体形变

$$S = d_t E + \mu E^2.\qquad(0.18)$$

通常情况下,电致伸缩效应引起的形变比逆压电效应引起的形变要小几个数量级,可以忽略不计。但是,在一些介电系数高的材料中,电致伸缩效应引起的形变不可忽略。

2)压电效应基本性质

(1)非线性特性。从式(0.18)可知,在逆压电效应中,由于电致伸缩效应的存在,所加电压与压电材料的形变并不是线性关系,如图 0-23 所示,其中 $f_1(U)$ 为压电效应的理想线性曲线,$f_2(U)$ 为由于电致伸缩效应导致的非线性曲线。对比图中的 $a$、$c$ 两点,可以看出在同样的电压下,由于非线性效应的存在,导致实际的形变量产生偏移,比理想的形变量要小。在要求较高的精密测量中,这种预期以外的偏移会对结果造成较大影响,需要预先标定或使用其他相关算法进行消除。

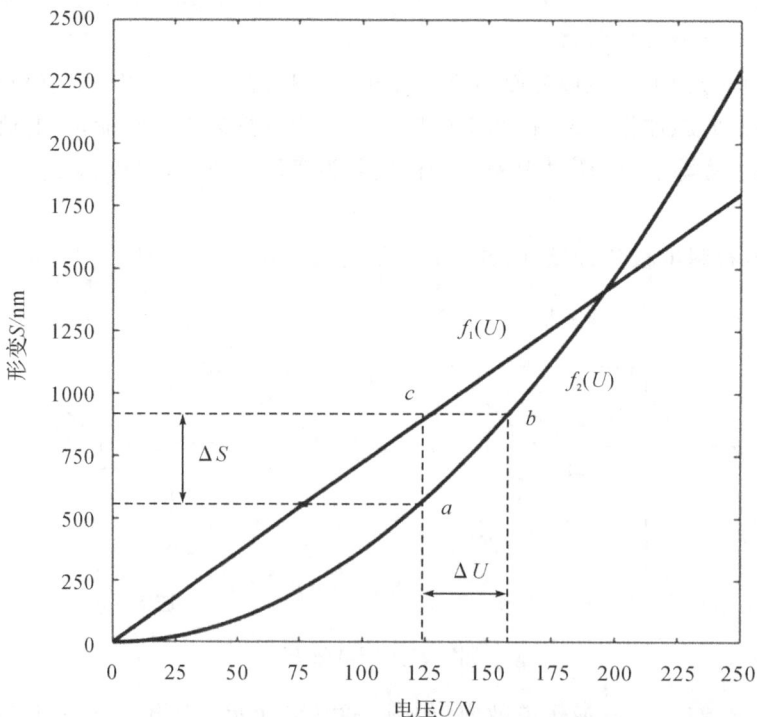

图 0-23　压电效应的非线性曲线

（2）迟滞效应。施加在压电材料两端的电压从零增加到某一个值，再从该值减小到零，其电压-形变曲线并不会原路返回，这种现象称为迟滞效应。如图 0-24 所示，在不同电压处减小电压时，其对应的迟滞效应曲线也会不同。这种特性对于压电陶瓷的某些精密应用是极为不利的，需要建立模型和算法予以消除。

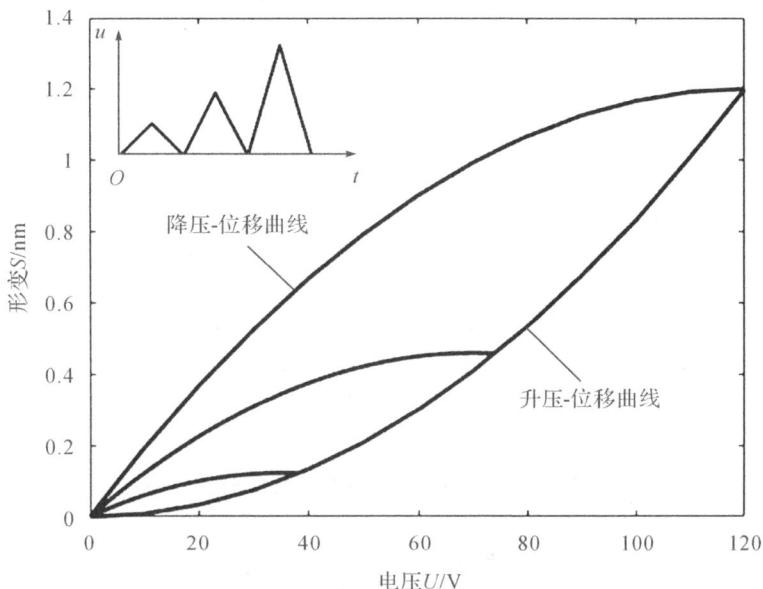

图 0-24　压电效应的迟滞效应曲线

（3）蠕变特性。对压电陶瓷施加电压后，其应变响应不是马上完成的，而通常分为两步：首先是距离较大的初始位移，随后是缓慢的蠕变响应，如图 0-25 所示。蠕变响应的成因是晶格之间有摩擦力，使得在压电陶瓷两端施加电压后，极化作用不能立刻完成。通常认为，压电陶瓷的蠕变过程可表示为

$$y(t) = y_0 \left( 1 + r \lg \frac{t}{t_0} \right), \tag{0.19}$$

式中，$y_0$ 为压电陶瓷初始位移；$r$ 为压电陶瓷蠕变系数；$t_0$ 为初始响应时间；$t$ 为蠕变时间；$y(t)$ 为压电陶瓷总位移。

如图 0-25 所示，选取曲线上的任意三个点 $A$、$B$、$X$，根据式（0.19）可以得到压电陶瓷在这三个点的位移分别为

$$y_A = y_0 \left( 1 + r \lg \frac{t_A}{t_0} \right), \tag{0.20}$$

$$y_B = y_0 \left( 1 + r \lg \frac{t_B}{t_0} \right), \tag{0.21}$$

$$y_X = y_0 \left( 1 + r \lg \frac{t_X}{t_0} \right), \tag{0.22}$$

式中，$t_A$、$t_B$、$t_X$ 分别为 $A$、$B$、$X$ 对应的时间。分别将式（0.21）减去式（0.20）、式（0.22）减去式（0.20）得到 $B$ 与 $A$ 以及 $X$ 与 $A$ 之间的位移差

$$\Delta_{BA} = y_B - y_A = y_0 r \lg \frac{t_B}{t_A}, \tag{0.23}$$

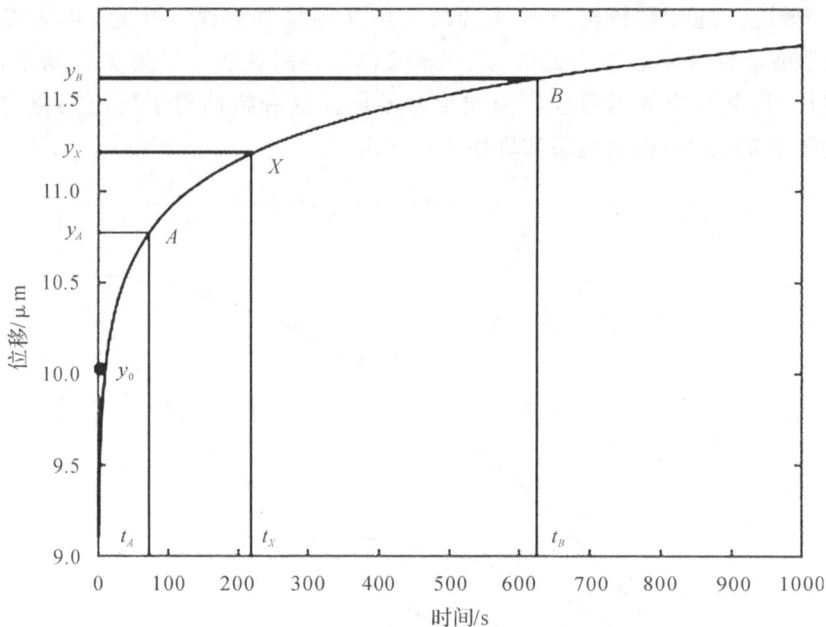

图 0-25　压电陶瓷蠕变响应特性曲线

$$\Delta_{XA} = y_X - y_A = y_0 r \lg \frac{t_X}{t_A}. \tag{0.24}$$

通过整理得到

$$\Delta_{XA} = \Delta_{BA} \lg \frac{t_X}{t_A} / \lg \frac{t_B}{t_A}, \tag{0.25}$$

由于 $y_0$、$r$、$t_0$ 这三个参数的值与压电陶瓷的材料、驱动电压以及实验条件有关,所以不容易直接得到。而根据式(0.25)可知,如果能够测得 $A$、$B$ 两点的位移差 $\Delta_{BA}$ 以及两点对应的时间 $t_A$、$t_B$,就可以求出 $A$ 点之后任意一点 $X$ 相对于 $A$ 的蠕变位移 $\Delta_{XA}$。

　　3)压电陶瓷常见参数

　　(1)控制系统。PZT 的控制系统可以分为开环和闭环两种模式,两者的区别在于是否有定位反馈传感器。开环的 PZT 没有定位反馈传感器,因此不能对外界的扰动以及输出偏差做出响应,适用于响应时间短、分辨率高的应用场合。闭环的 PZT,由于具有定位反馈传感器,可以测量到达的指定位置并与实际位置比较,同时还可进行位移修正,因此可以提高定位准确性以及重复定位精度,并且在一定程度上消除迟滞效应和蠕变特性,降低非线性。但是闭环的 PZT 由于存在反馈,所以响应时间可能较长。

　　(2)分辨率。PZT 的分辨率定义为 PZT 能移动的最小距离。在闭环系统中,可以通过多次输入最小步进命令,测出实际的位移量,再取平均得到。目前,压电陶瓷的分辨率可以达到纳米量级。

　　(3)行程。压电陶瓷作为一种高精度的平移器件,其行程并不长,一般只有微米量级。如果需要大行程的器件,则可以选择光学导轨、平移台等,可以达到几十到上百毫米的行程,但分辨率并没有压电陶瓷那么高。通过压电堆栈,可以实现比单个压电陶瓷片大很多的行程,同时又能维持纳米量级的分辨率、亚毫秒级的响应时间和较低的驱动电压。

（4）运动轴。目前基于压电陶瓷元件的压电平移台，有多种运动轴，主要包括 $X$ 轴、$XY$ 轴、$XYZ$ 轴等，可以根据需求选择不用的类型。

（5）重复定位精度。PZT 的重复定位精度可以定义为从初始起点开始，连续位移多次后返回初始运动起始点，此时的位置与初始起点之间位移的差值。重复定位精度的大小取决于多次运行精度误差的累积值以及测量仪器的精度值。对于行程是 $20\mu m$ 的 PZT，重复定位精度可以做到 10nm。

# III　系统搭建步骤

PDIPS 检测微纳级平面面形的光路如图 0-2(a)所示。可以看到，其本质上是一套包含了偏振调制技术的特外曼-格林干涉检测系统。接下来将详细介绍整个系统的搭建步骤。

## 1. 氦氖激光器的搭建及调整

作为一个光学检测系统，首先需要搭建和确定位置的就是光源部分。通常的数字波面干涉仪均采用氦氖激光器作为光源，本系统也不例外。氦氖激光器作为气体激光器，可以发射连续的激光，并且可以获得比较好的光束稳定性和光束形状，利于对光束进行扩束准直以及进行后续的调节、测量。

在激光器与扩束器之间使用了两个反射镜及两个直角棱镜进行光路折转，增加了两者之间的光程，如图 0-26(a)所示。从而使得激光传播至扩束器时，高斯光束束径已经因为激光较大的发散角而得到了很大程度的展宽。此时，对于相同的扩束器入瞳直径 $D$，进入扩束器中进行扩束准直的光束光强分布将会更加均匀，从而可以得到更加均匀的准直激光光斑，如图 0-26(b)所示。

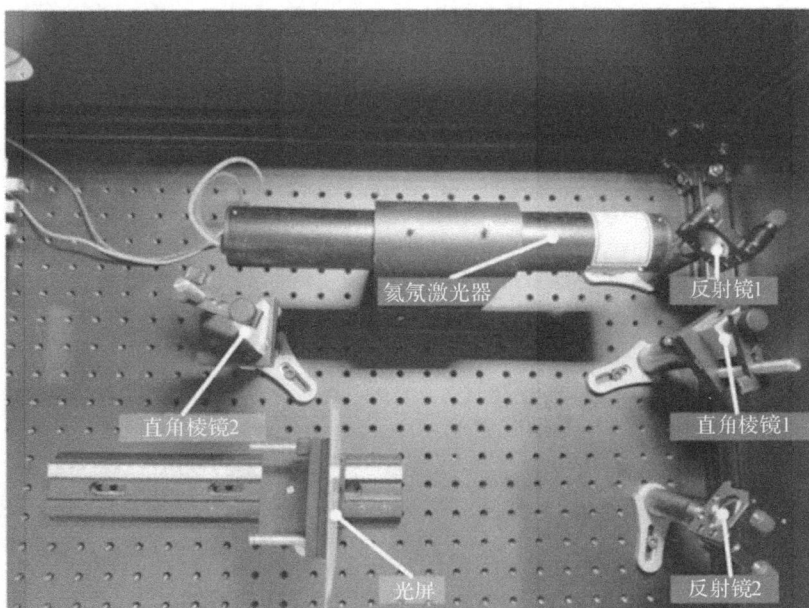

(a)直角棱镜增加光程

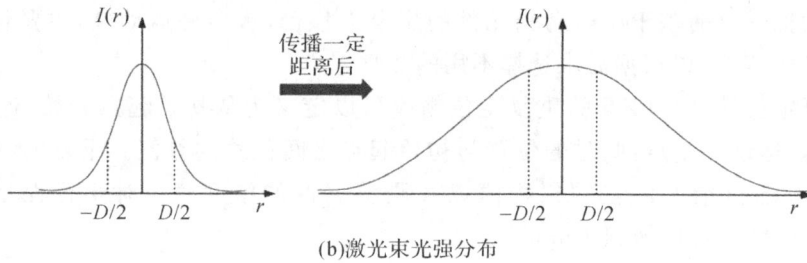

(b)激光束光强分布

图 0-26　激光器调整系统图

除了确保光源的光斑均匀性以外,还需要保证其良好的方向性。由于光是沿直线传播的,因此需要确保光源出射的光经过多次反射并且在长距离传播之后,光斑的水平位置和竖直位置仍然可以保持基本不变。这样不仅有利于后续光学器件的装调,而且还可以避免光路倾斜给检测路和参考路引入的额外光程差,保证最终检测结果的精度。

光源方向性的调节可以通过两个反射镜和两个直角棱镜来共同完成。反射镜的调整装置如图 0-27 所示,称为调整架。

反射镜通过调整架进行固定,在旋松右上方的紧定螺丝后,可放入反射镜,之后在其下方安装支杆底座并且固定。可通过自准直法先调整安装反射镜竖直方向的角度,即将反射镜放置于激光器前并面向激光器,通过调节三个微调旋钮使返回光斑与激光器出光孔高度基本一致。由于激光器的出光位置与其外形机械出口不一定精准对应,故这种调节方式只能大致调节,并不完全准确。

直角棱镜所用的夹持装置如图 0-28 所示。使用时,将直角棱镜放在载物台上,通过上方的固定装置压紧棱镜,并紧固螺丝,即可将棱镜很好地固定在棱镜架上。最后可将其安装在支杆和底座上,并通过压板与光学平台进行固定。在镜架下方对角处有两个微调旋钮,另一角使用圆形滚珠与下方底板固定。转动微调旋钮,可在微调旋钮与滚珠连线的面内改变载物台的角度,因此该类型镜架可调节两个方向的角度。

图 0-27　反射镜调整架

图 0-28　直角棱镜夹持架

在激光器、反射镜、直角棱镜都用各自的夹持装置固定好后,选取合适的位置,安装激光器、反射镜以及直角棱镜。保证两个反射镜分别与光束成45°放置,使得激光方向总体折转180°。光束的准直需要借助导轨以及光屏来观察,两者示意图如图0-29所示。将光屏安装在导轨的滑块上,并将导轨固定在远处,如图0-26(a)所示。需要注意的是,导轨上光屏的中心位置需要提前定位至与激光器出光位置高度一致,之后前后移动导轨上的光屏,观察激光光斑是否移动。调整过程主要调节最后一个反射镜,通过三个微调旋钮(上方一个调整镜面俯仰,下方两个调整倾斜)调节反射镜角度,达到调节激光传播方向的效果。当前后移动光屏,光斑始终稳定在光屏中心的叉丝上时,即完成了光源部分的调节。

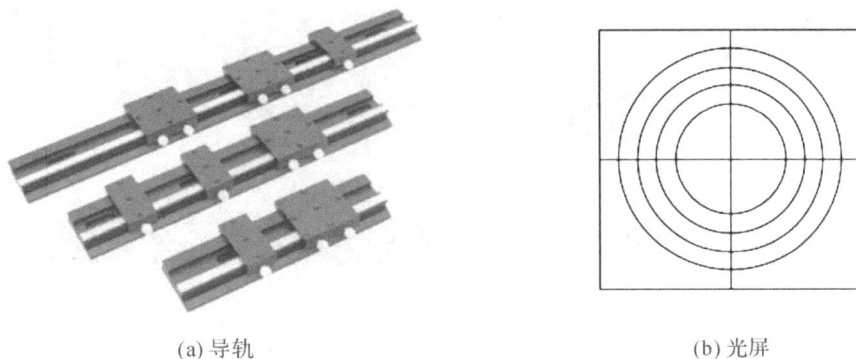

(a) 导轨          (b) 光屏

图 0-29　导轨与光屏实物图

### 2. 激光扩束器的安装及调整

将激光扩束器放入夹持装置后,用紧定螺丝固定在光学平台上。对于扩束器的扩束效果,需要使用剪切板来进行检测,检测中的实际光路图如图0-30所示。关于如何用剪切板进行光束准直性检测的详细原理,会在实验1中详述。

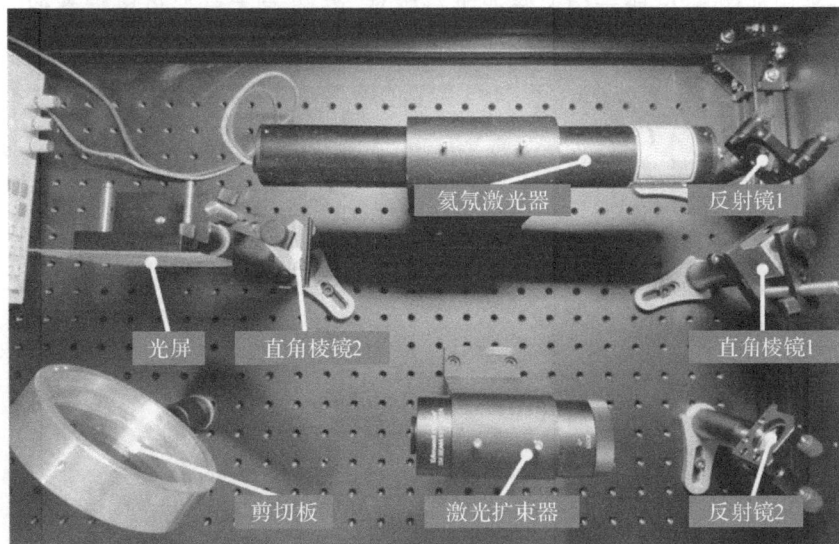

图 0-30　剪切板调整扩束器光路

扩束器准直效果是通过调节目镜与物镜之间的距离来实现的。目镜的夹持装置使用螺纹与镜筒连接,通过旋转目镜,即可改变目镜与物镜之间的相对距离。在调整时,将剪切板以 45°加入扩束器之后,在另一侧使用光屏接收剪切干涉图像。因为扩束器存在球差等像差以及高斯光束的特性,调整目镜与物镜相对距离以剪切干涉条纹数目最少为目的。调整的过程中可能出现的实际干涉图类似于图 0-31 所示。调整到条纹最少时,能够看到的条纹数不到 1 条,如图(a)所示。如果两镜之间的距离过小或者过大,则得到的干涉图如图(b)和图(c)所示。需要注意的是,在扩束器的调整过程中,要将扩束器固定好,防止转动目镜造成其移动。

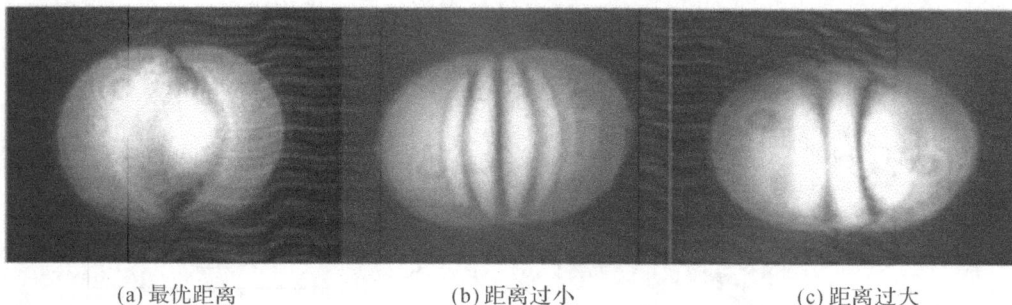

| (a) 最优距离 | (b) 距离过小 | (c) 距离过大 |

图 0-31 激光扩束波面剪切干涉图

### 3. 偏振分光棱镜的安装及调整

PBS 是整个光路中十分核心的器件。在 PDIPS 中,无论是参考路还是检测路的光,都需要两次经过它。在光学系统中,可以将 PBS 等效为一个平行平板,当光垂直入射至平行平板时,不会产生光束位移。然而,当 PBS 存在较大位姿调整误差时,光线以一定的角度入射,则会产生横向位移进而影响到最终的干涉图解调以及后续的面形数据处理。

PBS 仍采用如图 0-28 所示的安装架进行夹持,安装方式与直角棱镜类似,在 PDIPS 中的位置如图 0-32 所示。需要将其放置在扩束器的正后方,调整其位置与高度,保证扩

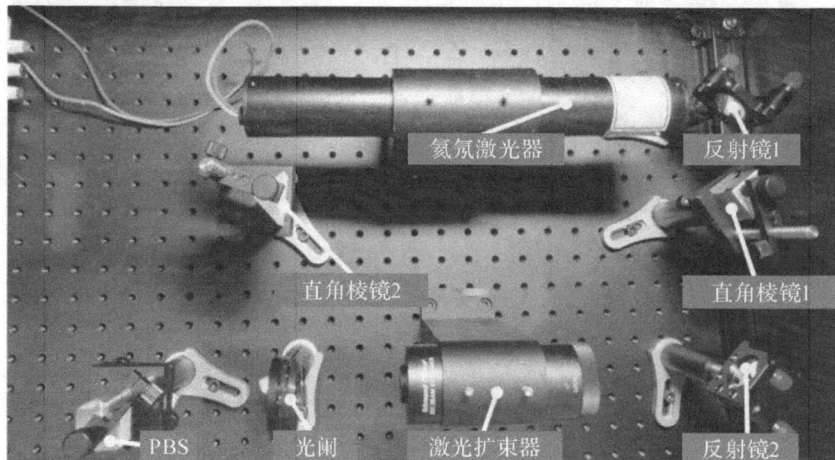

图 0-32 PBS 调整及安装位置

束后的光斑全部通过 PBS。在将 PBS 安装在光学平台上后,需要先对 PBS 的俯仰和倾斜角度进行调整。调整可以用自准直法来实现,并且棱镜的位置与安装位置基本一致。如前所述,自准直法的原理十分简单,即利用光的直线传播原理,当被调整的镜面反射的光斑与光源重合时,即可认为该镜面垂直于光轴。

PBS 共有 4 个面通光,由于其相对的两个面互相平行,调节时仅需考虑相邻的两个面即可。首先将 PBS 放置在调整架上并使其一面对向扩束器,通过旋转 PBS 镜架以及使用下方微调螺钉调节该面的角度,使扩束器出射的光束经棱镜表面反射并沿原路返回。当返回的光斑与激光器出射口重合时,即可认为调整完毕。需要注意的是,由于棱镜表面反射率很低,所以光斑亮度很小,需要仔细观察,必要的时候可以关灯进行操作。并且由于反射光斑能量较低,其对激光器的影响可以忽略不计,因此不会危害到激光器。当这一面调节完毕后,将棱镜旋转 90°,转回到正常的安装角度,对朝向扩束器的面再次使用自准直法进行调节,调节结束后使用压板将 PBS 固定即可。

另外,由于激光器出射口尺寸较大,可以将一中心带有小孔的光屏放置在激光器出射口到扩束器之间的任意位置,并使激光束穿过小孔。当采用自准直法调节 PBS 或其他反射镜时,返回的光斑再次通过小孔回射,即可认为调整完毕。类似的,经扩束后的光斑尺寸较大,大于系统中大部分器件的有效口径,需在 PBS 和扩束器之间加入一个如图 0-33 所示的可变光阑来约束出射光束的口径。

图 0-33　可变光阑

### 4. 参考路的搭建与调节

PDIPS 的参考路用于放置参考平面镜,以及偏振系统需要用到的 $\lambda/4$ 波片。由于波片对于自身的俯仰、倾斜要求较低,主要影响因素在于入射偏振光与快慢轴之间的夹角,故调整较为简单,只需确保波片不会挡光即可。本部分主要讲述参考镜的安装与调整。

因为在 PDIPS 中,相位的调制主要是通过压电陶瓷(PZT)移相实现的,所以需要将平面参考镜安装在 PZT 装置上,并通过电压调整参考镜位置来达到移相的目的。PDIPS 所使用的 PZT 封装如图 0-21 所示。

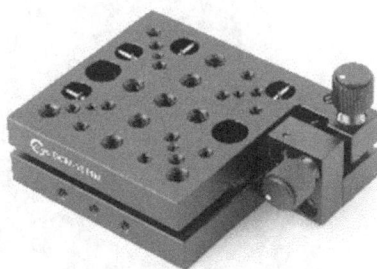

但是,这种安装后的参考镜无法调节其角度,所以我们将安装好的参考镜、PZT 以及支杆、底座等连接装置固定在如图 0-34 所示的俯仰旋转台

图 0-34　安装参考镜及 PZT 的俯仰旋转台

上,然后再将俯仰旋转台固定在光学平台上。通过转动俯仰旋转台右侧的两个旋钮,可以调节上方平台的俯仰和倾斜角度,从而实现参考镜的角度调节。

参考镜的调节同样通过自准直法实现。首先,移动参考镜的位置,使得光斑基本可以覆盖参考镜全口径。此时需要在偏振分光棱镜与俯仰旋转台之间保留一定的余量,为后续加入其他偏振器件预留空间。其次,使用微调旋钮调节参考镜的角度,使得光斑反射后通过偏振分光棱镜、扩束器原路返回。当其与激光器出射时的光斑重合,即可认为调节完毕。参考镜安装完毕后的效果如图 0-35 所示。

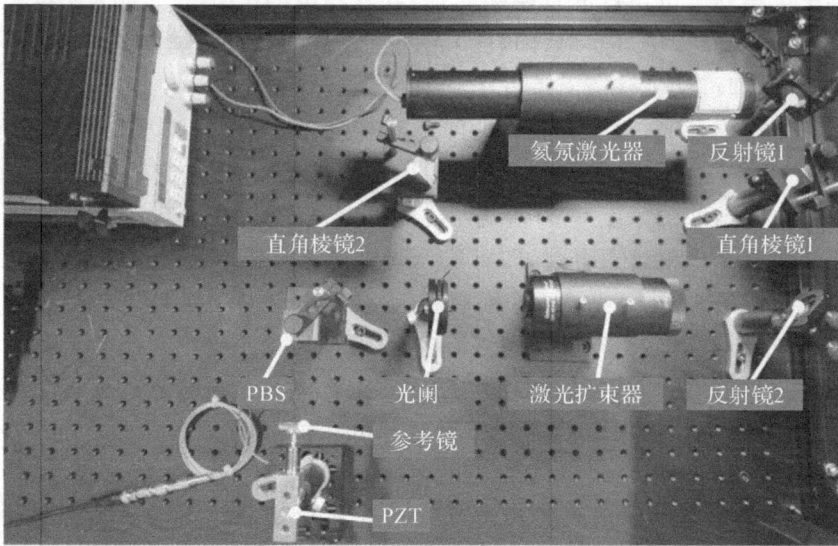

图 0-35　参考镜安装完毕系统图

### 5. 偏振系统的搭建

偏振系统由两个线偏振片（分别用作起偏器和检偏器）以及两个 λ/4 波片组成，加入偏振器件后的系统图如图 0-36 所示。这时，除接收干涉图的相机之外，整个 PDIPS 已基

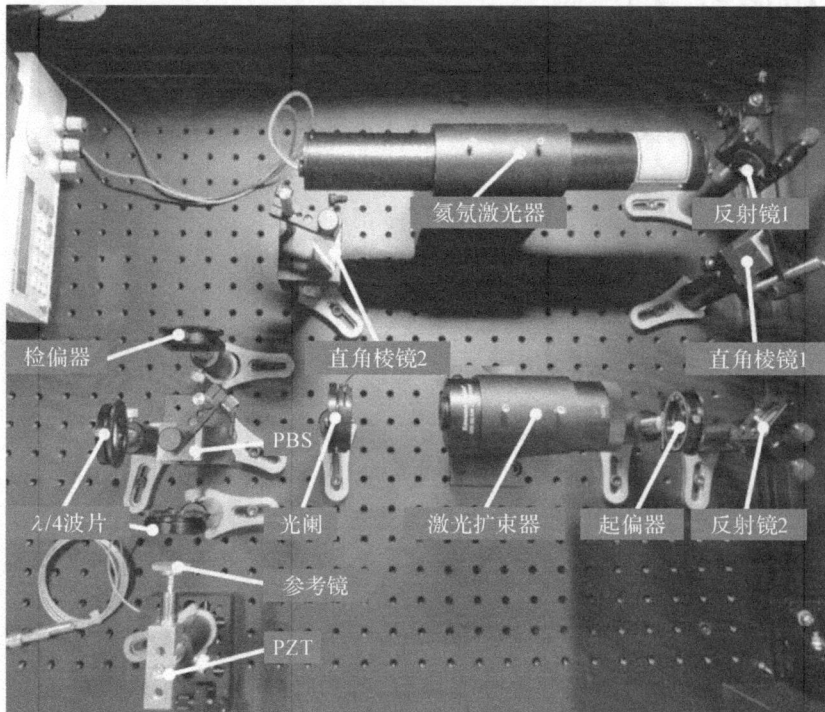

图 0-36　偏振器件安装完毕系统图

本搭建完毕。当加入偏振系统，扩束器后的激光经起偏器转换为线偏振光，被 PBS 分束为 p 光和 s 光，分别反射和透射。参考路和检测路的光分别透射过 $\lambda/4$ 波片，线偏振光转换为椭圆或者圆偏振光，接着被参考面和检测面反射，第二次经过 $\lambda/4$ 波片，p 光转换为 s 光，透射过 PBS；而 s 光变为 p 光，被 PBS 反射，两者通过检偏器后产生干涉。这里对偏振部分仅作简单的介绍，详细的偏振系统的介绍和实验将在实验 2 中进行。

由于偏振器件的厚度都非常薄，并且在系统中光束都是透射通过，其角度对透射波前产生的影响可以忽略，所以调整时主要注意其高度和位置即可。首先，在如图 0-36 所示的反射镜 2 和扩束器之间，放置起偏器，通过调整起偏器的位置和高度，保证光斑全部入射进扩束器即可。其次，在检测路和参考路放置 $\lambda/4$ 波片，由于检测路随着待测器件会发生变化，因此可先使用平面镜进行辅助调整。先拿下起偏器，利用自准直法调节检测路的平面镜，调整好之后再加入起偏器和检测路的波片，最后在成像路上放置检偏器。之后放置的波片和检偏器都以保证不遮光为目的即可，没有特别要求。

### 6. 干涉图成像系统的搭建

干涉图的成像系统搭建相对简单，只需要一个消球差成像透镜和一个 CCD 即可，如图 0-37 所示为整体系统图。

图 0-37　整体系统图

成像透镜安装在检偏器后，只需要调整其位置与高度，保证干涉图通过透镜中心。而 CCD 安装在成像透镜后，通过移动 CCD 与成像透镜的距离，改变 CCD 感光面上的干涉图大小，使干涉图基本充满整个 CCD 界面。由于实验基本为零位干涉检测，因此可不考虑干涉仪的共轭问题，保证像的大小基本充满感光面即可。检测路由于不同的实验条件，其光路有所不同，因此会在后面章节中具体介绍。

# IV 软件系统介绍

软件系统如图 0-38 所示,主要分为硬件控制区、图像显示区以及干涉图处理区三个部分。软件界面左方为硬件控制区,主要为两个部分:CCD 控制模块、PZT 控制模块。软件界面中部是图像显示区,主要是对处理过程中一些需要显示的结果进行显示。软件界面右方为干涉图处理区,包括干涉图预处理模块、干涉图相位解调模块与相位数据处理模块。干涉图预处理模块包括一些数字图像处理基本操作以及在干涉检测领域中较为重要的有效孔径确定功能;干涉图相位解调模块包括三种不同的相位调制及解调技术,可对干涉图相位进行解调;相位数据处理模块主要包括 Zernike 多项式拟合功能以及系统误差移除功能,用于最终求得检测样品的面形。针对具体实验的软件操作步骤在后续章节中有详细介绍,本部分仅对软件整体功能进行概述。

图 0-38　软件主界面

## 1.硬件控制模块

1)CCD 控制模块

如图 0-39 所示为 CCD 控制模块,在"增益"和"曝光时间"框中输入数值即可对参数进行相应的改变。其中,增益的范围为 $0 \sim 25 dB$,曝光时间范围为 $20 \sim 1000000 \mu s$。实际操作时推荐增益设置为 $0.8$ 左右,曝光时间推荐设置为 $20 \sim 50 \mu s$。过高的曝光时间会导致 CCD 受到损坏,需要特别注意。软件界面会显示当前 CCD 接收到的实时图像,如图 0-40 所示。

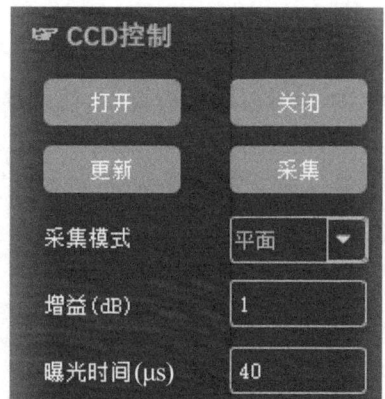

图 0-39　CCD 控制模块

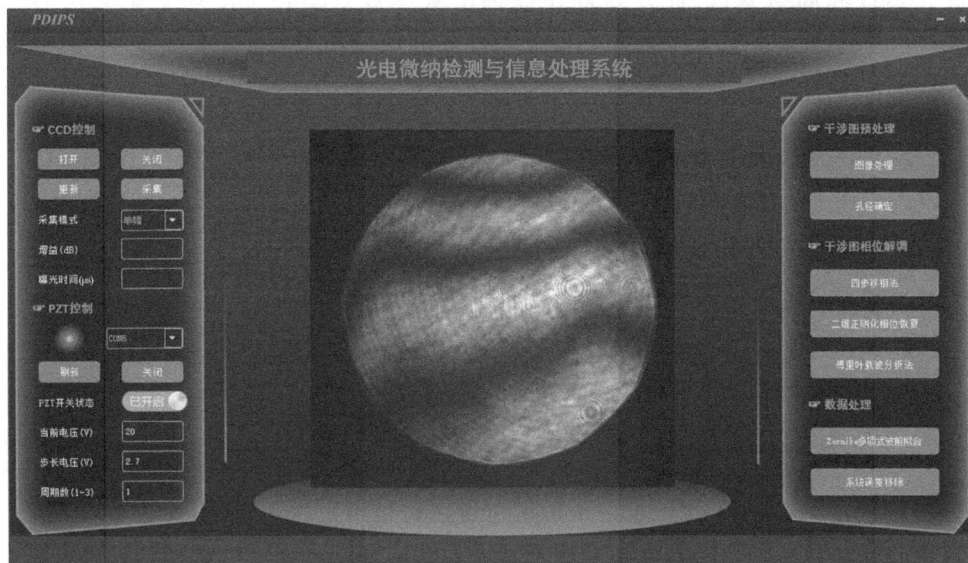

图 0-40　CCD 接收的实时图像

2）PZT 控制模块

如图 0-41 所示为 PZT 控制模块的内容。其中，需要选定和 PZT 串口连接的 COM 口，刷新串口可以重新选择；拨动 PZT 开关状态至"已开启"，此时 PZT 和电脑之间进行串口连接初始化设置，PZT 连接状态和当前电压会实时显示在软件界面上。PZT 支持多周期移动，在"步长电压"和"周期数"输入框中分别输入相应数值，而后点击 CCD 控制模块中的"采集"按钮，此时 PZT 电压即按照设置好的步长电压以及移相周期数进行增加。在 PZT 电压按照步长改变的同时 CCD 具备拍摄功能，这样电压变化驱动 PZT 每移动一步，CCD 便会拍摄一次，图片默认保存在默认路径的目录中，默认保存为".BMP"格式。需要注意的是，本实验中所使用的 PZT 电源电压上限为 40V。

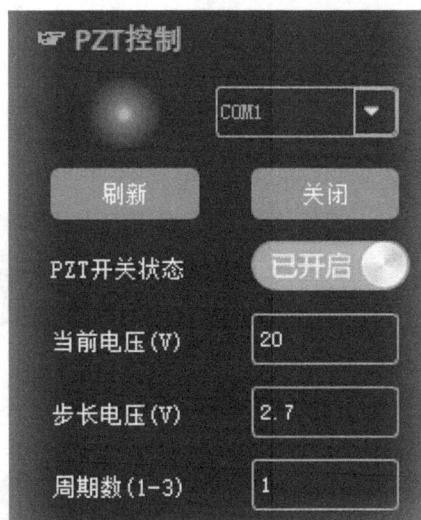

图 0-41　PZT 控制模块

**2. 干涉图处理模块**

1）图像处理模块

图像处理模块包括对干涉图进行腐蚀膨胀操作、添加噪声和滤波操作，以及灰度拉伸操作，用户可以更加直观地体会图像处理的基本操作。

图像处理主界面如图 0-42 所示，在图像处理模块中提供了添加噪声和滤波的功能，可以添加的噪声包括椒盐噪声和高斯噪声，用户可以自行设置噪声的参数；滤波包括均值滤波、中值滤波和高斯滤波；此外软件还提供了灰度直方图和灰度均衡化的功能，拖动图 0-42 中的滑动条可以按照数值对干涉图进行灰度值的拉伸，同时灰度直方图会显示灰度均衡化的结果。

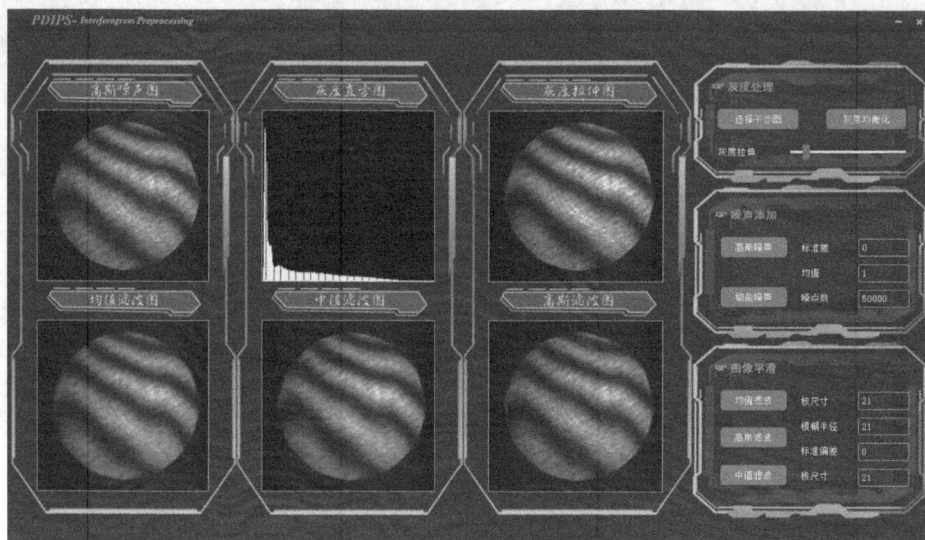

图 0-42　图像处理主界面

2）孔径确定模块

孔径确定主界面如图 0-43 所示，该模块主要用于对干涉图进行解调区域的孔径选取操作。

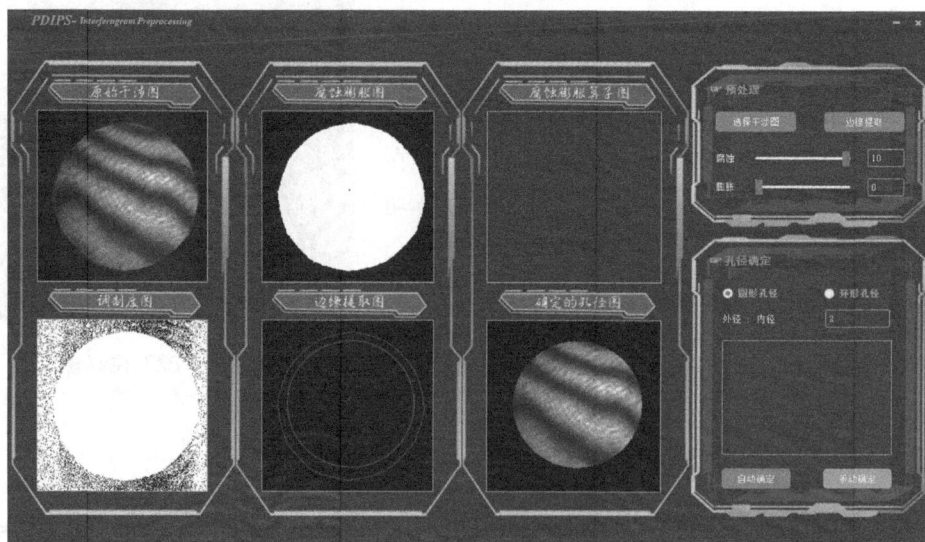

图 0-43　孔径确定主界面

### 3）四步移相法模块

四步移相法模块包含对移相干涉图进行解调和解包裹的操作，选取的孔径为图像处理模块中所选取的区域，选取的移相干涉图在主界面上进行显示，如图 0-44 所示。之后按顺序点击操作按钮，即可完成对移相干涉图相位的解调及解包裹。

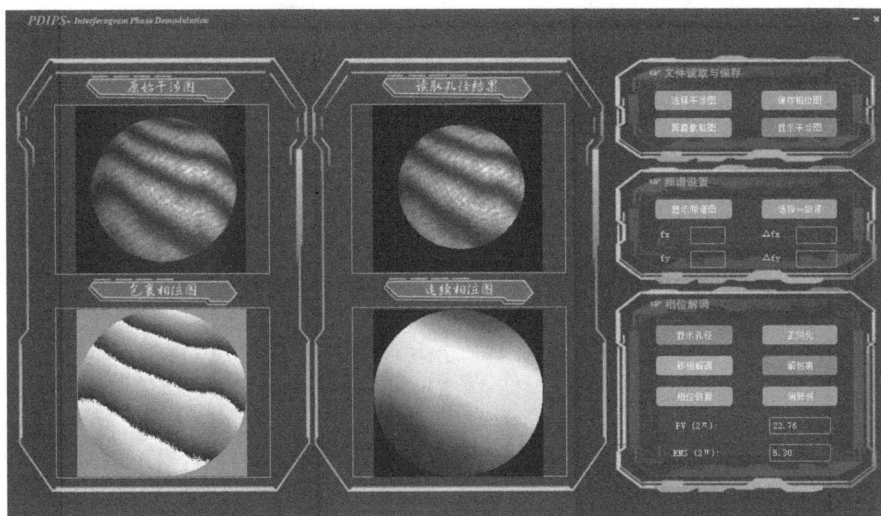

图 0-44　四步移相过程

### 4）二维正则化相位恢复技术模块

二维正则化相位恢复技术主界面如图 0-45 所示，本模块的功能包括对单幅干涉图进行孔径读取、正则化和相位恢复；与四步移相不同，其相位恢复结果为连续相位，不需要解包裹。该模块的其他功能、操作与四步移相模块相似。

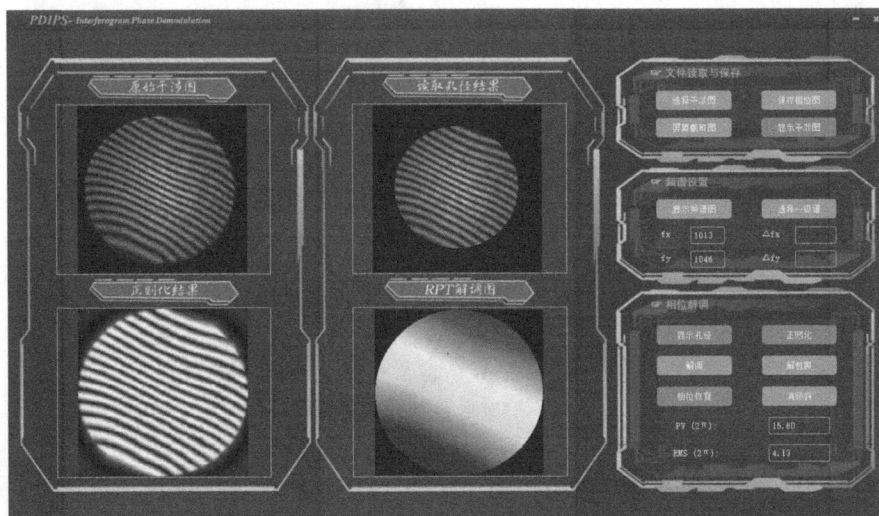

图 0-45　二维正则化相位恢复技术主界面

5）傅里叶载波分析法模块

傅里叶载波分析技术主界面如图 0-46 所示，界面布局和主要操作方式与前两种相位解调方法一致。傅里叶解调技术主要是将二维干涉图转换为频谱图，由于一级频谱包含了所有的相位信息，将一级频谱对应的相位信息提取出来便可计算得到干涉图对应的相位信息。

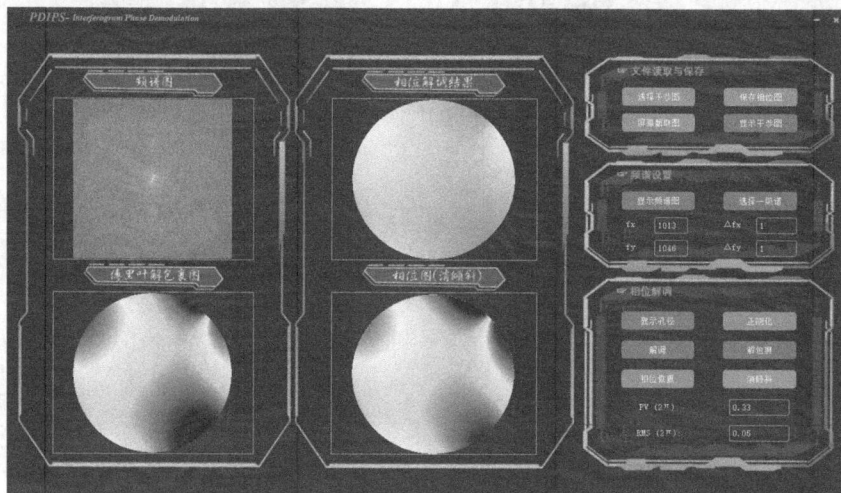

图 0-46　傅里叶载波分析技术主界面

6）Zernike 多项式波前拟合模块

Zernike 多项式波前拟合模块如图 0-47 所示，包括对保存的连续相位进行 Zernike 多项式拟合和移除 Zernike 多项式选中项。界面所显示的图像依次为连续相位图、Zernike 多项式拟合结果图、拟合残差图、Zernike 多项式选中项拟合图、移除相位结果选中项拟合图。此模块测量标准镜面后可以将此结果作为系统误差保存。

图 0-47　Zernike 多项式波前拟合主界面

7）系统误差移除模块

系统误差移除模块主界面如图 0-48 所示，包含读取检测面形结果和去除系统误差的功能，在主界面依次点击"显示相位结果""显示系统误差""去除系统误差"后，可以得到去除系统误差后的结果。

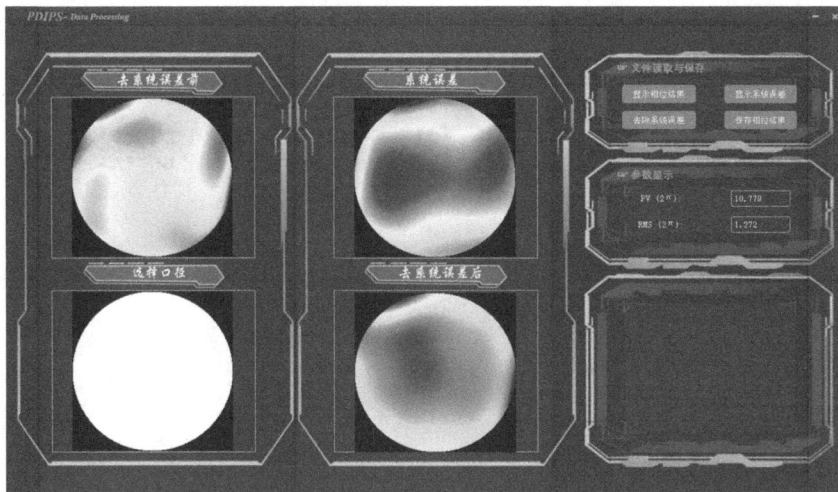

图 0-48　系统误差主界面

# Ⅴ　实验注意事项

（1）实验前请仔细阅读相关实验步骤，尤其应注意实验注意事项。

（2）光学元件由光学玻璃制成，光学面都经过精密的抛光，使用时要注意轻拿轻放。不要使元件相互挤压碰撞。不要用手直接触摸光学面，只能触碰元件的磨砂面。

（3）光学仪器属精密仪器，移动和取放时动作要轻慢，没有了解清楚仪器使用方法之前切勿乱拧螺丝、随意接通电源等。

（4）光学面如果落有灰尘，应用擦镜纸轻轻擦除，切勿用嘴吹或直接用一般纸进行擦拭。

（5）实验结果受环境中干扰因素的影响，在实验过程中切勿对着系统讲话或移动、振动光学平台。

（6）注意位移器件的行程及调整机构的调节范围，切勿超出其行程或调节范围。

（7）实验中使用了激光和电源，注意自身安全。

（8）仪器出现损坏请及时联系助教和老师。

# 数字波面干涉仪平面面形检测

## 【实验目的】

1.理解平行平板横向剪切干涉的基本原理,并且掌握利用其评价平行光束的质量的方法。

2.掌握数字波面干涉仪的基本原理及调节方法,并学会使用相位调制及波前拟合技术对干涉波前数据进行解调及处理。

3.使用 PDIPS 进行平面镜测量,并掌握干涉仪的数据处理流程。

## 【实验装置】

PDIPS、平面镜(面形精度 PV 值=$\lambda$)。

## 【实验原理】

在使用数字波面干涉仪进行实验之前,首先需要调整平行光检测光路。评价平行光的质量,将用到平行平板横向剪切干涉,该部分原理将在第 1.1 节中进行介绍。得到平行光检测光路后,即可以进行平面镜的检测实验,具体内容将在第 1.2 节中详述。数字波面干涉仪常采用移相法实现干涉图解调,本实验将采用四步移相法,具体内容详见第 1.3 节。由于干涉条纹图与两干涉光波的光程差具有余弦函数关系,在从干涉图反演光程差的过程中会遇到反三角函数的多值性问题,这就需要相位解包裹操作。该部分详细内容请参见第 1.4 节。对于通常的数字波面干涉仪来说,由解包裹后的光程差获得待测件面形之前,还需要通过波面拟合消除检测过程中待测件的调整误差。PDIPS 采用最常用的 Zernike 多项式对波前进行拟合,并去除调整误差。该部分的基本原理将在第 1.5 节中给出。

# 1.1　基于剪切板调节平行光束

在绪论中已经介绍了 PDIPS 的初步搭建步骤,其中,激光的扩束准直是系统搭建中最为重要的环节之一。激光器产生的激光在扩束之前,其光束直径很小,采用导轨加光屏的组合保证激光与光轴重合即可。而经过扩束器后的扩束激光光束直径更大,并且由于扩束器可能存在离焦,仅仅用导轨加光屏的组合并不能很好地观察到其离焦特性。基于平行平板的横向剪切干涉是一种十分快速高效的检测光束离焦的方式,本实验中将利用其来测量扩束后波前的准直性,以确保扩束器出射的是平行光束。下面将依次介绍横向剪切干涉原理、基于平行平板的扩束器离焦调节的原理,以及如何根据剪切干涉图来进行调节。

## 1.1.1　横向剪切干涉简介

经典干涉仪,如迈克尔孙干涉仪、菲佐干涉仪以及我们实验中所用的特外曼-格林干涉仪等,基本原理都是使用参考镜产生一个相对理想的参考波面与包含待测面信息的检测波面进行干涉,从而得到干涉图并实现测量。如果待测面的口径较大,则有可能需要设计产生大口径的标准参考镜面。由于参考镜面的面形误差会传递到最终的测量结果中,就要求该大口径标准参考镜面具有非常高的精度,而这无疑大大增加了制造难度和成本。同时,对于非共路干涉仪,在测量过程中还会受到环境因素(如温度、湿度、振动、空气扰动等)的影响。另外,干涉仪的使用和调整等也需要花费比较多的时间,需要经过专门的训练,才能得到比较好的测量结果。

剪切干涉仪在一定程度上可以克服上述不足。它的基本原理是使待测波面通过剪切光学系统,产生一定的位移、几何放缩或旋转等变化,然后再与自身或与变化后的波面进行干涉,进而实现测量和评价。从其原理可以知道,剪切干涉是待测波面的自干涉,只要设计和制作剪切光学系统并设置适当的剪切量,就可以实现待测波面的通用化检测。其不需要加工专用的参考镜以及补偿镜,大大降低了检测成本。

根据产生剪切的不同方式,剪切干涉仪可以分为横向剪切干涉仪、径向剪切干涉仪、旋转剪切干涉仪等几类。其中,横向剪切干涉仪是应用最为广泛的一种。接下来,将对其作简要介绍。

通过小量地横向移动待测波面,使得移动后的波面与原始波面产生错位,两者交叠的区域发生干涉,如图 1-1 所示,这就是横向剪切干涉仪的原理。一般情况下,使波面产生横向移动的光学系统都比较简单,可以方便地携带和使用;且横向剪切干涉仪为共路干涉仪,可以很好地降低环境对干涉图的影响。因此,使用横向剪切干涉仪可以十分容易地得到稳定、高质量、可用于检测的干涉图。

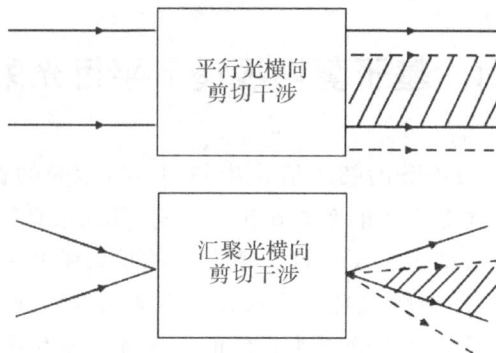

图 1-1　横向剪切干涉仪

横向剪切干涉仪在光学检测方面的应用十分广泛。它可以用来检测一般光学零件和大型光学镜面的面形、各种光学系统的质量,以及大尺寸光学材料(如玻璃、晶体等)的均匀性及缺陷;同时横向剪切干涉仪还可以用于评定光学零件参数及光束特性等。尤其在检测激光光束波面方面发挥着重要的作用,如检测激光器的激光光束的准直性、测量准平面波(近似大曲率半径球面波)的曲率半径等。

## 1.1.2　基于平行平板的横向剪切干涉原理及典型干涉图

本实验使用基于平行平板的横向剪切干涉来检测激光通过扩束器之后的光束质量,接下来对其作重点介绍。

平行平板是由两个相互平行的折射平面构成的光学元件,如分划板、测微平板、保护玻璃等。有些用作剪切干涉的特制平行平板,会将其两表面制作成一定楔角。该设计能够提高检测的灵敏度,这将在本节讨论典型剪切干涉图的内容时得以体现。用平行平板进行波前的横向剪切干涉时,将平行平板与入射光束成约 45°放置,入射光束分别被平行平板前后表面反射,产生互相有一定错位量的两束光,进而发生干涉,如图 1-2 所示。

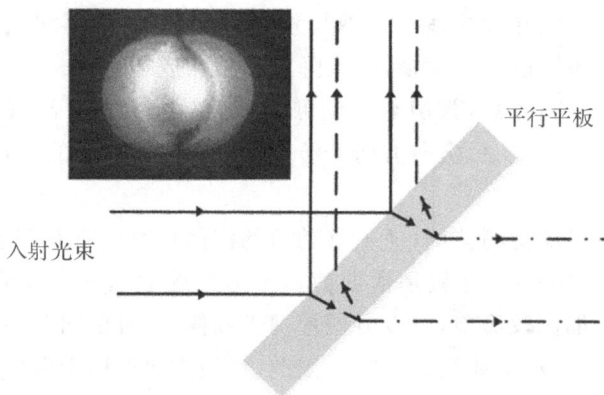

图 1-2　平行平板横向剪切干涉

　　一般情况下,我们认为横向剪切干涉仪引入的附加波前变化很小,故发生干涉的两个波前除位置不同外,其他因素都一致。平行平板产生横向剪切的基本原理如图 1-3 所示。原始波面可表示为 $W(x,y)$,其中 $(x,y)$ 是波面上点的笛卡儿坐标。当此波面在 $x$ 方向上产生一个横向剪切量 $\Delta x$ 时,剪切后的波面可以表示为 $W(x-\Delta x,y)$。原始波面和剪切波面在同一点叠加后的光程差 $\Delta W$ 可以表示为

$$\Delta W=W(x,y)-W(x-\Delta x,y). \tag{1.1}$$

显然,$\Delta W$ 就是横向剪切干涉仪产生的剪切干涉图中的光程差。

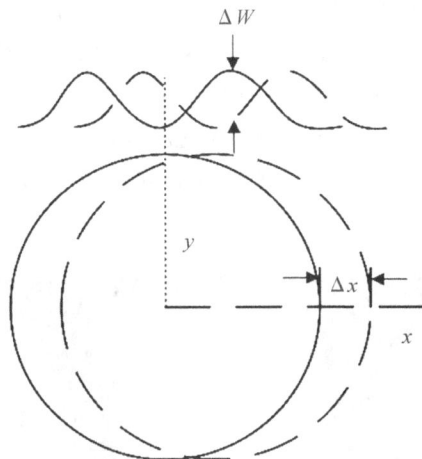

图 1-3　原始波面和剪切波面

　　当 $\Delta x$ 为零时,波面上任何地方都没有光程差。因而,不管此波面有多大、波前形状如何,都看不到剪切干涉图。当 $\Delta x$ 增大时,波面上各点的光程差 $\Delta W$ 可从常用关系式

$$\Delta W=n\lambda, \tag{1.2}$$

求得。式中 $n$ 是干涉条纹的序数,$\lambda$ 是所用的波长。

　　值得注意的是,当 $\Delta x$ 与发生剪切干涉的光束口径 $D$ 相比足够小时,即剪切量足够小时,可将式(1.1)的差分表示为微分形式,即

$$\Delta W=\frac{\partial W(x,y)}{\partial x}\cdot\Delta x. \tag{1.3}$$

　　因此,干涉条纹的表达式可重新表示为

$$\frac{\partial W(x,y)}{\partial x}\cdot\xi=n\lambda, \tag{1.4}$$

式中,$\dfrac{\partial W(x,y)}{\partial x}$ 表示波面法线对于 $x$ 轴的方向余弦。

　　由式(1.4)可知,在横向剪切干涉中,干涉条纹给出的是波面的差分信息,要知道待测波面的信息,必须进行反演。对比式(1.1)、式(1.3)可知,当 $\Delta x\to0$ 时,使用微分代替差分则更精确;但从式(1.4)还可以知道,当 $\Delta x\to0$ 时,干涉图的条纹数将变少,这将导致干涉检测灵敏度减小。所以,如果使用剪切干涉仪得到精确的测量结果,就必须选择适当的 $\Delta x$ 值,以兼顾两者。

接下来,我们来讨论含有各种像差的横向剪切干涉图。

**1. 离焦**

我们考虑一个简单的离焦情况。系统的光源为一个点光源,发出球面波,通过理想透镜准直成平面波。当透镜焦点与点光源不重合时,即会产生离焦波前。当波面存在离焦时,可表示为

$$W(x, y) = D(x^2 + y^2),\qquad(1.5)$$

式中,$D$ 为与离焦量相关的参数,它的大小和正负可以代表透镜焦点距光源的距离及位置。$D$ 绝对值越大,离焦量越大。当光源位于透镜焦点内时,形成发散球面波,此时 $D$ 为负;当光源位于透镜焦点上时,形成平面波,$D$ 为零;而当光源位于透镜焦点外时,形成汇聚球面波,$D$ 为正。将式(1.5)代入式(1.3)得

$$\Delta W = 2Dx \cdot \Delta x = n\lambda,\qquad(1.6)$$

该式表示的是一组与 $x$ 方向(剪切方向)垂直的等间距直条纹。如图 1-4 所示,直条纹出现在两个相交波面的重叠区。

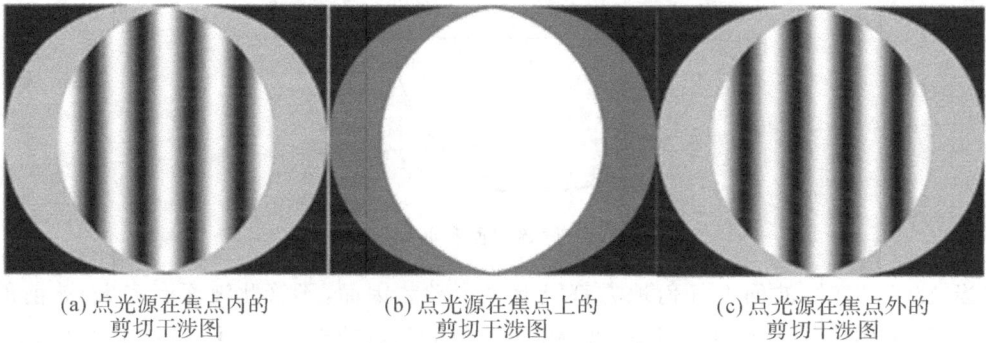

(a) 点光源在焦点内的　　　(b) 点光源在焦点上的　　　(c) 点光源在焦点外的
　　剪切干涉图　　　　　　　　剪切干涉图　　　　　　　　剪切干涉图

图 1-4　离焦剪切干涉图

在干涉中,条纹宽度 $b$ 可以表示为

$$b_x = \frac{\lambda}{\partial \Delta L / \partial x},\qquad(1.7)$$

式中,$\partial \Delta L / \partial x$ 为光程差在 $x$ 方向上的变化率。对于剪切干涉,将光程差用 $\Delta W$ 代入,则在剪切方向的条纹宽度为

$$b_x = \frac{\lambda}{\partial \Delta W / \partial x} = \frac{\lambda}{2D\Delta x},\qquad(1.8)$$

此式表明,在 $\Delta x$ 和 $\lambda$ 一定的情况下,剪切干涉得到的直条纹宽度与离焦参数 $D$ 成反比。当 $D=0$ 时,$b=\infty$,此时条纹宽度为无穷,说明干涉条纹应该是均匀一片亮(或暗),如图 1-4(b)所示。当存在离焦时,只要点光源距离焦点的位置相同,即 $D$ 的绝对值相同,则不论离焦正负,条纹宽度均相等,如图 1-4(a)、(c)所示。

**2. 离焦与倾斜同时存在**

一般情况下,我们默认发生剪切干涉时的新波面与原始波面没有改变,但是许多横向剪切干涉仪会对新波面引入一个与剪切方向垂直的倾斜。这样做一方面是受加工工艺的限制,另一方面也可以提高检测的灵敏度。例如,仅通过图 1-4 无法分辨离焦的具体情

况,但加入倾斜后即可以实现。

当发生剪切的两个平面波面只存在倾斜时,

$$\Delta W = Ey = n\lambda, \tag{1.9}$$

式中,$E$ 可以反映两个波面之间的倾斜角度差。这种情况下,干涉图如图 1-5(b)所示,干涉条纹平行于 $x$ 轴。

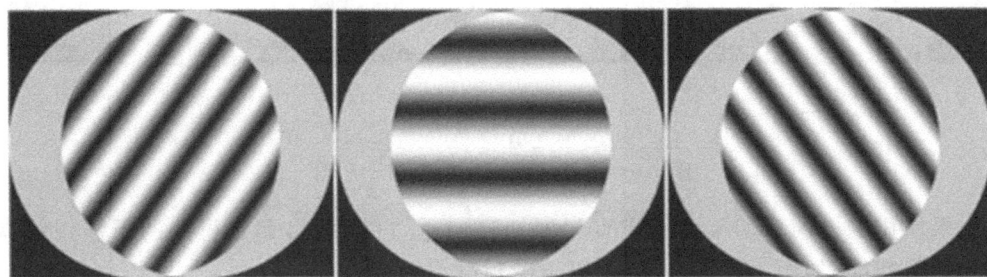

(a) 点光源在焦点内、同时　　(b) 点光源在焦点上、同时　　(c) 点光源在焦点外、同时
存在倾斜的剪切干涉图　　　　存在倾斜的剪切干涉图　　　　存在倾斜的剪切干涉图

图 1-5　离焦与倾斜同时存在时的剪切干涉图

当离焦与倾斜同时存在时,即

$$D \neq 0, \qquad \Delta W = 2Dx \cdot \Delta x + Ey = n\lambda. \tag{1.10}$$

此式表示一组与 $x$、$y$ 轴皆不平行的直条纹。如图 1-5(a)、(c)所示。在使用带有一定楔角的平行平板剪切干涉仪进行检测时,波面间的倾斜量是固定不变的,随着离焦量的变化,直条纹偏离 $x$ 轴的倾角以及水平方向的宽度会发生变化。离焦越大,则倾角越大,宽度越小。当 $D=0$ 时,倾角为 0,宽度为无穷大,干涉图变为图 1-5(b)。

对比图 1-4,可以发现,两种方式的横向剪切干涉仪都可用于检测光束是否离焦。使用带有倾斜的剪切干涉仪,只需要判别剪切条纹的方向是否平行于剪切方向即可确定光束是否离焦;使用未带有倾斜的剪切干涉仪,则通过判断干涉图是否为零条纹状态来检验离焦。相较于零条纹状态,人眼对条纹倾斜的识别更加灵敏,因此,带有倾斜的剪切干涉仪可以更好地检出小的离焦量。而且,通过带有倾斜的剪切干涉仪还可以分辨焦点与光源的相对位置,如图 1-5(a)、(c)所示。在使用没有倾斜的剪切干涉仪时,无法区分这两种情况,如图 1-4(a)、(c)所示。

**3. 球差**

由于高阶球差的表达式比较复杂,一般使用 Zernike 多项式来模拟像差。这里仅仅从干涉图上来定性说明像差的形式。

仅带有球差的剪切干涉图如图 1-6 所示。因为球差是圆周对称的,在发生横向剪切之后,得到的干涉图都是左右对称的,球差的一个主要特点是存在中心两个左右对称的圆环条纹。图(a)～图(c)展示了球差逐渐减小的剪切干涉图,很明显,干涉条纹的密度与球差的大小成正相关,即球差越大,则圆环状的条纹数越多,边缘条纹弧形也越多。

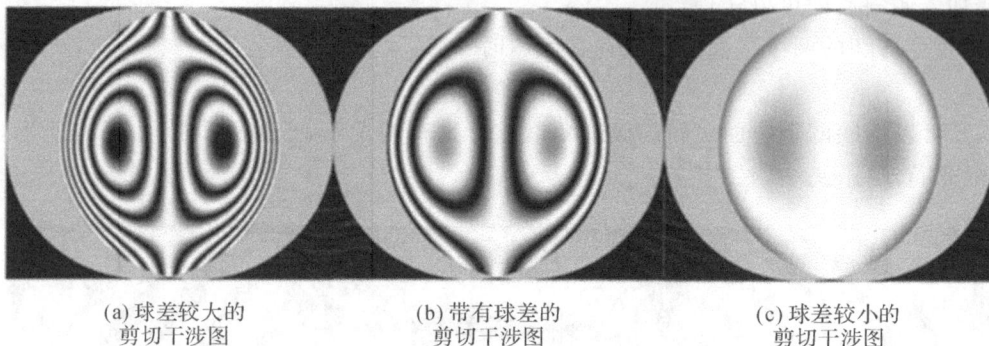

(a) 球差较大的  (b) 带有球差的  (c) 球差较小的
剪切干涉图  剪切干涉图  剪切干涉图

图 1-6　球差逐渐减小的剪切干涉图

如果使用的横向剪切干涉仪带有与剪切方向垂直的倾斜,那么得到的干涉条纹有明显的"∽"形特征,如图 1-7 所示,可以用于检测微小的球差量。

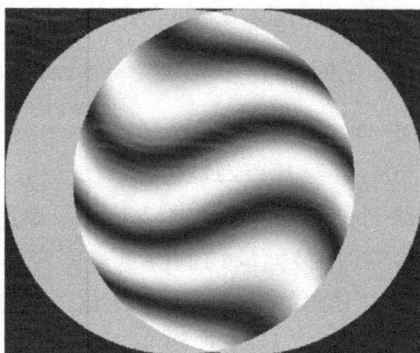

图 1-7　球差与倾斜同时存在的剪切干涉图

### 4. 初级彗差

与球差不同,彗差是一种非对称的像差,因此横向剪切干涉图的条纹形状与彗差的方向及剪切的方向都有关。需要注意的是,彗差和剪切的方向只有相互平行或垂直时才会影响到干涉图的形状,下面分两种情况讨论。

第一种情况,剪切方向平行于彗差方向,假设此时彗差方向平行于 $x$ 轴,初级彗差可以模拟为

$$W(x,y) = Bx(x^2 + y^2), \tag{1.11}$$

式中,$B$ 为表示彗差大小的系数。当剪切方向也在 $x$ 轴时,根据式(1.1)和式(1.11)可得

$$\Delta W = B(3x^2 + y^2) \cdot \Delta x. \tag{1.12}$$

此时还可以得到条纹宽度

$$b_x = \frac{\lambda}{6Bx\Delta x}, \tag{1.13}$$

$$b_y = \frac{\lambda}{2By\Delta x}. \tag{1.14}$$

从上述三式可知,这种情况得到的干涉条纹是一个以长轴与短轴分别在 $y$ 轴和 $x$ 轴、长

度之比为$\sqrt{3}:1$的椭圆族;而且中心处的条纹宽度最大,越向周边延伸条纹宽度越小,如图 1-7(a)所示。当波面还带有离焦或者剪切干涉仪本身会使剪切波前产生倾斜时,干涉条纹中心将产生平移,如图 1-8(b)、(c)所示。这种情况下,离焦造成的平移沿 $x$ 轴方向,倾斜造成的平移沿 $y$ 轴方向。

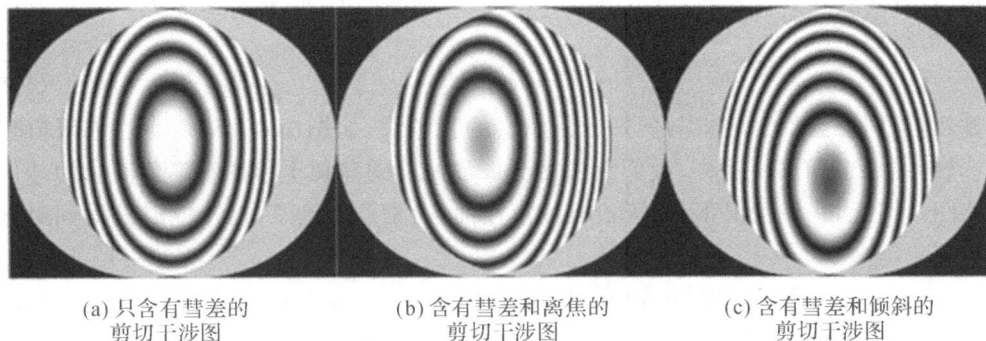

(a) 只含有彗差的　　　　　(b) 含有彗差和离焦的　　　　(c) 含有彗差和倾斜的
剪切干涉图　　　　　　　　剪切干涉图　　　　　　　　剪切干涉图

图 1-8　彗差方向与剪切方向平行的剪切干涉图

第二种情况,剪切方向垂直于彗差方向,此时设剪切方向仍然沿 $x$ 轴方向,而彗差方向沿 $y$ 轴方向,则初级彗差可以模拟为

$$W(x,y)=By(x^2+y^2).\tag{1.15}$$

当剪切方向沿 $x$ 轴方向时,根据式(1.1)和式(1.15)可得

$$\Delta W=2Bxy\cdot\Delta x.\tag{1.16}$$

相应的条纹宽度为

$$b_x=\frac{\lambda}{2By\Delta x},\tag{1.17}$$

$$b_y=\frac{\lambda}{2By\Delta x},\tag{1.18}$$

显然,上述三式表示的是以 $x$ 轴和 $y$ 轴为渐近线的一组正交的二次双曲线,并且条纹宽度在中心处最大、在边缘处最小,如图 1-9(a)所示。此时带有离焦或倾斜的情况,干涉条纹发生平移的方向与图 1-8 相反,离焦造成的平移沿 $y$ 轴方向,倾斜造成的平移沿 $x$ 轴方向,如图 1-9(b)、(c)所示。

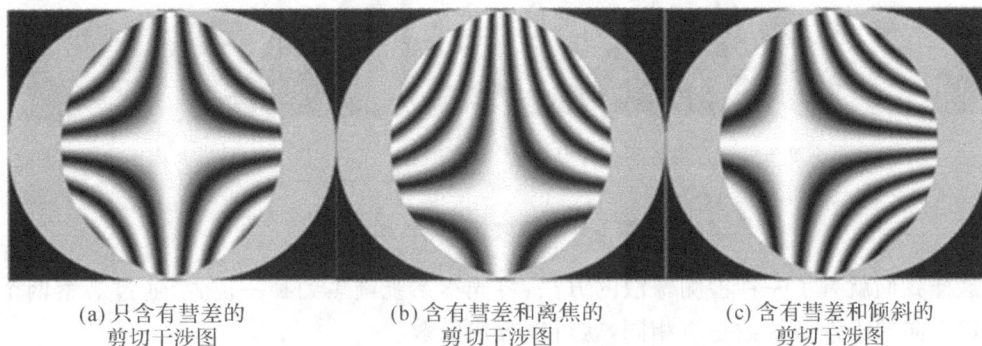

(a) 只含有彗差的　　　　　(b) 含有彗差和离焦的　　　　(c) 含有彗差和倾斜的
剪切干涉图　　　　　　　　剪切干涉图　　　　　　　　剪切干涉图

图 1-9　彗差方向与剪切方向垂直的剪切干涉图

**5. 初级像散**

像散也是一种十分常见的像差。这里我们讨论初级像散的波面,考虑像散方向沿 $0°$ 及 $90°$,则波面可以表示为

$$W(x, y) = C(x^2 - y^2), \tag{1.19}$$

式中,$C$ 为与像散大小相关的系数。对于仅仅含有像散的波面,如果我们采用 $x$ 轴方向的剪切,即可得到

$$\Delta W = 2Cx \cdot \Delta x. \tag{1.20}$$

显然,这样得到的是一组与剪切方向垂直的直条纹,如图 1-10(a)所示。如果剪切方向沿 $y$ 轴,结果也相同。这样,我们无法区分像散波面的剪切干涉图和离焦产生的球面波的干涉图。因此,一般情况下,为了检测像散波面,通常调焦到某位置,此时波面同时含有像散和离焦项

$$W(x, y) = C(x^2 - y^2) + D(x^2 + y^2). \tag{1.21}$$

如果发生 $x$ 轴方向剪切,将式(1.21)代入式(1.1),可得

$$\Delta W = (2Dx + 2Cx) \cdot \Delta x. \tag{1.22}$$

此时,条纹宽度为

$$b_x = \frac{\lambda}{2(D + C) \cdot \Delta x}. \tag{1.23}$$

剪切干涉图仍然是垂直于剪切方向的等间距直条纹,如图 1-10(b)所示。而当剪切方向沿 $y$ 轴时

$$\Delta W_y = (2Dy - 2Cy) \cdot \Delta y, \tag{1.24}$$

这时的干涉图仍然是垂直于剪切方向的等间距直条纹,但是很显然,此时条纹宽度

$$b_y = \frac{\lambda}{2(D - C) \cdot \Delta y}, \tag{1.25}$$

发生了变化,也就是条纹数量发生了变化,如图 1-10(c)所示。

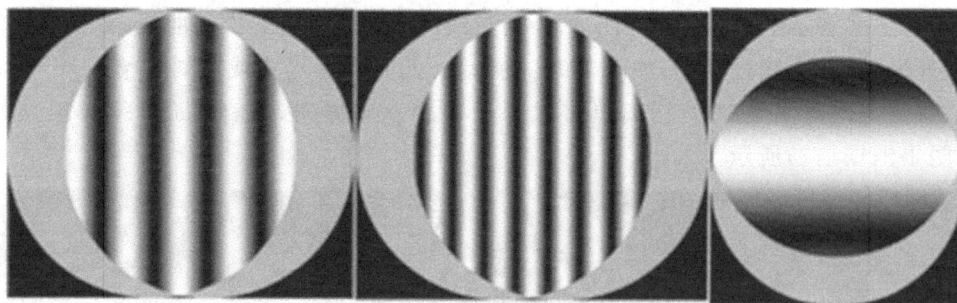

(a) 像散剪切干涉图　　　　(b) 像散及离焦水平方向　　　(c) 像散及离焦垂直方向
　　　　　　　　　　　　　　　剪切干涉图　　　　　　　　　剪切干涉图

图 1-10　像散剪切干涉图

这样我们就有了一种检测像散的方法:将光学系统调焦到某一位置,通过观察两个不同剪切方向的干涉条纹数是否相同,就可以分辨像散。

### 6. 像面弯曲和畸变

像面弯曲是由焦点的纵向位移引起的,因此可以将其当作离焦来处理。而畸变是与孔径相关的函数,一般不做检测。

### 7. 色差

位置色差是由光学系统对于波长光的焦点不同引起的,可以通过检测不同波长的光通过系统后离焦引起的条纹变化来检测。而倍率色差与畸变相同,是与孔径相关的函数,此处不作讨论。

## 1.1.3　扩束准直效果检测及调整

前面我们对平行平板横向剪切干涉仪的原理和典型干涉图进行了详细的介绍。现在回到本实验的内容,接下来将介绍如何使用平行平板横向剪切干涉仪对激光扩束器进行调整。如图 1-11 所示,将 PDIPS 中的偏振器件除去,成为一个简单的特外曼-格林干涉仪,以检测平面光学元件为例,来分析扩束器调整不准确造成的影响。

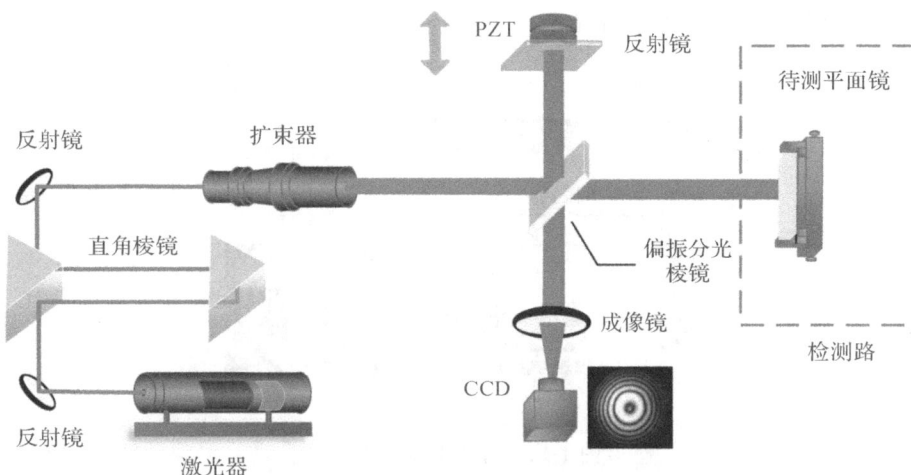

图 1-11　特外曼-格林干涉仪光路图

激光的准直扩束,在不等臂干涉仪(如我们实验中使用的特外曼-格林干涉仪)中要求是十分严格的。如果准直扩束器存在离焦,则会使扩束器出射的不再是平面波,而是发散或汇聚的球面波。由于光在干涉仪参考路和检测路的光程不同,则会造成最终参考波前和检测波前到达成像镜和 CCD 处对应不同半径的球面波。这样两个波前之间就会引入一定的附加光程差,这部分附加光程差会被带入检测结果中,影响最终结果的准确性。

一般情况下,附加光程差 $\Delta L$ 可以表示为

$$\Delta L = \frac{d_f^2 l D^2}{8 f^4},\tag{1.26}$$

式中,$d_f^2$ 为扩束镜物镜离焦量;$l$ 为参考路与检测路之间的最大光程差;$D$ 为光束直径;

$f$ 为扩束镜准直物镜焦距。考虑当前系统使用的参数，假设扩束镜物镜处于离焦 $d_{\mathrm{f}}^2 = 2\mathrm{mm}$，光束直径 $D = 25.4\mathrm{mm}$，扩束镜物镜焦距 $f = 200\mathrm{mm}$。两路光程差因检测镜面形状不同而有所差异，平面引起的光程差较小，球面或非球面引起的光程差则会大很多，取平均值 $l = 300\mathrm{mm}$，代入式(1.26)可得

$$\Delta L = 60.4\mathrm{nm} \approx \frac{\lambda}{10}, \qquad (\lambda = 632.8\mathrm{nm}). \tag{1.27}$$

这个光程差对于高精度的干涉检测而言是很大的，甚至有可能湮灭待测镜本身的面形误差。另外，当扩束器出射的波前不再是平面波时，光路中使用的波片、棱镜等都会引入很大的像差，严重影响最终得到的干涉图，使得面形误差解调带有很大的系统误差。

本实验将使用前面介绍的平行平板(剪切板)来测量扩束后波前的准直性。如前所述，剪切板是一个具有优良平行性的双面平行平板，发生剪切干涉时相当于两个波面之间只有横向位移量，没有相对的倾斜。通过平行平板检测平行光的光路图如图 1-12 所示。通过适当调整剪切板的剪切量，得到最容易判读的干涉图。根据上一节的典型干涉图可知，波前在离焦时得到的干涉图是与剪切方向平行的直条纹。商用扩束器的两镜之间都存在微调机构，通过微调两镜之间的距离，使剪切干涉图条纹变少，直至得到均匀一色的亮(暗)条纹，即可认为得到了平行光。

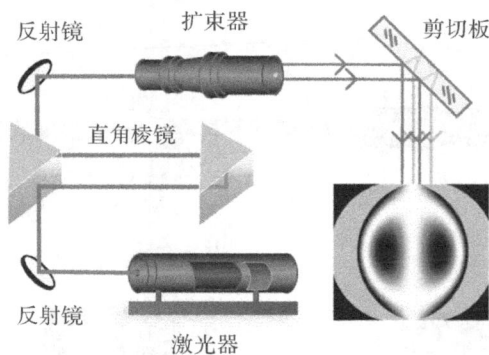

图 1-12　剪切干涉光路图

下面简单分析一下这种方法的检测精度和可以测量得到的物理量。

球面波经过剪切板后的光程差可以表示为

$$\Delta L = \frac{\kappa(1-\kappa)D^2}{2R}, \tag{1.28}$$

式中，$\kappa$ 为相对剪切量；$R$ 为球面波的曲率半径。为了使 $\Delta L$ 为极大值，我们取 $\kappa = 0.5$。人眼对于观测干涉条纹的灵敏度为 0.5 个条纹。因此当 $\Delta L = 0.5\lambda$ 时，对于 PDIPS，可以求得 $R = 127\mathrm{m}$，这时对应的离焦量

$$d_{\mathrm{f}} = \frac{f^2}{R} = 0.3\mathrm{mm}. \tag{1.29}$$

将此离焦结果代入式(1.26)，可以得到干涉仪两臂光程差 $\Delta L = 1.3\mathrm{nm}$，而这种光程差对于干涉检测来说是可以忽略的。

使用剪切板还可以评价测量的准平面波的离焦量和波面特性。其中，球面波的曲率

半径 $R$ 可以通过测量条纹宽度得到,即

$$R = \frac{b\Delta x}{\lambda},\tag{1.30}$$

式中,$b$ 为干涉图直条纹的宽度;$\lambda$ 为所用的检测光波长;$\Delta x$ 为剪切板剪切量,可以通过

$$\Delta x = \frac{\sin 2i}{\sqrt{n^2 - \sin^2 i}}h\tag{1.31}$$

计算得到,其中 $h$ 为平行平板厚度,$n$ 为平行平板折射率,$i$ 为前表面入射角。最终,扩束镜物镜的离焦量为

$$d_f = \frac{f^2}{R} = \frac{\lambda f^2}{\Delta x b},\tag{1.32}$$

光束的发散角为

$$\theta = \frac{D}{R} = \frac{\lambda D}{\Delta x b},\tag{1.33}$$

符号意义与之前相同。通过上述三式,可以计算得到离焦的球面波的曲率半径、离焦量、发散角等信息。

　　但是,扩束器的物镜及目镜都不可能是理想的透镜,对于扩束系统这种小视场的光学系统来说,会产生影响的主要是球差。因此,一般情况下得到的剪切干涉图都带有球差形式,如图 1-13 所示。当扩束镜两镜距离不正确时,系统带有离焦,得到的干涉图是球差与离焦叠加的剪切干涉图,如图 1-13(a)、(c)所示。当系统调节到没有离焦位置时,得到的干涉图仅带有少量球差,如图 1-13(b)所示。

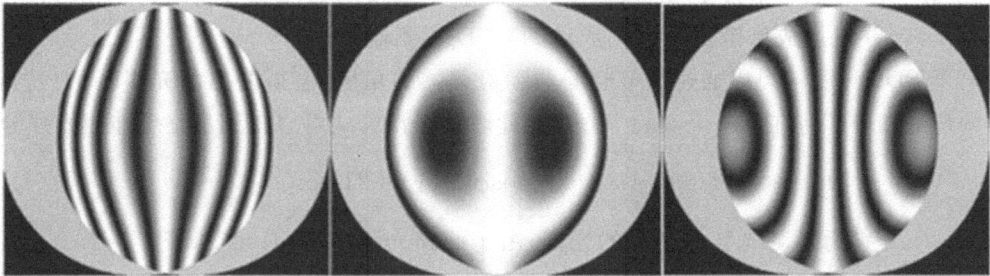

(a)扩束波前发散　　　　　　(b)扩束波前效果较好　　　　　　(c)扩束波前汇聚

图 1-13　扩束镜调节剪切干涉图

　　由于 PDIPS 使用的光源是 He-Ne 激光器,需要考虑高斯光束经过扩束镜后的光束变换。因此,即使两镜焦点重合,也可能无法得到最好的扩束效果,仍然还需要进行少量微调。实际的扩束效果还与激光束本身的束腰位置等特性有关,因此在调节时以得到的条纹数最少为原则,调节过程中出现的干涉图与图 1-13 基本一致。

## 1.2　平面镜面形检测

　　因为加工工艺和技术的限制,加工的光学表面(无论是折射面还是反射面)与理想面

之间一定会存在偏差,并且这种偏差或多或少会影响整个光学系统的性能。一般情况下,如果偏差足够小,通过理论或者仿真计算,证明其对光学系统性能造成的影响可以忽略或者在可接受范围内,则这一光学表面就是可以使用的。而当偏差太大时,造成相应的系统指标不能达到要求,则需要对其进行再加工或者废弃。

有多种可以检测光学镜面的表面质量的方法,最为常见的方法就是干涉检测法,简称干涉法。通过干涉法测定得到的表面形貌通常称为面形。使用数字波面干涉仪可以得到整个镜面范围内每个子区域与理想面之间的偏差,这种面形结果图可以指导对该光学镜面进行二次加工。平面镜的面形检测是干涉检测最基本的应用,也是本实验最主要的内容。

## 1.2.1 平面镜干涉面形检测原理

平面面形检测实验使用 PDIPS 来完成。PDIPS 采用以特外曼-格林干涉仪为基础的数字波面干涉仪,其检测光路如图 0-2(a)所示。激光经过扩束器后,成为标准平面波。当扩束后的激光经过起偏器,转化为标准线偏振光,被 PBS 分束为 p 光和 s 光。其中,p 光透射通过 PBS,系统中这一臂称作检测路,检测路的 p 光在经过 $\lambda/4$ 波片后转化为(椭)圆偏振光;在被待测镜反射后,该波前即会携带待测面的面形信息,并再次经过 $\lambda/4$ 波片,转化为 s 光,最后被 PBS 反射至检偏器。而前述标准线偏振光的 s 光分量,被 PBS 反射进入参考路,同样经过 $\lambda/4$ 波片转化为(椭)圆偏振光,之后被参考镜反射,并再次经过 $\lambda/4$ 波片转化为 p 光,进而透射过 PBS,入射至检偏器。上述检测路及参考路两束光经过检偏器后发生干涉,并通过成像镜将干涉图成像到 CCD 探测器上。

对于 PDIPS,我们可以通过调节起偏器和检偏器的角度,使得两路的光强一致(这部分详细的理论和内容将在下一个实验中介绍),此时从干涉公式可以得到最终干涉图光强分布

$$I(x,y)=I_t+I_r+2\sqrt{I_tI_r}\cos\varphi(x,y)=2I_0\cos^2\frac{\varphi(x,y)}{2}, \tag{1.34}$$

式中,$I_t$、$I_r$ 分别为检测光和参考光的光强,由于两路光强相等($I_t=I_r$),记

$$I_0=I_t+I_r=2\sqrt{I_tI_r}, \tag{1.35}$$

而 $\varphi(x,y)$ 为两路波前的相位差,可以表示为

$$\varphi(x,y)=k\Delta(x,y), \tag{1.36}$$

式中,$k$ 为系统所用光的波数;$\Delta(x,y)$ 为系统两路的光程差,可以分解为系统两臂的固有相位差和面形造成的相位差,即

$$\Delta(x,y)=\Delta W(x,y)+\Delta_0, \tag{1.37}$$

式中,$\Delta W(x,y)$ 为两光学表面反射波前的光程差;$\Delta_0$ 为干涉仪的固有光程差,其在整个波前的坐标范围内为常数。对于 $\Delta W(x,y)$,一般情况下,我们默认参考面为理想平面,则两臂面形光程差主要由待测面引起。如图 1-14 所示,当平面波(粗线)入射到有面形缺陷的待测面,反射的波前(细线)会发生畸变。显然由于反射的原因,波前光程改变量为实际面形缺陷的 2 倍,这在干涉检测中称为"二倍关系",即

$$\Delta W(x,y)=2S(x,y), \tag{1.38}$$

式中，$S(x, y)$ 为待测面的面形。

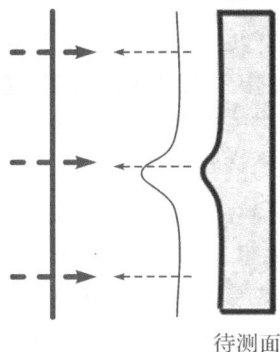

待测面

图 1-14　面形对于波前改变的影响

因此，我们可以得到干涉图上每个点亮暗与光程差的关系

$$\Delta(x, y) = \begin{cases} m\lambda, & m = 0, \pm 1, \pm 2, \cdots, \text{干涉图为亮点}, \\ \left(m + \dfrac{1}{2}\right)\lambda, & m = 0, \pm 1, \pm 2, \cdots, \text{干涉图为暗点}. \end{cases} \tag{1.39}$$

从式 (1.37) 和式 (1.38) 中可以很明显地看出，干涉图形状的变化主要是由两个面的面形差距 $\Delta W(x, y)$ 造成的，而干涉仪两臂的不等臂光程差 $\Delta$. 对整个波前的移相效果一致，可以认为是系统误差的一部分，仅仅造成整个干涉图光强的同时改变。

在 PDIPS 中，参考面在任何实验过程中都不需要改变，只需使用平面镜即可。因为不存在绝对的理想平面，一般使用与理想平面十分接近的平面镜作为参考面，也就是说参考面的面形精度非常好。参考面及整个干涉系统还需要进行系统误差标定，这部分内容将在下一个实验中介绍。数字波面干涉仪干涉检测的结果表征，除了一般使用的面形结果图外，还会使用面形的 PV 值（峰谷值，Peak-to-Valley Value）与 RMS 值（均方根值，Root-Mean-Square Value）来表征面形结果，如图 1-15 所示。其中 PV 值为测量得到的面形结果中与理想面的最大偏差，而 RMS 的计算方法为

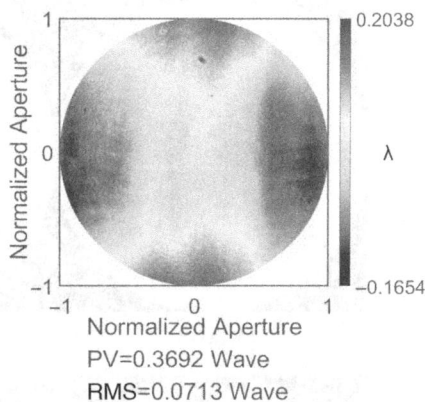

PV=0.3692 Wave
RMS=0.0713 Wave

图 1-15　平面镜检测结果

$$W_{\text{RMS}} = \sqrt{\frac{\sum\sum W(x, y)^2}{N}}, \tag{1.40}$$

式中，$W(x, y)$ 为面形结果中每个点的信息；$N$ 为数据点个数。实际检测中，面形信息是连续的；但是由于系统使用 CCD 相机对干涉图进行采样及数据处理，得到的数据结果是离散的，可以应用式 (1.40) 计算 PV 值和 RMS 值。在干涉检测中，两者一般均使用波长为单位来表征。显然，PV 值和 RMS 值都可以反映该表面面形精度的好坏。本 PDIPS 使用的参考平面镜的 PV 值为 $\dfrac{\lambda}{10}$（$\lambda = 632.8\text{nm}$）。

　　显然干涉图的亮暗变化包含了待测面的面形信息,并且两者之间存在三角函数的关系。这里需要注意的是,干涉法所能检测的动态范围非常小(一般都是几个波长量级或稍大),但精度比较高(一般是亚波长或更小)。如果对于整个表面来说,面形与理想平面差距太大,则得到的干涉图条纹太密,导致根本无法分辨,进而无法使用干涉仪来进行检测。理论上在得到干涉图之后,通过一张干涉图的光强,我们就可以求解得到检测路波前改变量 $\Delta W(x,y)$。但是由于三角函数的周期性以及对称性,将出现多个解,再加上干涉图噪声等因素影响,使得单幅干涉图解调存在很大的困难。所以一般的数字波面干涉仪常采用移相法来分析干涉图,而本实验也采取了最为常见的四步移相条纹解调方法来求取 $\Delta W(x,y)$,这部分内容将在第 1.3 节进行介绍。由于波前改变量中可能还存在待测面自身倾斜等引入的调整误差,因此还需要使用 Zernike 多项式拟合对其进行数据处理,去除调整误差并得到最终的面形信息,这部分将在第 1.5 节进行介绍。

## 1.2.2　平面镜面形检测实验干涉图

　　首先我们考虑一种最简单的情况,即待测面为理想平面,并且认为 PDIPS 中使用的所有器件对透射或者反射波前都没有影响,则此时可以得到两个理想平面波相干涉的干涉图,如图 1-16 所示。由于参考平面已经调整得与整个系统光轴垂直,如果待测面也与光轴垂直,则 $\Delta W(x,y)=0$,最终干涉图平面上各个点的光程差相等,得到的干涉图也将

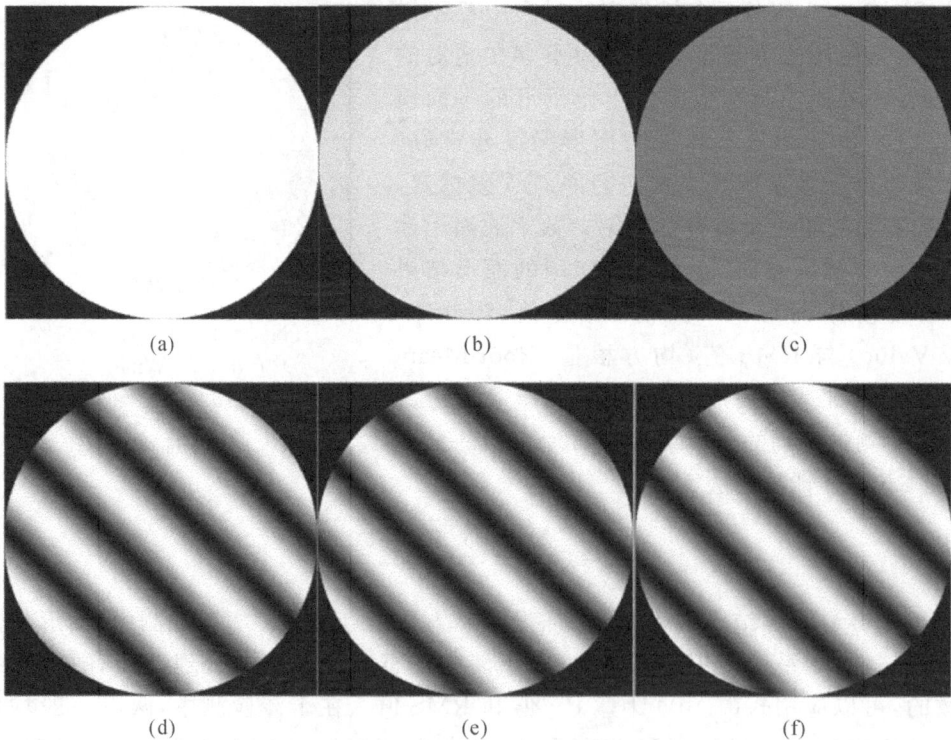

图 1-16　理想平面干涉图

是均匀一片色的。此时，移动待测镜的前后位置，相当于改变了干涉仪不等臂光程差常数 $\Delta_0$，可以发现整个图的亮暗发生变化，如图 1-16（a）～（c）所示。

如果待测面没有调整到与光轴严格垂直，此时

$$\Delta W(x,y)=ax+by,\tag{1.41}$$

式中，$a$、$b$ 为描述倾斜的系数。此时干涉图平面上光程差相等的位置是一条条直线，得到的就是一组直条纹干涉图。此时如果改变待测面的位置，就可以观察到整个条纹位置不断平移，如图 1-16（d）～（f）所示。其中，图 1-16（a）与（d）、（b）与（e）、（c）与（f）对应的干涉图位置相同。

但实际情况下，待测面当然不是理想平面，对应图 1-16 的情况，可以得到图 1-17 所示的干涉图。图 1-17（a）～（c）反映的是待测面与光轴垂直的情况，对于这种情况，我们可以使用干涉图简单地判断待测面的面形情况。可以把各个亮条纹（或暗条纹）视为以参考面为基准的待测面面形的等高线，高度间隔为 $\lambda$。从等高线的形状、间隔就可以判断光学零件的缺陷。至于这些地方到底是"高"还是"低"，可以通过移动参考平面镜来判定。减小产生干涉的两波面的光程差，则干涉条纹朝着离开"零"条纹的方向移动；增大光程差，则干涉条纹朝着靠近"零"条纹的方向移动。因为存在"二倍关系"，在干涉图上相差一个 $\lambda$ 的两点，反映到待测面面形上，只相差 $\lambda/2$。图 1-17（a）～（c）就是向前平移反射镜得到的干涉图，说明待测面中间是凸的。

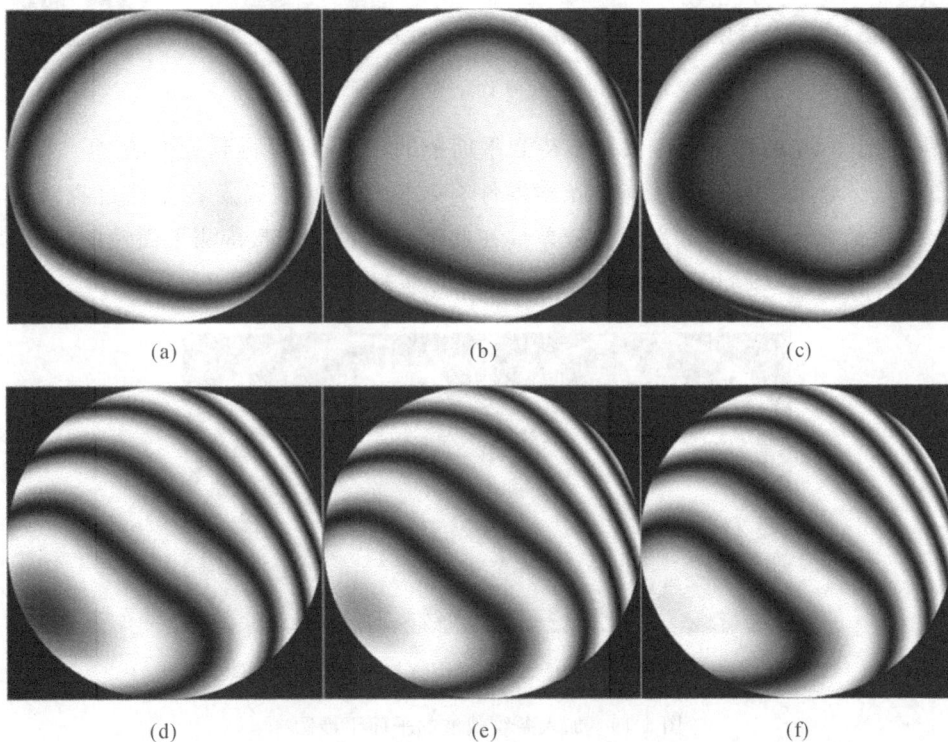

（a）　　　　　　　　　（b）　　　　　　　　　（c）

（d）　　　　　　　　　（e）　　　　　　　　　（f）

图 1-17　存在面形误差平面干涉图

　　本实验中,我们使用四步移相法来进行干涉图的调制和解调,得到待测路的波前信息。这种情况下,对于近似"零"条纹的干涉图,得到的解调效果并不好。一般情况下,需要引入一定量的载波信号,也就是条纹的倾斜,如图 1-17(d)~(f)所示。这时如果移动待测面,可以看到干涉条纹的移动,而在面形有缺陷的地方,条纹会出现明显的弯曲。与图 1-16一样,图 1-17(a)与(d)、(b)与(e)、(c)与(f)对应的干涉图位置相同。

　　在实验中,当加入待测平面镜后,通过调整其位置以及倾斜角度,让检测路和参考路的反射光斑基本重合。此时可能会得到条纹很密集的干涉图,说明一开始待测面与光轴并非严格垂直。这时通过转动镜架上的微调旋钮,可使干涉条纹逐渐减少。调节待测平面镜的左右倾斜角度,可以改变竖直方向上的条纹宽度;而调节待测平面镜的上下俯仰角度,可以改变水平方向上的条纹宽度。随着条纹不断减少,面形引起的条纹弯曲越来越明显,如图 1-18 所示。

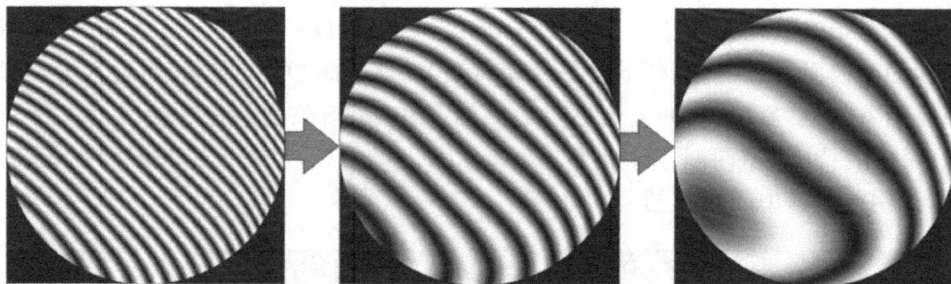

图 1-18　平面干涉图调整

　　如果在图 1-18 的基础上继续调整待测平面镜的角度,即可得到近似的"零"条纹干涉图,如图 1-19 (a)所示。考虑系统中光学器件有效口径的问题以及各器件自身对波前的影响,干涉图像在干涉图边缘部分会较差。在此基础上再次调整待测平面镜的角度,增加3~6 条条纹,如图 1-19 (b)所示,即可进行最终的移相等处理操作。

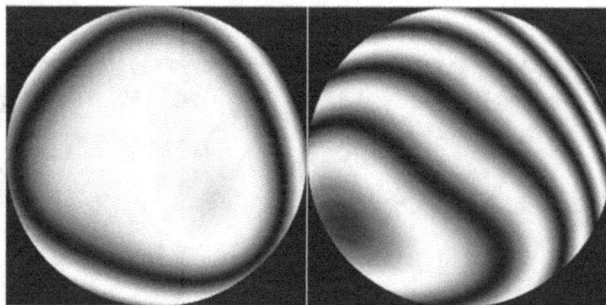

　　(a) "零"条纹干涉图　　　　　(b) 加入载波的干涉图

图 1-19　加入条纹载波的平面干涉图

# 1.3  相位调制与解调技术

在得到了含有待测面面形信息的干涉图之后，需要对干涉图进行解调，得到其所对应的待测波前相位信息，之后通过 Zernike 多项式拟合技术，从相位信息中提取出面形信息。

针对干涉图的解调，可以尝试直接对单幅干涉图进行处理，如采用正则化相位跟随技术、傅里叶分析技术等，也可以通过多幅彼此有一定关系的干涉图共同求解，如移相法。所谓移相法，就是通过适当方式在两参与干涉的光束之间引入一系列特定的相位差，再通过适当的算法进行分析处理，从而求解干涉图中的相位的方法。按照所需干涉图数量的多少，可以分为三步移相法、四步移相法、五步移相法、七步移相法等。其中，四步移相法由于检测精度和操作难度均较适中，并且具有一定的自消除误差性，是目前数字波面干涉仪中最普遍采用的方法。

## 1.3.1  四步移相原理

让我们再回到本实验中多次提到的平面检测的光路图，如图 0-2(a)所示。现在讨论一种更一般的情况，即当干涉仪中参考路与检测路的光强略微有差异时，参考干涉公式，最终得到的干涉图光强可以表示为

$$I(x,y) = I'(x,y) + I''(x,y)\cos[\varphi(x,y)], \tag{1.42}$$

式中，$I'(x,y) = I_r + I_t$ 为参考路与检测路的光强之和；$I''(x,y) = 2\sqrt{I_r I_t}$ 为调制光强。使用四步移相法对干涉图进行调制和解调的目的就是求解得到两路干涉波前的相位差 $\varphi(x,y)$。

四步移相法是相位调制技术的一种，在干涉仪的参考相位变化时，随固定的相位变化记录一系列干涉图，波前相位变化引起的干涉条纹光强变化就被记录在一系列干涉图中，最终通过干涉图间点对点计算来复原相位。

四步移相法要求记录有关待测件的四幅数字化干涉图，记录的每幅干涉图之间的参考光都要引入一个 $\pi/2$ 的相移。经典的四步移相法中，相移是通过压电陶瓷(PZT)移动参考平面镜来实现的。通过线性电源准确控制 PZT 的长度，每次移动 $\lambda/8$ 的距离。由于干涉光路存在一次反射，实际参考光的光程改变量为 $\lambda/4$，即会产生 $\pi/2$ 的相移。移相 4 次，即完成一个周期的相位改变，干涉图变回最初的状态。

通过四步移相，即可得到四个方程式，描述了四个干涉图的光强图形

$$\begin{cases} I_1(x,y) = I'(x,y) + I''(x,y)\cos[\varphi(x,y)], \\ I_2(x,y) = I'(x,y) + I''(x,y)\cos\left[\varphi(x,y) + \dfrac{\pi}{2}\right], \\ I_3(x,y) = I'(x,y) + I''(x,y)\cos[\varphi(x,y) + \pi], \\ I_4(x,y) = I'(x,y) + I''(x,y)\cos\left[\varphi(x,y) + \dfrac{3}{2}\pi\right], \end{cases} \tag{1.43}$$

根据简单的三角函数恒等式,有

$$\begin{cases} I_1(x,y) = I'(x,y) + I''(x,y)\cos[\varphi(x,y)], \\ I_2(x,y) = I'(x,y) - I''(x,y)\sin[\varphi(x,y)], \\ I_3(x,y) = I'(x,y) - I''(x,y)\cos[\varphi(x,y)], \\ I_4(x,y) = I'(x,y) + I''(x,y)\sin[\varphi(x,y)]. \end{cases} \tag{1.44}$$

为了得出干涉图上每一点的 $\varphi(x,y)$ 值,现在可以解这四个含有三个未知量 $I'(x,y)$、$I''(x,y)$、$\varphi(x,y)$ 的方程。背景光强可以通过成对等式相减而消掉,即

$$I_4(x,y) - I_2(x,y) = 2I''(x,y)\sin[\varphi(x,y)], \tag{1.45}$$

和

$$I_1(x,y) - I_3(x,y) = 2I''(x,y)\cos[\varphi(x,y)]. \tag{1.46}$$

以上两式相除消去光强调制项 $I''(x,y)$ 就得到仅仅包含位置相位 $\varphi(x,y)$ 和四个测量光强的结果,即

$$\frac{I_4(x,y) - I_2(x,y)}{I_1(x,y) - I_3(x,y)} = \frac{\sin[\varphi(x,y)]}{\cos[\varphi(x,y)]} = \tan\varphi(x,y). \tag{1.47}$$

现在重新整理该方程,即可得到两干涉波前相位差为

$$\varphi(x,y) = \arctan\left[\frac{I_4(x,y) - I_2(x,y)}{I_1(x,y) - I_3(x,y)}\right]. \tag{1.48}$$

结合平面干涉检测原理部分的分析,可以将上式写为

$$k\Delta W(x,y) + k\Delta_0 = \arctan\left[\frac{I_4(x,y) - I_2(x,y)}{I_1(x,y) - I_3(x,y)}\right], \tag{1.49}$$

式中,$\Delta W(x,y)$ 为待测面面形以及调整位姿引入的相位分布,这部分包含我们关心的待测面面形信息;$\Delta_0$ 是不等臂干涉仪两臂引入的不等臂光程差。很显然,因为 $k\Delta_0$ 在整个波面上都是一个常数,并不影响相位分布信息,因此可以直接将其忽略。对于干涉图来说,两干涉臂不等长主要会造成干涉图对比度的下降。

四步移相法只需要根据每一点测量的时变光强来计算每一处测量位置的波前相位。对于每一个像素的相位,由几次测得的该像素处的光强计算得到,并不需要寻找条纹的中心或确定条纹的级数。但是在测试时,每次移相之后采集的干涉图都存在时间间隔,导致干涉图会受到随时间变化的环境噪声影响。

如果采用 $N$ 步移相法($N \geqslant 3$),则可得到 $N$ 组干涉图,其中任意干涉图的某一点的强度可以表示为

$$I_i = I' + I''\cos\varphi\cos\delta_i - I''\sin\varphi\sin\delta_i, \tag{1.50}$$

式中,$\delta_i$ 为每步的相位位移

$$\delta_i = \frac{2\pi(i-1)}{N}, \qquad i = 1, 2, \cdots, N. \tag{1.51}$$

式(1.50)也可表示为

$$I_i = \alpha_0 + \alpha_1\cos\delta_i + \alpha_2\sin\delta_i. \tag{1.52}$$

其中,

$$\alpha_0 = I', \tag{1.53}$$

$$\alpha_1 = I''\cos\varphi, \tag{1.54}$$

$$\alpha_2 = -I'' \sin\varphi. \tag{1.55}$$

测得强度分布的最小二乘拟合可用测得的强度分布与拟合得到的强度分布的平方差表示

$$E^2 = \sum_{i=1}^{N} (I_i - \alpha_0 - \alpha_1 \cos\delta_i - \alpha_2 \sin\delta_i)^2. \tag{1.56}$$

通过上式对三个未知量进行微分处理,并使结果均为 0,从而使平方差最小。三个微分方程同时为零的解即为最小二乘解,可通过下式给出

$$\begin{bmatrix} \alpha_0 \\ \alpha_1 \\ \alpha_2 \end{bmatrix} = \boldsymbol{A}^{-1}(\delta_i) \boldsymbol{B}(\delta_i). \tag{1.57}$$

其中,

$$\boldsymbol{A}(\delta_i) = \begin{bmatrix} N & \sum \cos\delta_i & \sum \sin\delta_i \\ \sum \cos\delta_i & \sum \cos^2\delta_i & \sum \cos\delta_i \sin\delta_i \\ \sum \sin\delta_i & \sum \cos\delta_i \sin\delta_i & \sum \sin^2\delta_i \end{bmatrix}, \tag{1.58}$$

$$\boldsymbol{B}(\delta_i) = \begin{bmatrix} \sum I_i \\ \sum I_i \cos\delta_i \\ \sum I_i \sin\delta_i \end{bmatrix}. \tag{1.59}$$

一旦每个点的 $\begin{bmatrix} \alpha_0 \\ \alpha_1 \\ \alpha_2 \end{bmatrix}$ 都得到,每个点的相位也就得到了,并且可以表示为

$$\tan\varphi = -\frac{\sum_{i=1}^{N} I_i \sin\delta_i}{\sum_{i=1}^{N} I_i \cos\delta_i}. \tag{1.60}$$

如果取 $N=4$,则得到与四步移相一致的计算公式。一般来说,移相的步数越多,解得的相位精度越高。同时,可以使用多个周期的移相测量数据进行累加,用于消除环境误差的影响。然而,移相更多步数,则意味着采集时间的增加,环境扰动等干扰会更容易影响检测结果。这也是四步移相能够得到广泛应用的主要原因,即检测精度与操作复杂度达到较好的平衡。

## 1.3.2　移相干涉图及包裹相位

在本实验中,采用的是四步移相的方法来进行干涉图相位的调制与解调。通过前面原理部分的介绍,可以知道四步移相法每步改变的两臂之间的相对光程差为 $\lambda/4$,并且这种光程差的改变对于整个干涉图是一致的。实际上,这种光程差改变对于平面镜的干涉图来说,其结果是整体的条纹平移,如图 1-20 所示。其中,虚线用于标记初始干涉图中的

一条暗条纹所在位置，虚线在图片中的位置保持不变，可以看到，条纹每步都会整体移动四分之一个条纹宽度的距离。

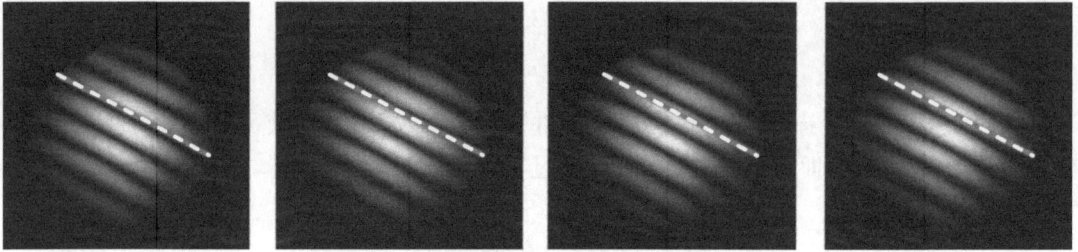

图 1-20　平面镜检测四步移相图

理想情况下，干涉图在四步移相之前与移动完第四步之后应该完全一致，但实际情况并不是这样。由于推动参考镜移动的压电陶瓷存在磁滞效应、非线性以及自身旋转等问题，会使干涉图发生一定的变化。这样，在最终对四步移相干涉图进行解调时就会引入系统误差，这是不能避免的。但可以通过提高压电陶瓷的性能，以尽量减小这部分误差。

如果使用本实验系统进行非球面镜非零位检测，则会得到环状的干涉图。此时通过四步移相法得到的干涉图如图 1-21 所示。

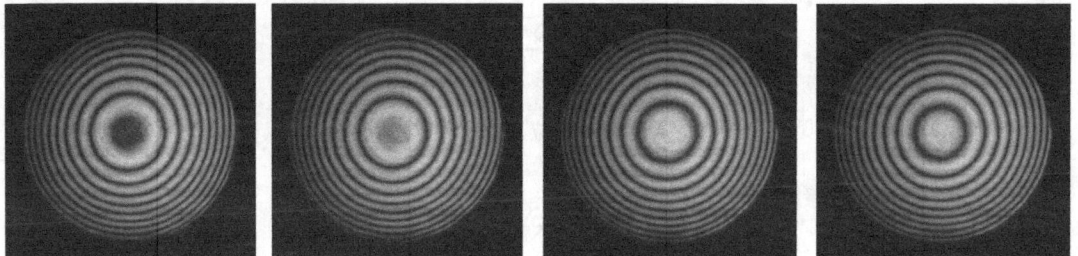

图 1-21　环形条纹四步移相干涉图

在得到四步移相干涉图后，即可运用式（1.60）对其进行解调，得到包含待测面面形信息的波前信息。但是无论使用四步移相还是 $N$ 步移相，求得相位信息的解析式中都包含反正切函数，最终的相位图值域只能为 $\left[-\dfrac{\pi}{2}, \dfrac{\pi}{2}\right)$。如果使用四象限反正切函数，通过判断 sin 与 cos 的符号确定相位角所在的象限，可以一定程度地拓展相位图的值域，达到 $[-\pi, \pi)$。但是无论使用哪种方法，最终得到的相位图都很难是连续的，必然存在跳变，如图 1-22 所示。

从图中可以看到，当相位值增大到 π 时，因为值域限制，相位值再增大时只能从 π 跳变到 −π。

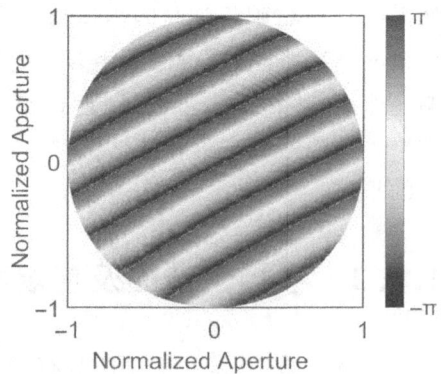

图 1-22　包裹相位图

这种相位结果称为包裹（Wrap）相位。为了得到连续的相位信息，必须对其进行解包裹（Unwrap），也就是消跳变操作，在每个相位跳变处进行 $2\pi$ 的补偿，从而得到连续的相位图。

## 1.4　相位解包裹技术

由上一节的内容可知，通过四步移相算法处理干涉图得到的相位都是存在跳变的包裹相位，如图 1-23（a）所示。需要对其进行解包裹操作，才能得到连续的相位结果，如图 1-23(b)所示。图 1-23(c)表示为图(a)上画线处的跳变相位；图 1-23(d)表示为图(b)上画线处的连续相位。

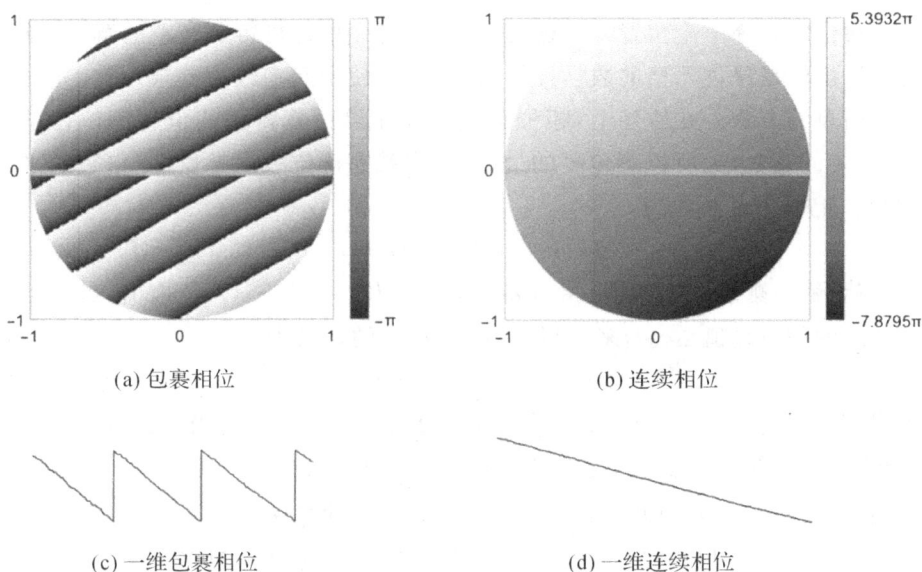

(a) 包裹相位　　　　　　　　　　　(b) 连续相位

(c) 一维包裹相位　　　　　　　　　(d) 一维连续相位

图 1-23　相位解包裹

我们先考虑一维的情况，如图 1-23(c)所示。沿 $x$ 轴方向截取了过圆心的相位值绘制了一维包裹相位。1982 年，K. Itoh 首先阐述了一维相位解包裹算法。

定义相位包裹运算符 M 如下：

$$M_l[s(i)] = s(i) + 2\pi k_l(i), \qquad i = 0, 1, 2, \cdots, N. \tag{1.61}$$

式中，$s(i)$ 是原始相位（未被包裹的相位）；$N$ 表示相位序列个数；$l$ 为标志；$k_l(i)$ 是整数序列。最终包裹相位应满足

$$-\pi \leqslant M_l[s(i)] < \pi. \tag{1.62}$$

定义差分运算符 $\triangle$ 为

$$\triangle s(i) = s(i) - s(i-1). \tag{1.63}$$

从定义中可知，如果我们对原始相位的包裹相位进行差分之后再进行包裹和积分，则可以得到

$$\sum_{i=1}^{N} \mathbf{M}_2\{\Delta \mathbf{M}_1[s(i)]\} = \sum_{i=1}^{N} \{\Delta s(i) + 2\pi[\Delta k_1(i) + k_2(i)]\}. \tag{1.64}$$

如果

$$-\pi \leqslant \Delta s(i) < \pi, \tag{1.65}$$

则 $k_1(i)$ 将会满足

$$\Delta k_1(i) + k_2(i) = 0. \tag{1.66}$$

于是可得

$$s(N) = s(0) + \sum_{i=1}^{N} \mathbf{M}_2\{\Delta \mathbf{M}_1[s(i)]\}. \tag{1.67}$$

将包裹相位用 $\varphi(i)$ 代替,则可以得到解包裹算法的计算公式

$$s(N) = s(0) + \sum_{i=1}^{N} \mathbf{M}[\Delta\varphi(i)] = s(N-1) + \mathbf{M}[\Delta\varphi(N)]. \tag{1.68}$$

在包裹相位中选择一个位置开始进行扫描,通过递推即可得到完整的解包裹算法。

上述方法虽然是经过严格的数学推导得到的,但使用起来较为复杂。实际应用中,一般采用更加简单的方法。在原理上,相位解包裹就是给计算得到的包裹相位在不连续的位置处补偿 $2\pi$ 的整数倍,所以解包裹的过程,其实就是确定表示补偿 $2\pi$ 倍数的平移函数 $m(i)$ 的过程。记解包裹函数为

$$\Phi(i) = \varphi(i) + 2\pi m(i), \tag{1.69}$$

式中, $\Phi(i)$ 表示解包裹后的相位值; $\varphi(i)$ 表示包裹相位。对于 $m(i)$ 的取值,可以由两个相邻像素点之间的相位差值 $\Delta\varphi(i)$ 来进行确定。$\Delta\varphi(i)$ 的定义为

$$\Delta\varphi(i) = \varphi(i) - \varphi(i-1). \tag{1.70}$$

$m(i)$ 初值设置为零,从某一点开始进行扫描(一般选择中心位置),当 $\Delta\varphi(i)$ 大于某个阈值时,我们就认为相位在这个点发生了跳变,修改 $m(i)$ 的值继续扫描。因此

$$m(i) = \begin{cases} m(i-1)-1, & \Delta\varphi(i) > \text{threshold}, \\ m(i-1), & -\text{threshold} \leqslant \Delta\varphi(i) \leqslant \text{threshold}, \\ m(i-1)+1, & \Delta\varphi(i) < -\text{threshold}. \end{cases} \tag{1.71}$$

阈值选取可根据干涉图情况进行调节,一般情况下可设为 $\pi$。因为当干涉图记录满足奈奎斯特频率时,每个条纹周期至少是两个像素,也就是说,相邻两个像素至少为一亮一暗两个条纹,这种情况下相邻两个像素的最大相位差为 $\pi$。

二维解包裹可以认为是一维情况的叠加。基本的解包裹方法,只需要逐行进行一维解包裹操作,之后再逐列进行,消去两个方向的跳变即可。但在实际操作中,二维的解包裹比一维要复杂一些。每个点都有多个相邻的像素,受到噪声和解包裹路径等因素的影响,可能会造成平移函数的偏差。最终结果图中可能仍然存在几个区域,各区域内部相位连续,边界存在跳变。针对二维解包裹的问题,在前述方法基础上,有许多改进算法,如切枝法、相位梯度法、卡尔曼滤波等路径跟踪算法,或者以细胞自动机、四叉树等算法为基础的路径无关算法等,都可以很大程度地提高解包裹的质量。

随着数字波面干涉仪中使用的器件质量越来越好,图像采集设备的升级,以及更加精密的调节机构,干涉图中的噪声越来越小,对解包裹算法的要求也逐步降低。很多情况

下,简单的方法已经可以很好地满足使用需求。但是针对散斑干涉仪等干涉图质量较差的干涉仪中,高鲁棒性的相位解包裹算法仍然是研究的重点。

# 1.5　Zernike 多项式拟合

通过解包裹操作之后,可以得到连续的相位结果,但这个结果仅仅是干涉图本身包含的波前信息。在第 1.3 节中提到,为了使得四步移相效果更好,我们会人为地给待测面加入倾斜,产生 3～6 条斜条纹,因此最终干涉图的波前信息除了包含待测面的面形信息之外,还包含了这部分调整引入的波前。需要将调整引入的波前去除,才能得到真正的待测面的面形信息。Zernike 多项式就是用来进行最后一步数据处理的工具。

## 1.5.1　Zernike 多项式概述

Zernike 多项式是 1934 年 F. Zernike 在研究相衬显微镜时构造的一组单位圆域内的完备的正交基。$n$ 阶 Zernike 圆多项式 $Z_n^m$ 可由下述两个性质得出:

(1)Zernike 多项式在连续的单位圆上正交;

(2)Zernike 多项式具有旋转对称性。

由上述两个性质可知,Zernike 多项式可以表示为两个函数的乘积,一个仅与径向坐标有关的函数 $R_n^m(\rho)$,以及一个仅与角向坐标有关的函数 $\Theta(m\theta)$。其中,$n$ 为多项式的阶数,取值为非负整数;$m$ 为与角度有关的参数,影响相关三角函数的角频率,取值为整数且与 $n$ 同奇偶性;$\rho$ 为归一化的径向距离,即 $0 \leqslant \rho \leqslant 1$;$\theta$ 表示角坐标。所以,Zernike 多项式完整的表达式为

$$Z_n^m(\rho,\theta) = R_n^m(\rho)\Theta(m\theta). \tag{1.72}$$

式中,径向函数 $R_n^m(\rho)$ 为

$$R_n^m(\rho) = \sum_{s=0}^{(n-|m|)/2} (-1)^s \cdot \frac{(n-s)!}{s![(n+|m|)/2-s]![(n-|m|)/2-s]!}\rho^{(n-2s)}. \tag{1.73}$$

角向函数 $\Theta(m\theta)$ 为

$$\Theta(m\theta) = \begin{cases} \cos(m\theta), & m \geqslant 0, \\ \sin(-m\theta), & m < 0. \end{cases} \tag{1.74}$$

需要指出的是,多项式 $Z_n^m(\rho,\theta)$ 的值是在 $-1$ 到 $1$ 之间的,我们称之为条纹 Zernike 多项式。在实际应用时,我们还会使用标准 Zernike 多项式 $Z_n^m(\rho,\theta)^*$,其满足如下要求

$$\int_0^{2\pi}\int_0^1 Z_n^m(\rho,\theta)^* \rho \mathrm{d}\rho \mathrm{d}\theta = \pi. \tag{1.75}$$

因此,条纹 Zernike 多项式需要乘以一个系数,才能转化为标准 Zernike 多项式,系数 $N_n^m$ 可表示为

$$N_n^m = \sqrt{\frac{2(n+1)}{1+\delta_{m0}}}, \qquad \delta_{m0} = \begin{cases} 1, & m=0, \\ 0, & m\neq 0, \end{cases} \tag{1.76}$$

标准 Zernike 多项式的完整表达式为

$$Z_n^m(\rho,\theta)^* = N_n^m R_n^m(\rho)\Theta(m\theta). \tag{1.77}$$

由 Zernike 多项式的数学表达式可以看出,其具有如下性质:

(1)Zernike 多项式在单位圆内正交。在干涉检测中,干涉仪的光瞳一般都为待测面,而待测面的形状一般都为圆形。经过归一化之后可以化为单位圆,与 Zernike 多项式的使用条件相符合。并且因为 Zernike 多项式在单位圆内的正交性,使得 Zernike 多项式系数相互独立,从而避免了各项多项式在表征波前时物理意义上的混淆。

(2)Zernike 多项式具有旋转对称性。旋转对称性的意义在于,当波面绕圆心旋转时,多项式的数学形式不变,因此将其用于光学问题求解时有良好的收敛性。

(3)Zernike 多项式各阶模式与赛德尔像差有着密切的对应关系。Zernike 多项式每一项都对应着一种或几种像差模式,如表 1-1 所示。在实际光学实验中,波前往往由多种波像差混合而成,使用 Zernike 多项式对其进行拟合,可以得到对应像差的具体量。这些量可以代表待测面的调整误差或是面形误差等,通过相应的处理对测量结果进行修正。

表 1-1　标准 Zernike 多项式前 15 项与像差的对应关系

| 项数 | $n$ | $m$ | Zernike 多项式 | 像差类型 | 像差分布 | 干涉图 |
|------|-----|-----|----------------|----------|----------|--------|
| 1 | 0 | 0 | 1 | 常数项 | | |
| 2 | 1 | 1 | $\sqrt{2}\rho\cos\theta$ | X 轴倾斜 | | |
| 3 | 1 | −1 | $\sqrt{2}\rho\sin\theta$ | Y 轴倾斜 | | |
| 4 | 2 | 0 | $\sqrt{3}(2\rho^2-1)$ | 离焦 | | |
| 5 | 2 | −2 | $\sqrt{6}\rho^2\sin2\theta$ | 初级像散（45°/−45°） | | |

| 项数 | $n$ | $m$ | Zernike 多项式 | 像差类型 | 像差分布 | 干涉图 |
|---|---|---|---|---|---|---|
| 6 | 2 | 2 | $\sqrt{6}\rho^2\cos2\theta$ | 初级像散<br>$(0°/90°)$ | | |
| 7 | 3 | −1 | $\sqrt{8}(3\rho^3-2\rho)\sin\theta$ | $Y$ 轴<br>初级彗差 | | |
| 8 | 3 | 1 | $\sqrt{8}(3\rho^3-2\rho)\cos\theta$ | $X$ 轴<br>初级彗差 | | |
| 9 | 3 | −3 | $\sqrt{8}\rho^3\sin3\theta$ | $Y$ 方向<br>三叶草像差 | | |
| 10 | 3 | 3 | $\sqrt{8}\rho^3\cos3\theta$ | $X$ 方向<br>三叶草像差 | | |
| 11 | 4 | 0 | $\sqrt{5}(6\rho^4-6\rho^2+1)$ | 初级球差 | | |
| 12 | 4 | 2 | $\sqrt{10}(4\rho^4-3\rho^2)\cos2\theta$ | 二级像散<br>$(0°/90°)$ | | |
| 13 | 4 | −2 | $\sqrt{10}(4\rho^4-3\rho^2)\sin2\theta$ | 二级像散<br>$(45°/-45°)$ | | |

续表

| 项数 | $n$ | $m$ | Zernike 多项式 | 像差类型 | 像差分布 | 干涉图 |
|------|-----|-----|----------------|----------|----------|--------|
| 14 | 4 | 4 | $\sqrt{10}\rho^4\cos4\theta$ | X 方向<br>四叶草像差 | | |
| 15 | 4 | $-4$ | $\sqrt{10}\rho^4\sin4\theta$ | Y 方向<br>四叶草像差 | | |

## 1.5.2　基于 Zernike 多项式的波前拟合

在干涉检测中,光滑连续的波前一定可以表达成一个完备的基底函数的线性组合,或一线性连续无关的基底函数的线性组合。Zernike 多项式波前拟合技术即是使用 Zernike 多项式作为基底来表征待测波面。

假设解包裹后的反演得到的波前用 $n$ 项 Zernike 多项式表示为

$$W(x,y) = \sum_{i=1}^{n} a_i Z_i(x,y), \tag{1.78}$$

式中,$a_i$ 为 Zernike 多项式第 $i$ 项的系数;$Z_i(x,y)$ 为 Zernike 多项式的第 $i$ 项。式(1.78)的使用仅限于连续的波面。但在实际测量中,一般使用 CCD 等器件对干涉图进行采样,得到结果是由单个像素点组成的,因此最终通过四步移相解调得到的也是离散的波前相位结果。设有 $m$ 个离散的数据点,波前值记作 $W_j$,即

$$W_j = W(x_j, y_j), \qquad j = 1, 2, \cdots, m, \tag{1.79}$$

式中,$x_j$ 和 $y_j$ 为第 $i$ 个点的坐标。将其代入式(1.78),可得方程组

$$\begin{cases} a_1 Z_{11} + a_2 Z_{12} + \cdots + a_n Z_{1n} = W_1, \\ a_1 Z_{21} + a_2 Z_{22} + \cdots + a_n Z_{2n} = W_2, \\ \cdots\cdots\cdots\cdots \\ a_1 Z_{m1} + a_2 Z_{m2} + \cdots + a_n Z_{mn} = W_m, \end{cases} \tag{1.80}$$

式中,$Z_{mn} = Z_n(x_m, y_m)$。上式可简记作

$$\boldsymbol{Z}\boldsymbol{A} = \boldsymbol{W}, \tag{1.81}$$

式中,$\boldsymbol{Z} = (Z_{ji})_{m\times n}$,$\boldsymbol{A} = (a_1, a_2, \cdots, a_n)^{\mathrm{T}}$,$\boldsymbol{W} = (W_1, W_2, \cdots, W_m)^{\mathrm{T}}$。

所谓 Zernike 多项式波前拟合,即是求解其拟合系数,也就是解式(1.81)矛盾方程组中的系数向量 $\boldsymbol{A} = (a_1, a_2, \cdots, a_n)^{\mathrm{T}}$,可以使用最小二乘法来求解。上述方程组一般情况下离散点数远大于方程组,为矛盾方程组,一般来说不存在通常意义的解。引入残差平方和函数

$$S(\boldsymbol{A}) = \| \boldsymbol{Z}\boldsymbol{A} - \boldsymbol{W} \|^2, \qquad (1.82)$$

当 $\boldsymbol{A} = \hat{\boldsymbol{A}}$ 时, $S(\boldsymbol{A})$ 取得最小值,对 $S(\boldsymbol{A})$ 求微分并使其等于零,可以得到

$$\boldsymbol{Z}^{\mathrm{T}}\boldsymbol{Z}\hat{\boldsymbol{A}} = \boldsymbol{Z}^{\mathrm{T}}\boldsymbol{W}. \qquad (1.83)$$

如果矩阵 $\boldsymbol{Z}^{\mathrm{T}}\boldsymbol{Z}$ 非奇异,则 $\hat{\boldsymbol{A}}$ 有唯一解

$$\hat{\boldsymbol{A}} = (\boldsymbol{Z}^{\mathrm{T}}\boldsymbol{Z})^{-1}\boldsymbol{Z}^{\mathrm{T}}\boldsymbol{W}. \qquad (1.84)$$

由式(1.84)即可求得前 $n$ 项的 Zernike 多项式的最小二乘拟合结果 $\hat{\boldsymbol{A}}$,一般情况下,选用 Zernike 多项式的前 37 项进行拟合。过多的项数非但无法提高拟合准确性,还会增加运算的复杂度,造成方程的冗余。通常为了提高计算精度和速度,可以通过 Gram-Schmidt 正交化法以及对其简化的协方差矩阵法来求解,具体计算过程可参考相关文献,此处不赘述。

从表 1-1 可知,Zernike 多项式的前 4 项分别为常数项、$X$ 轴倾斜、$Y$ 轴倾斜,以及离焦。显然前 2~前 4 项即覆盖了待测面调整引入的波前改变,而常数项主要是波面整体的平移。在进行解包裹时,根据解包裹的起点不同,可能会造成解包裹后整个波面偏离 0 点较大的情况,默认情况下,都要去掉这一平移系数。而 $X$、$Y$ 轴倾斜则与待测面的倾斜相关,包括调整过程中肉眼无法分辨的倾斜角度以及增加载波条纹时人为加入的倾斜。离焦项在测量平面时并不与待测镜位姿相关,但是在测量球面时,由于人眼及仪器分辨能力的共同限制,难免会使球面镜与消球差透镜之间的距离与理想距离存在一定的差距,从而引入离焦的调整误差。

通过使用 Zernike 多项式对得到的波前进行拟合,就可以得到每项的系数。在测量平面时,通常将前 3 项系数置为 0(若测量球面镜,则需要移除前 4 项),重新拼合各多项式,即可得到待测面的面形信息。如图 1-24 所示,采用图(a)所示的干涉图进行四步移相及相位解包裹,并将相位转换为长度单位,即可得到图(b)所示的波前结果。由于在调整待测面时,人为引入了一定量的倾斜,造成干涉条纹包含了明显的倾斜分量,无法看出待测面的真实面形。通过 Zernike 多项式拟合,去除干涉图调整引入的倾斜波前,即可得待测面反射波前的检测结果。为了得到待测面的面形,需要考虑由于反射产生的"二倍关系",将波前检测结果除以 2,得到图(c)所示的面形检测结果图,图示的待测面检测面形为 $\mathrm{PV} = 0.7770\lambda$,$\mathrm{RMS} = 0.1806\lambda$。

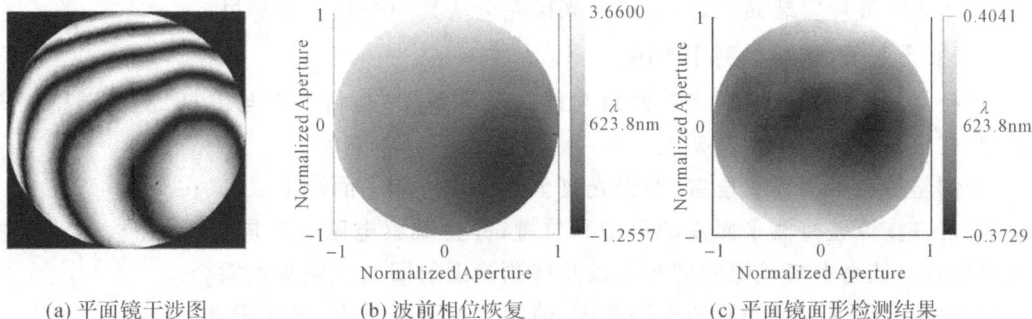

(a) 平面镜干涉图　　　　(b) 波前相位恢复　　　　(c) 平面镜面形检测结果

图 1-24　平面镜检测结果

需要注意的是,虽然通过 Zernike 多项式拟合可以去除待测面位姿引入的额外波前信息,但是由于采用的多项式项数有限,不可避免地会忽略掉面形信息中的高频部分。读者若有兴趣可以自行设计方案,获得待测面的高频成分。

## 【实验内容及操作步骤】

### 1. 运行操作软件及自准直参考镜

(1)打开 PDIPS 操作软件,依次点击 CCD 控制中的"打开"按钮和 PZT 控制中的"刷新"按钮,选择合适的通信串口后点击"连接",连接成功后指示灯会变为绿色,随后拨动下方的 PZT 开关状态至"已开启"。实验期间根据干涉图亮暗情况设置合适的曝光时间,注意一般不要超过 $500\mu s$,防止损坏 CCD 相机,如图 1-25 所示。

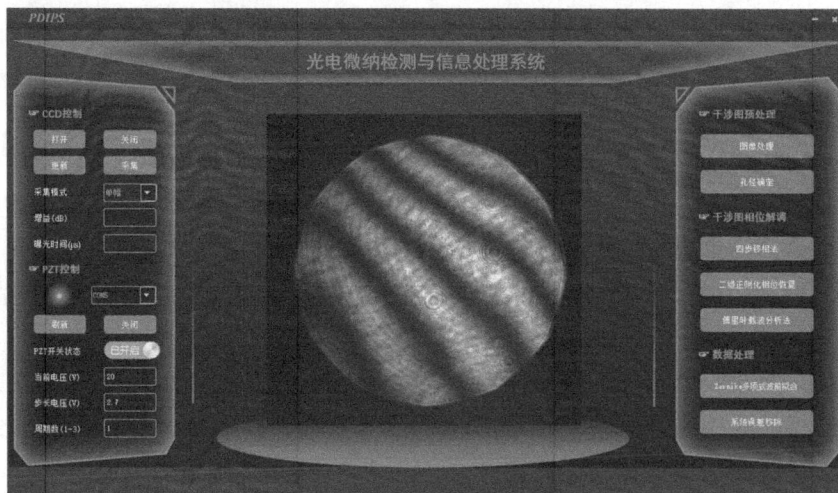

图 1-25　硬件与图像采集窗口

(2)因为 PZT 供电后会发生一定的不均匀伸长及旋转,所以需要重新对参考镜进行自准直,保障其垂直于光轴。取下参考路的 λ/4 波片,在扩束器前的反射镜上能够观察到参考镜反射回的光斑,微调参考镜处的俯仰旋转台旋钮,使反射镜上的出射光斑与反射光斑重合,参考镜实现自准直。

(3)将 λ/4 波片安装回原处,注意使光束完全从其通光孔径中穿过。

### 2. 安装平面镜,调整得到干涉图

(1)将待测平面镜安装在带有调整功能的简易镜架中,将镜架与支杆、支杆调整架进行组装,并且安装在三维调整架上。

(2)调整待测平面镜的位置,使得光斑全部落在待测平面镜上。

(3)进一步调整待测平面镜的角度和位置,并且观察电脑显示屏(或者在检偏器后放置光屏接收),使得参考镜返回的光斑以及待测镜反射回的光斑基本重合。

(4)使用镜架上的微调旋钮微调角度,使得光斑完全重合,出现干涉条纹。

(5)调节过程中若条纹对比度差,调节起偏器与检偏器角度来调节条纹对比度。

(6)继续调整干涉图,使得干涉图达到零条纹状态,并且记录"零"条纹干涉图,如图1-26所示。

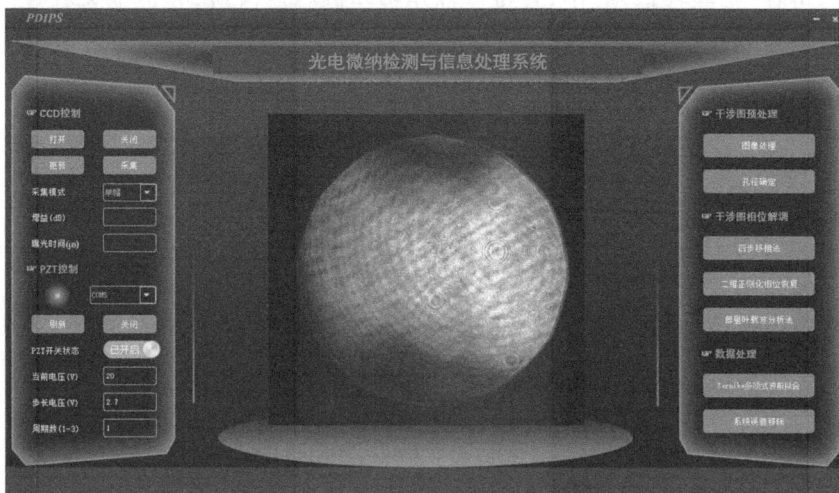

图1-26　平面镜"零"条纹干涉图

(7)转动微调旋钮,使得待测镜倾斜,增加3~6条直条纹,如图1-27所示。

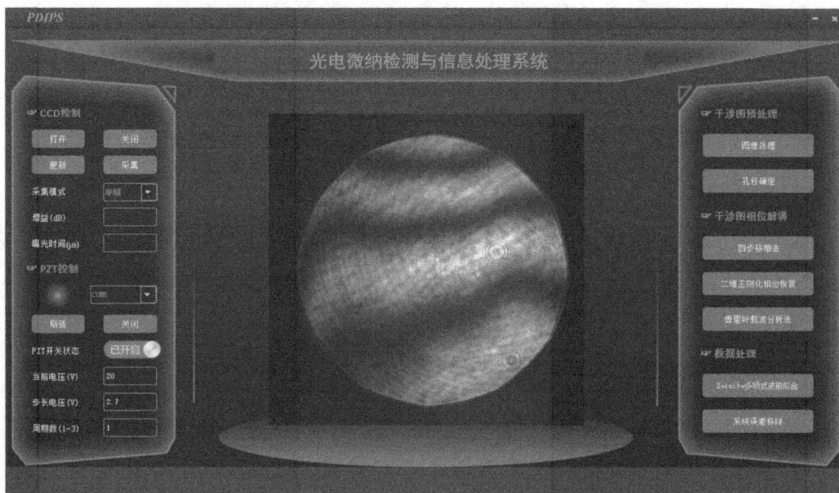

图1-27　平面镜加入载波的干涉图

(8)点击采集模式旁的下拉选项栏,将其改为"平面",随后点击"采集"按钮,选择图片保存路径,开始进行移相干涉图的采集。移相过程中请勿调节平面镜。

(9)移相完成后软件自动弹出移相过程中的数据图,对零条纹及不同数量的条纹,进行四步移相操作,体会其中的不同。选取一组理想移相结果进行后续实验步骤。

**3.孔径确定**

(1)在主窗口中点击"孔径确定"按钮进入孔径确定窗口,点击"选择干涉图"按钮,选择要处理的图片文件夹,软件将自动生成原始干涉图的调制度图像。

（2）确定有效干涉孔径。拖动"腐蚀"和"膨胀"条，当腐蚀膨胀图可以确定有效区域后，依次点击"边缘提取""自动确认"，将会在"确定的孔径图"中出现预览。如果此孔径选择得不理想，可在"边缘提取图"中，长按鼠标左键绘制圆形区域，并记录为有效区域，若画得不理想，可以重新长按鼠标左键画圆，或长按鼠标右键移动已绘制的区域，确定有效区域后，点击"手动确定"按钮，得到最终确定的孔径，如图 1-28 所示。

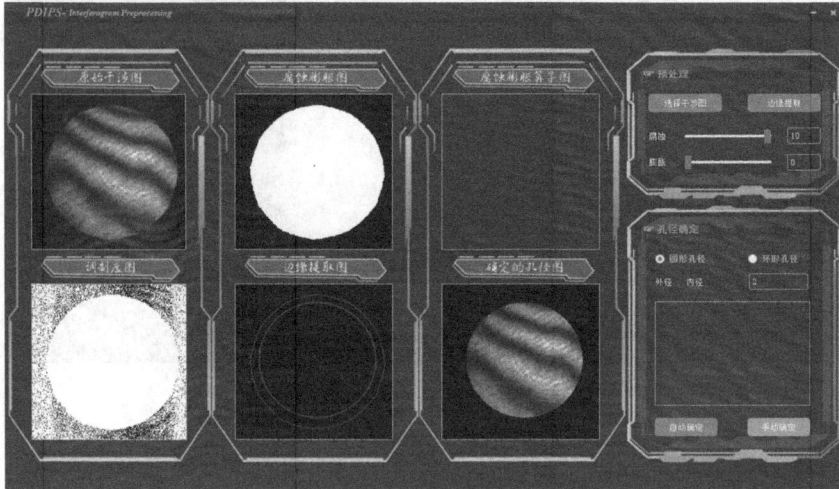

图 1-28　孔径确定窗口

（3）孔径确定后软件将自动保存该孔径的大小与位置，在后续多次实验中，若干涉图区域没有改变，可选择跳过该步骤。

**4. 相位调制与解调**

（1）在主窗口中点击"四步移相法"按钮，软件跳转到四步移相窗口，点击"显示干涉图"按钮，将会出现之前选择的干涉图。

（2）点击"显示孔径"按钮，即可显示图像处理过程中选取的图像孔径，如图 1-29 所示。

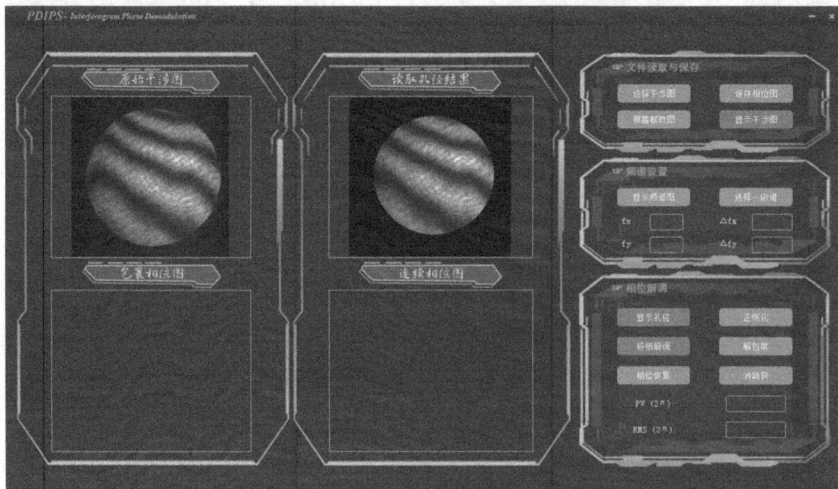

图 1-29　确定孔径的干涉图

（3）点击"移相解调"按钮，进行四步移相解调，如图 1-30 所示。

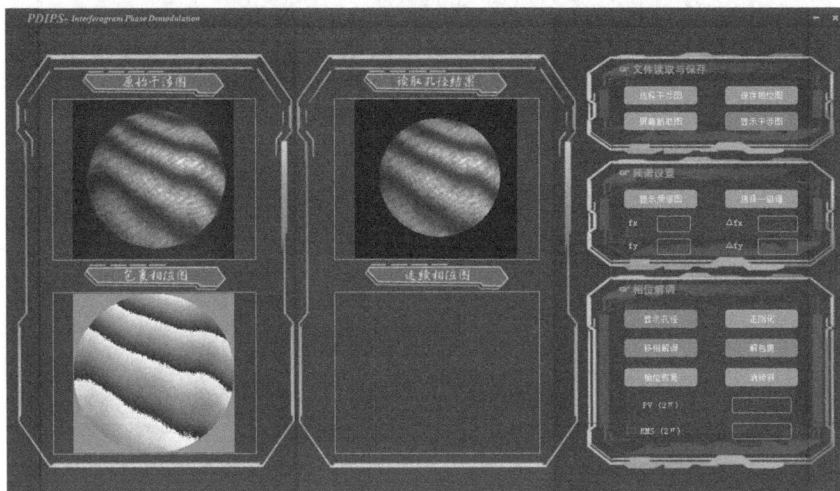

图 1-30 干涉图移相解调结果

（4）点击"解包裹"按钮，将包裹相位恢复为连续相位，并且会显示对应的 PV 值和 RMS 值结果，如图 1-31 所示。

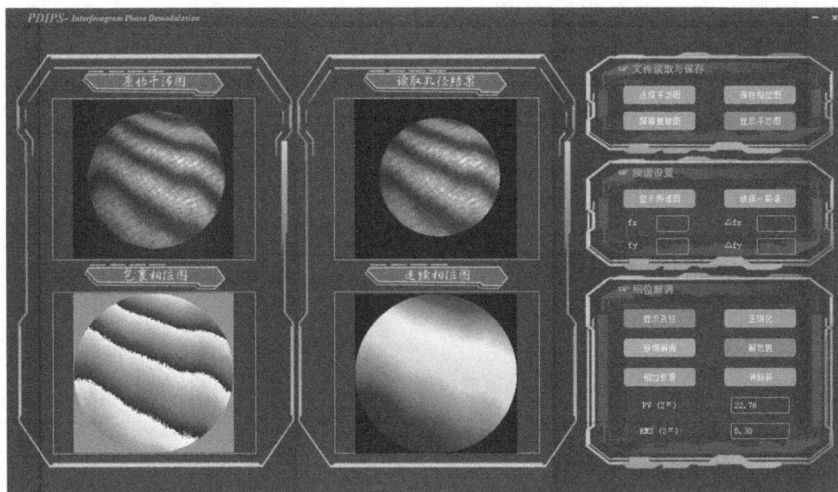

图 1-31 相位解包裹结果

**5. 数据处理**

（1）在主窗口中点击"Zernike 多项式波前拟合"按钮，软件跳转到 Zernike 拟合窗口，依次点击"显示孔径""显示相位图"按钮，将会出现之前解调得到的连续相位图。

（2）点击"开始拟合"按钮，软件将生成拟合图像及拟合残差图。软件界面右侧显示 Zernike 拟合的前 37 项结果，选取 Zernike 多项式前 3 项，点击"移除选中项"，下方中间显示选中项的拟合结果图，下方右边显示剩余项的拟合结果图。界面右边显示 Zernike 拟合数据与检测结果（PV 值及 RMS 值）。Zernike 拟合窗口如图 1-32 所示。

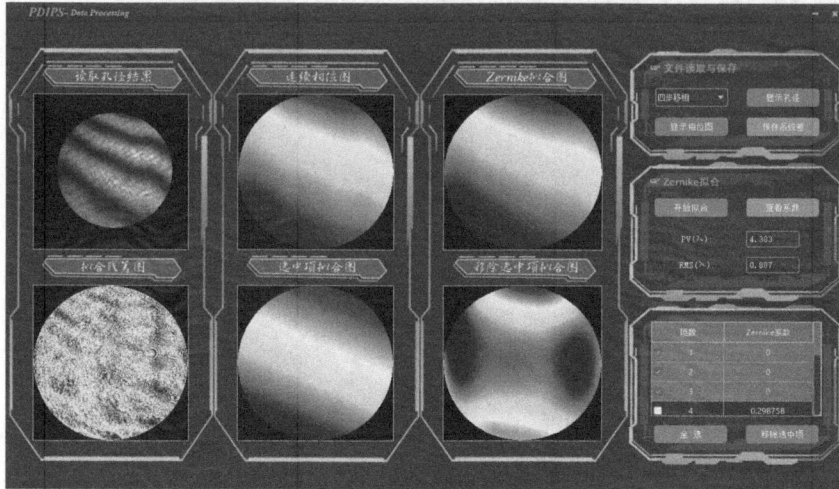

图 1-32　Zernike 多项式拟合窗口

## 【实验记录及数据处理】

1. 记录一组移相效果最好的干涉图。

2. 对待测平面镜进行三次测量，记录测量的面形结果、PV 值、RMS 值。

| 实验次数 | 面形图 | PV 值 | RMS 值 |
|---|---|---|---|
| 1 | | | |
| 2 | | | |
| 3 | | | |

注：图像结果可使用截图保存。

## 【思考题】

1. 透射式激光扩束器分为哪两种？可以使用反射镜设计激光扩束镜吗？如果可以，请给出一个简单的设计；如果不行，请说明理由。

2. 为什么通过激光扩束镜无法得到绝对的平行光？

3. 为什么两平面干涉无法得到完美的零条纹干涉图?

4. 尝试对包裹相位进行解包裹,并与实验结果进行比较。

5. 如果测量平面镜面形时,移除了 Zernike 多项式前 4 项,会造成什么结果?

6. 干涉及波前检测的二倍关系,在检测光不是垂直入射的情况下,会发生什么变化?请画图及使用公式说明结果。

7. 能否使用特外曼-格林干涉仪检测光学系统透射波前? 如果可以,请给出检测光路图,并简单说明原理;如果不行,请给出理由。

8. 在使用 Zernike 多项式拟合后,如何保留待测面的高频信息?

## 【注意事项】

1. 不能对着仪器说话、咳嗽等。严禁用手触摸元件光学面。

2. 注意镜架旋钮的有效距离,如果偏离太多应先手动调整平面镜位置,之后再使用微调旋钮。

3. 安装和更换光学元件时注意不要直接用手触碰光学表面。

4. 进行过多次四步移相测量之后,需要重新自准直参考平面镜。

5. 驱动 PZT 进行四步移相时,请务必保持安静。

6. 注意入射到 CCD 探测器上的光强及 CCD 设置的曝光时间,防止损坏设备。

# 偏振干涉图像调节及处理与系统误差标定

## 【实验目的】

1. 使用偏振器件调整干涉条纹的对比度,体会对比度对干涉检测的影响。
2. 了解干涉图像预处理相关的基本操作。
3. 了解干涉检测系统误差的来源与去除方法。

## 【实验装置】

PDIPS、标准平面镜(面形精度 PV 值优于 $0.1\lambda$)、待测平面镜(面形精度 PV 值为 $1.0\lambda$)。

## 【实验原理】

在干涉系统中,为了得到高质量的反演波前,并以最低的误差测量面形,需要对系统调试阶段、图像处理阶段、误差移除阶段等进行控制。对应于各个阶段,本章分别介绍在 PDIPS 中,通过提高实验采集的干涉条纹对比度、对干涉图像进行预处理、标定系统误差等方法来提高面形检测的精度。第 2.1 节将介绍采用偏振光学系统来便捷地调节干涉检测光与参考光的振幅比,从而获取较高对比度干涉条纹的原理和方法。第 2.2 节将介绍对采集到的干涉图像进行滤波、图像均衡、孔径提取等干涉图像预处理操作,从而降低图像中噪声的影响。第 2.3 节将介绍标定并移除系统误差的原理和常见方法。

# 2.1　干涉条纹对比度调节

## 2.1.1　干涉条纹对比度

干涉条纹对比度用于表示最亮条纹与最暗条纹的光强反差程度。干涉条纹的对比度对后续的相位解调、Zernike 拟合等操作来说非常重要，如果对比度太差的话，会导致后续操作精度大大降低。只有尽量在实验调试中获得高质量的干涉条纹图，才可为后续的图像预处理、解相位等操作提供好的基础，从而尽量提高干涉检测精度。

影响干涉条纹对比度的因素有产生两路干涉光的振幅比、光源尺寸大小、光源非单色性、光波振动方向、杂散光等。设空间中有一稳定的干涉条纹图样，将干涉条纹对比度定义为

$$K = (I_{\max} - I_{\min})/(I_{\max} + I_{\min}). \tag{2.1}$$

式中，$I_{\max}$ 为所考察区域内干涉条纹光强的最大值；$I_{\min}$ 为干涉条纹光强的最小值。当 $I_{\min} = 0$ 时，$K = 1$，干涉条纹对比度最好，称这种情况为完全相干；当 $I_{\max} = I_{\min}$ 时，$K = 0$，干涉条纹完全消失，这是非相干情况；一般情况下，$K$ 介于 0 到 1 之间，则为部分相关。对于干涉条纹，$K > 0.75$ 可算作对比度较好。图 2-1 显示了对比度对条纹质量的影响。从图(a)至图(f)，干涉条纹的对比度 $K$ 依次减小，条纹的明暗对比也越来越模糊。由于实际的干涉条纹中均包含噪声，如果条纹的对比度不够好，则会对后续的干涉条纹处理造成影响。

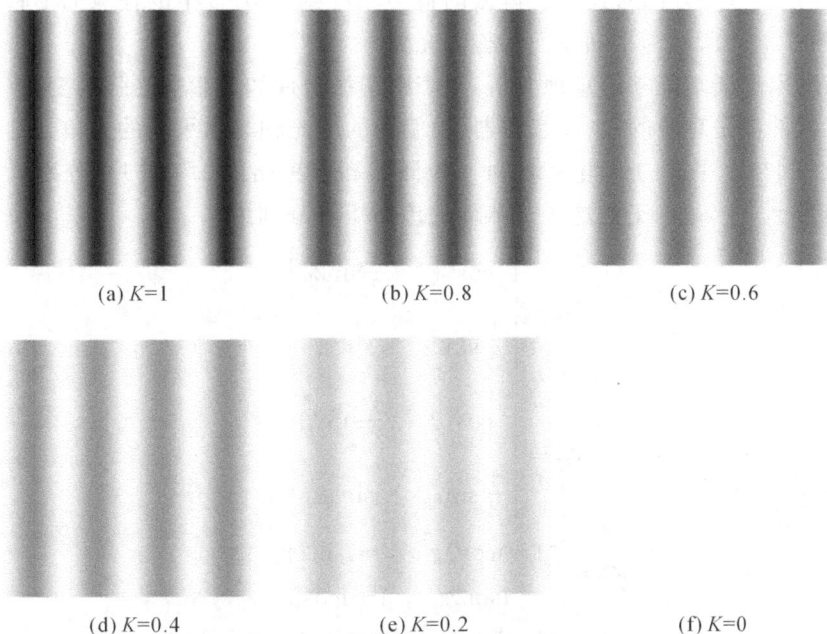

(a) $K=1$　　　　　(b) $K=0.8$　　　　　(c) $K=0.6$

(d) $K=0.4$　　　　　(e) $K=0.2$　　　　　(f) $K=0$

图 2-1　不同对比度 $K$ 下的干涉条纹

下面分析实验中涉及的光强比及振幅比对条纹对比度的影响。在讨论这一因素影响时，默认系统其他组成部分都是理想的。

根据干涉公式 $I=I_1+I_2+2\sqrt{I_1I_2}\cos\varphi$（$I_1$ 与 $I_2$ 分别为参与干涉的两路光的光强），可知干涉条纹强度的极大值和极小值分别为 $(\sqrt{I_1}+\sqrt{I_2})^2$ 和 $(\sqrt{I_1}-\sqrt{I_2})^2$，代入条纹对比度表达式，得到

$$K=\frac{2\sqrt{I_1}\sqrt{I_2}}{I_1+I_2}=\frac{2(I_1/I_2)^{1/2}}{1+I_1/I_2}. \tag{2.2}$$

或者以振幅比 $A_1/A_2$ 表示，上式可写为

$$K=\frac{2(A_1/A_2)}{1+(A_1/A_2)^2}. \tag{2.3}$$

因此，当 $A_1=A_2$ 时即干涉两束光振幅相同，$K=1$，为其最大值；而 $A_1$ 和 $A_2$ 相差越大，$K$ 值越小。当两相干光波的振幅相差极大时，两相干光波所造成的强度实际上与其中较大强度的一个光波单独产生的强度没有多大差别。这时干涉场几乎看不出干涉条纹。

## 2.1.2　偏振干涉系统设计

从上文可知，控制两路光的光强比，有助于获得较高对比度的干涉条纹图。本部分讲解如何通过实验系统的设计以及调节，来调整干涉条纹对比度。

在 PDIPS 中，通过偏振系统来调节干涉条纹对比度的方法，主要利用了起偏器和检偏器的旋转，使得 CCD 所接收到的来自检测路和参考路的光强比发生改变，从而可以调节干涉条纹对比度。两路光的光强差异越大，干涉条纹对比度越差；当两路光的光强基本相同时，干涉条纹有最好的对比度。偏振调整实验可在 PDIPS 中的任意面形检测光路图中进行，如图 0-2(a) 所示为平面镜面形检测光路。

接下来利用琼斯矩阵来定量地分析，系统中偏振器件如何影响光强的变化（在这里我们假设所有器件都是理想的）。设起偏器、检偏器的透光轴与水平面的夹角分别为 $\alpha$ 及 $\beta$，$\lambda/4$ 波片的快轴与水平面的夹角为 $\gamma$（对于检测路和参考路的 $\lambda/4$ 波片，分别设其快轴与水平面夹角为 $\gamma_1$ 与 $\gamma_2$）。于是这 4 个器件的琼斯矩阵分别为

$$\boldsymbol{G}_1=\begin{bmatrix}\cos^2\alpha & \dfrac{1}{2}\sin2\alpha \\[2mm] \dfrac{1}{2}\sin2\alpha & \sin^2\alpha\end{bmatrix}, \tag{2.4}$$

$$\boldsymbol{G}_2=\begin{bmatrix}\cos^2\beta & \dfrac{1}{2}\sin2\beta \\[2mm] \dfrac{1}{2}\sin2\beta & \sin^2\beta\end{bmatrix}, \tag{2.5}$$

$$\boldsymbol{G}_3=\begin{bmatrix}1-i\cos2\gamma_1 & -i\sin2\gamma_1 \\ -i\sin2\gamma_1 & 1+i\cos2\gamma_1\end{bmatrix}, \tag{2.6}$$

$$\boldsymbol{G}_4=\begin{bmatrix}1-i\cos2\gamma_2 & -i\sin2\gamma_2 \\ -i\sin2\gamma_2 & 1+i\cos2\gamma_2\end{bmatrix}. \tag{2.7}$$

由于偏振光经过 PBS 时，p 光透射而 s 光反射，则对于 p 光，PBS 的琼斯矩阵为 $\begin{bmatrix} 1 & 0 \\ 0 & 0 \end{bmatrix}$，而对于 s 光则为 $\begin{bmatrix} 0 & 0 \\ 0 & 1 \end{bmatrix}$。待测镜的琼斯矩阵为 $\sqrt{k}\begin{bmatrix} 1 & 0 \\ 0 & 1 \end{bmatrix}$，其中 $k$ 为待测镜与参考镜的表面反射率之比。考虑到待测镜与参考镜的反射率会有差异，因此在本系统中我们折中选择了参考镜镀膜使其反射率为 $20\%$。

经过起偏器的光可用琼斯矩阵表示为

$$\boldsymbol{E} = \sqrt{I_0}\begin{bmatrix} \cos\alpha \\ \sin\alpha \end{bmatrix}, \tag{2.8}$$

式中，$I_0$ 为入射至系统的光强，为自然光。接下来分别考虑检测路和参考路，经过 PBS 的透射光和反射光分别为

$$\begin{cases} \boldsymbol{E}_{检测} = \begin{bmatrix} 1 & 0 \\ 0 & 0 \end{bmatrix}\sqrt{I_0}\begin{bmatrix} \cos\alpha \\ \sin\alpha \end{bmatrix} = \sqrt{I_0}\begin{bmatrix} \cos\alpha \\ 0 \end{bmatrix}, \\[2mm] \boldsymbol{E}_{参考} = \begin{bmatrix} 0 & 0 \\ 0 & 1 \end{bmatrix}\sqrt{I_0}\begin{bmatrix} \cos\alpha \\ \sin\alpha \end{bmatrix} = \sqrt{I_0}\begin{bmatrix} 0 \\ \sin\alpha \end{bmatrix}, \end{cases} \tag{2.9}$$

再来回经过 $\lambda/4$ 波片以及反射镜，分别有

$$\begin{cases} \begin{aligned} \boldsymbol{E}_{检测} &= \begin{bmatrix} 1-i\cos2\gamma_1 & -i\sin2\gamma_1 \\ -i\sin2\gamma_1 & 1+i\cos2\gamma_1 \end{bmatrix}\sqrt{k}\begin{bmatrix} 1 & 0 \\ 0 & 1 \end{bmatrix}\begin{bmatrix} 1-i\cos2\gamma_1 & -i\sin2\gamma_1 \\ -i\sin2\gamma_1 & 1+i\cos2\gamma_1 \end{bmatrix}\sqrt{I_0}\begin{bmatrix} \cos\alpha \\ 0 \end{bmatrix} \\ &= \sqrt{kI_0}\begin{bmatrix} -i\cos2\gamma_1\cos\alpha \\ -i\sin2\gamma_1\cos\alpha \end{bmatrix}, \end{aligned} \\[4mm] \begin{aligned} \boldsymbol{E}_{参考} &= \begin{bmatrix} 1-i\cos2\gamma_2 & -i\sin2\gamma_2 \\ -i\sin2\gamma_2 & 1+i\cos2\gamma_2 \end{bmatrix}\begin{bmatrix} 1 & 0 \\ 0 & 1 \end{bmatrix}\begin{bmatrix} 1-i\cos2\gamma_2 & -i\sin2\gamma_2 \\ -i\sin2\gamma_2 & 1+i\cos2\gamma_2 \end{bmatrix}\sqrt{I_0}\begin{bmatrix} 0 \\ \sin\alpha \end{bmatrix} \\ &= \sqrt{I_0}\begin{bmatrix} -i\sin2\gamma_2\sin\alpha \\ i\cos2\gamma_2\sin\alpha \end{bmatrix}. \end{aligned} \end{cases} \tag{2.10}$$

当两路光分别被参考镜和待测镜反射后，再次经过 $\lambda/4$ 波片，从椭圆偏振光转换为线偏振光。若 $\lambda/4$ 波片快轴与线偏振光成 $45°$ 摆放时，连续两次通过 $\lambda/4$ 波片的作用相当于通过一次半波片，线偏振光偏振方向改变 $90°$ 即 p 光变为 s 光，而 s 光变为 p 光。若波片放置角度有所偏差，则会同时出现两种状态的线偏振光。因此，当这两路光再次到达偏振分束镜时，原本透射的光反射，原本反射的光透射，有

$$\begin{cases} \boldsymbol{E}_{检测} = \begin{bmatrix} 0 & 0 \\ 0 & 1 \end{bmatrix}\sqrt{kI_0}\begin{bmatrix} -i\cos2\gamma_1\cos\alpha \\ -i\sin2\gamma_1\cos\alpha \end{bmatrix} = \sqrt{kI_0}\begin{bmatrix} 0 \\ -i\sin2\gamma_1\cos\alpha \end{bmatrix}, \\[2mm] \boldsymbol{E}_{参考} = \begin{bmatrix} 1 & 0 \\ 0 & 0 \end{bmatrix}\sqrt{I_0}\begin{bmatrix} -i\sin2\gamma_2\sin\alpha \\ i\cos2\gamma_2\sin\alpha \end{bmatrix} = \sqrt{I_0}\begin{bmatrix} -i\sin2\gamma_2\sin\alpha \\ 0 \end{bmatrix}, \end{cases} \tag{2.11}$$

这样一来，参考路和检测路的光就可以被 CCD 接收。在 CCD 前，通过检偏器再次选择透过的线偏振光的方向。当两路光透过后，其偏振态一致。于是有

$$\begin{cases} \boldsymbol{E}_{\text{检测}} = \begin{bmatrix} \cos^2\beta & \frac{1}{2}\sin 2\beta \\ \frac{1}{2}\sin 2\beta & \sin^2\beta \end{bmatrix} \sqrt{kI_0} \begin{bmatrix} 0 \\ -\mathrm{i}\sin 2\gamma_1\cos\alpha \end{bmatrix} = -\mathrm{i}\ \sqrt{kI_0}\sin\beta \begin{bmatrix} \cos\beta\sin 2\gamma_1\cos\alpha \\ \sin\beta\sin 2\gamma_1\cos\alpha \end{bmatrix}, \\[2em] \boldsymbol{E}_{\text{参考}} = \begin{bmatrix} \cos^2\beta & \frac{1}{2}\sin 2\beta \\ \frac{1}{2}\sin 2\beta & \sin^2\beta \end{bmatrix} \sqrt{I_0} \begin{bmatrix} -\mathrm{i}\sin 2\gamma_2\sin\alpha \\ 0 \end{bmatrix} = -\mathrm{i}\ \sqrt{I_0}\cos\beta \begin{bmatrix} \cos\beta\sin 2\gamma_2\sin\alpha \\ \sin\beta\sin 2\gamma_2\sin\alpha \end{bmatrix}, \end{cases}$$

$$(2.12)$$

于是得到两路的光强

$$\begin{cases} I_{\text{检测}} = kI_0\sin^2\beta\sin^2 2\gamma_1\cos^2\alpha, \\ I_{\text{参考}} = I_0\cos^2\beta\sin^2 2\gamma_2\sin^2\alpha. \end{cases} \qquad (2.13)$$

由式(2.13)可知,调整起偏器的角度 $\alpha$、检偏器的角度 $\beta$ 以及波片快轴的角度 $\gamma$,都会改变最终参考路和检测路的光强,从而对干涉条纹对比度造成影响。在理论上,如果假设待测面的反射率与参考镜一致,即当 $k=1$ 时,我们希望起偏器、检偏器的透光轴以及波片的快轴都与水平面轴成 $45°$,此时参考路与检测路的光强一致且达到最大。当 $k\neq1$ 时,我们也希望起偏器的透光轴以及波片的快轴与水平面成 $45°$,通过调节检偏器的角度来使得干涉条纹对比度最大。当上述调节没有得到满足时,都会对干涉条纹对比度造成不良影响。我们将分别通过仿真软件模拟单独存在以上偏差时对干涉条纹对比度的影响。仿真时,我们假设待测面反射率与参考面一致,即 $k=1$。当检偏器与起偏器的角度有差异时,其干涉条纹图如图 2-2 所示,此时对比度下降主要是因为检偏器没有将参考路和检测路光强保持一致。

(a) 检偏器透光轴角度　　　(b) 检偏器透光轴角度　　　(c) 检偏器透光轴角度　　　(d) 检偏器透光轴角度
与起偏器差异0°　　　　　　与起偏器差异15°　　　　　　与起偏器差异30°　　　　　　与起偏器差异45°

图 2-2　检偏器与起偏器角度(此时起偏器与水平面的夹角为 $45°$)有差异的条纹对比度

　　另外,$\lambda/4$ 波片的角度也会影响到条纹对比度。当波片的快轴与水平面未成 $45°$ 放置时,线偏振光经过一次 $\lambda/4$ 波片后成为椭偏光。换言之,p 光和 s 光没有均匀分配,从而影响条纹对比度。检测路与参考路中某一路的 $\lambda/4$ 波片角度变化引起的对比度变化(假设此时起偏器与检偏器的透光轴方向都为理想),如图 2-3 所示。虽然通过检偏器的角度也能够改变条纹对比度,但是 $45°$ 放置的 $\lambda/4$ 波片具有更高的能量利用率。实验过程中,旋转 $\lambda/4$ 波片使检测路与参考路反射回去的光最强,即可认为 $\lambda/4$ 波片成 $45°$ 放置。在后续实验 6 中,使用无像差点法进行非球面检测,检测路光强会比参考路弱 2 个数量级左右,仅仅使用偏振片进行调节可能无法得到很好的对比度,此时可以调节参考路波片,进一步减弱参考路光强,来获得更好的干涉条纹对比度。

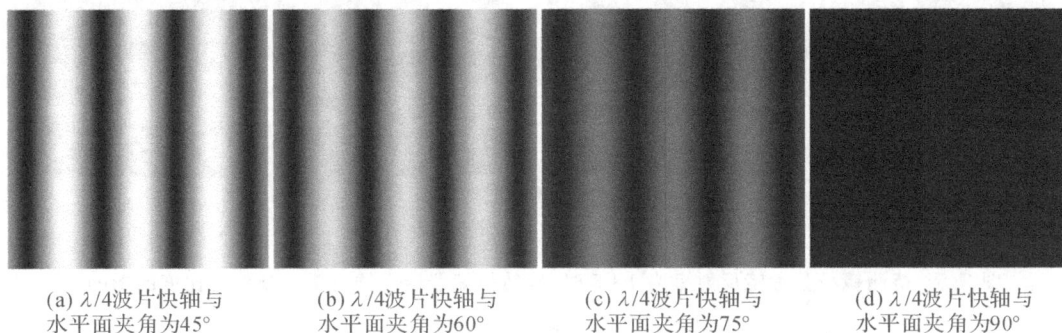

(a) $\lambda/4$波片快轴与　　　(b) $\lambda/4$波片快轴与　　　(c) $\lambda/4$波片快轴与　　　(d) $\lambda/4$波片快轴与
　水平面夹角为45°　　　　水平面夹角为60°　　　　水平面夹角为75°　　　　水平面夹角为90°

图 2-3　$\lambda/4$ 波片角度与水平面的夹角对条纹对比度的影响

当起偏器没有成 45° 放置时(此时设检偏器与检偏器角度一致),透过起偏器到达 PBS 的线偏振光也不为 45° 方向。这样就会导致被 PBS 分成的 p 光和 s 光不是 1：1,从而影响后续的干涉条纹对比度,如图 2-4 所示。

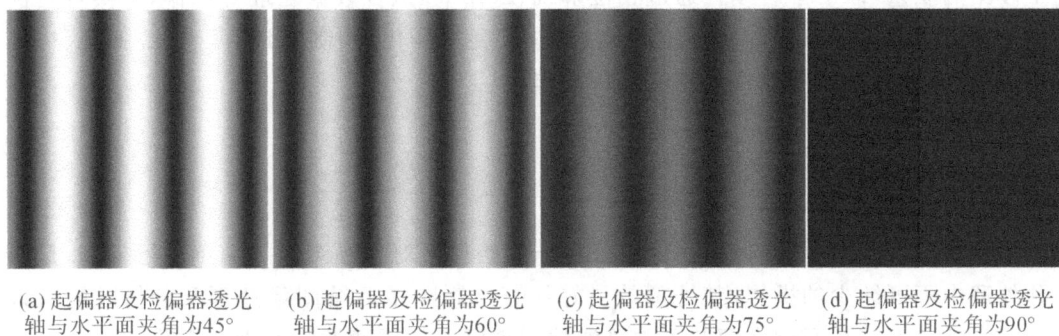

(a) 起偏器及检偏器透光　　(b) 起偏器及检偏器透光　　(c) 起偏器及检偏器透光　　(d) 起偏器及检偏器透光
　轴与水平面夹角为45°　　　轴与水平面夹角为60°　　　轴与水平面夹角为75°　　　轴与水平面夹角为90°

图 2-4　起偏器及检偏器与水平面的夹角对条纹对比度的影响

上述分析的都是待测镜和参考镜反射率一致的情况,但实际实验中更常见的是待测镜与参考镜的反射率不一致甚至相差甚远的情况。偏振干涉仪就可以在这种情况下连续、方便地调节检测路与参考路的光强比,从而使干涉条纹对比度达到最优的状况。假设待测镜与参考镜的反射率之比为 1：5,旋转检偏器并且调节 CCD 的曝光使干涉图强度增大,结果如图 2-5 所示。可以发现,检偏器透光轴与水平面夹角为 45° 时,干涉条纹的对比度不再是最好的状态。但是将检偏器旋转至透光轴与水平面夹角为 24°,可以达到最好的干涉条纹对比度。

综上,这种偏振光路的设计具有以下几方面的优点。

(1)通过旋转起偏器和检偏器,可以较为方便地调节参与干涉的两路光的光强比,使干涉条纹容易有更好的对比度。即使是换了不同反射率的待测镜,也可以保持较高的干涉条纹对比度。对比衰减片等方式,该方法连续可调且也不会引入明显波面畸变。

(2)$\lambda/4$ 波片和偏振分束镜几乎不会产生反射光回到激光器,保证了激光器的稳定性。

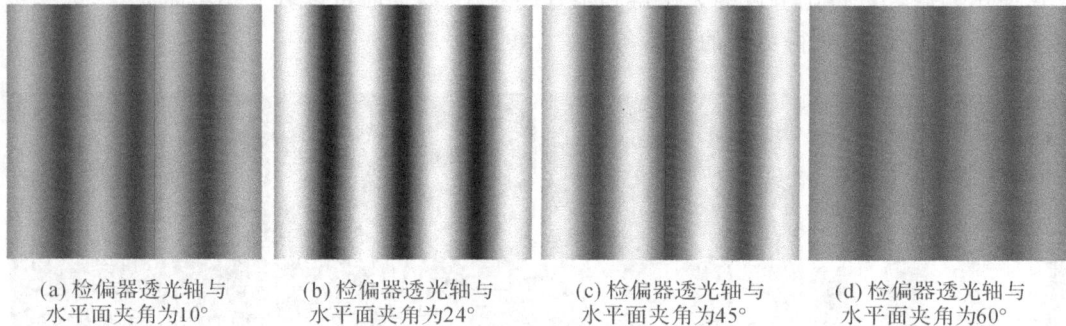

(a) 检偏器透光轴与
水平面夹角为10°

(b) 检偏器透光轴与
水平面夹角为24°

(c) 检偏器透光轴与
水平面夹角为45°

(d) 检偏器透光轴与
水平面夹角为60°

图 2-5　待测镜与参考镜反射率为 1∶5 时,旋转检偏器透光轴对干涉条纹对比度的影响

## 2.2　干涉图像预处理

通过实验获得条纹对比度较好的干涉图后,还可以对干涉图像进行预处理,进一步提高干涉图的质量,以便于后续再通过相位解调、Zernike 拟合数据处理等操作,来实现更高的面形测量精度。本节将依次介绍图像滤波、灰度均衡化、调制度计算、腐蚀/膨胀、边缘提取、孔径拟合等干涉图像预处理的常用操作。

### 2.2.1　图像滤波

图像滤波,即为在尽量保留图像细节特征的条件下对目标图像的噪声进行抑制,是图像预处理中不可缺少的操作,其处理效果好坏直接影响了后续图像处理和分析时的有效性和可靠性。本部分通过介绍几种常见滤波器来阐述常用滤波的原理和方法。

**1. 均值滤波**

均值滤波是最为简单的一种滤波器。对于目标图像上的每一点,构建由目标点邻域内全部点组成的模板,并用模板内全部点像素的平均值代替待处理的目标点。均值滤波处理起来十分简单快速,不过会对图像上原本的细节信息造成比较大的破坏。式(2.14)为最基本的均值滤波的核。椒盐噪声以及高斯噪声为数字图像中两种常见的噪声,以对这两种噪声的滤波效果为实例来观察本小节各种不同滤波器的效果。椒盐噪声是一种随机出现的白点或者黑点,其成因可能是信号受到突然的强烈干扰或数模转换器、位元传输的错误等;高斯噪声是一种具有高斯分布概率密度函数的噪声,即其噪声的值遵循高斯分布。图 2-6 为均值滤波对存在椒盐、高斯噪声的干涉图进行滤波的结果。可以看出,均值滤波对椒盐噪声和高斯噪声均有一定的改善。

$$\boldsymbol{H}_0 = \frac{1}{9}\begin{bmatrix} 1 & 1 & 1 \\ 1 & 1 & 1 \\ 1 & 1 & 1 \end{bmatrix}. \tag{2.14}$$

(a) 加入椒盐噪声的干涉图　(b) 对(a)均值滤波后　(c) 加入高斯噪声的干涉图　(d) 对(c)均值滤波后

图 2-6　均值滤波对椒盐噪声和高斯噪声的处理效果

### 2. 中值滤波

中值滤波不再是对目标点邻域内像素点的像素值进行计算,而是将邻域内的像素点进行排序,用排序后的像素序列的中间值来代替目标点。中值滤波在消除斑点噪声、椒盐噪声时十分有用;且在一定条件下可以克服某些滤波器带来的图像细节模糊,常在需要保护边缘信息、不希望出现边缘模糊的时候使用。图 2-7 为中值滤波的原理,图 2-8 为中值滤波对椒盐、高斯噪声的干涉图进行滤波的结果。可以看出,中值滤波对椒盐噪声有显著改善,对高斯噪声的改善效果不明显。

图 2-7　中值滤波

(a) 加入椒盐噪声的干涉图　(b) 对(a)中值滤波后　(c) 加入高斯噪声的干涉图　(d) 对(c)中值滤波后

图 2-8　中值滤波对椒盐噪声和高斯噪声的处理效果

### 3. 高斯滤波

高斯滤波的处理方式和均值滤波有些相似,同样对于目标图像上的每一点建立模板。不过与均值滤波不同的是,目标点的像素值不再是通过模板内像素点的加权平均值来代替,而是通过模板元素与高斯函数进行卷积。在二维空间内的高斯分布为

$$G(u,v) = \frac{1}{2\pi\sigma^2} e^{-(u^2+v^2)/(2\sigma^2)}. \tag{2.15}$$

式中,$r$ 为模糊半径;$\sigma$ 为正态分布的标准偏差。在二维空间中,该公式生成的曲面的等高线是从中心开始呈正态分布的同心圆。每个像素的值都是周围相邻像素值的加权平均,实质上就是图像与正态分布作卷积。原始像素的值有最大的高斯分布值,所以有最大的权重,相邻像素随着距离原始像素越来越远,其权重也越来越小。图 2-9 就是一个标准差为 1 时的高斯核。图 2-10 为高斯滤波对椒盐、高斯噪声的干涉图进行滤波的结果。可以看出,高斯滤波对椒盐噪声和高斯噪声均有一定的改善。

$$\frac{1}{273}
\begin{array}{|c|c|c|c|c|}
\hline
1 & 4 & 7 & 4 & 1 \\
\hline
4 & 16 & 26 & 16 & 4 \\
\hline
7 & 26 & 41 & 26 & 7 \\
\hline
4 & 16 & 26 & 16 & 4 \\
\hline
1 & 4 & 7 & 4 & 1 \\
\hline
\end{array}$$

图 2-9　标准差为 1 的高斯核

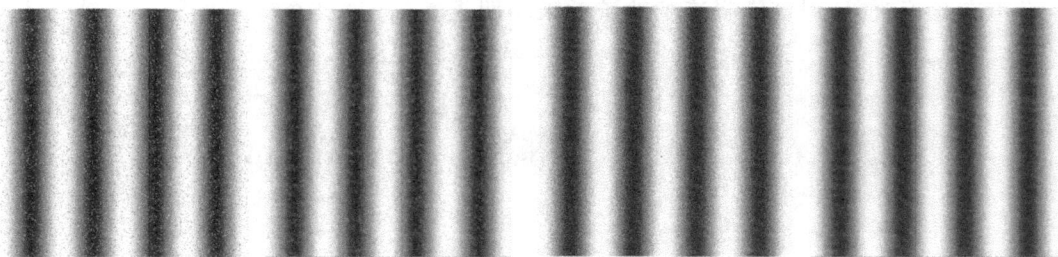

(a) 加入椒盐噪声的干涉图　　(b) 对(a)高斯滤波后　　(c) 加入高斯噪声的干涉图　　(d) 对(c)高斯滤波后

图 2-10　高斯滤波对椒盐噪声和高斯噪声的处理效果

## 2.2.2　灰度均衡化

若采集到的图像过亮或过暗,说明图像灰度主要集中于过大或过小的区域,可以应用灰度均衡化技术来进行图像均衡化。这种技术在目视检测以及条纹的提取中是有帮助的,但需要注意的是,经过灰度均衡化处理的图像不能使用相应的相位图提取算法进行相位计算,因为灰度的均衡化是非线性的。以最常用的 $256(2^8)$ 级灰度举例,如图 2-11 所示为对于图像统计灰度直方图之后的结果。可以看出,图像整体较暗,边缘部分已经很难分辨出条纹,灰度也多分布于较低的区间。对于这种图像,合理应用灰度均衡化技术,可以显著提高其质量。

直方图均衡化是灰度均衡中十分常用的技术,下面简要介绍其原理。直方图描述的是数字图像中不同灰度级像素的个数,反映了图像灰度级的统计分布。对于一幅单通道 $k$bit 图像,其灰度级范围为 $[0, 2^k - 1]$,直方图函数可以用离散函数 $h(r_i) = n_i$ 描述,其中 $k$ 为图像存储位数,$2^k$ 为灰度级数,$r_i$ 为第 $i$ 级灰度值,$n_i$ 为图像中灰度级为 $r_i$ 的像素个

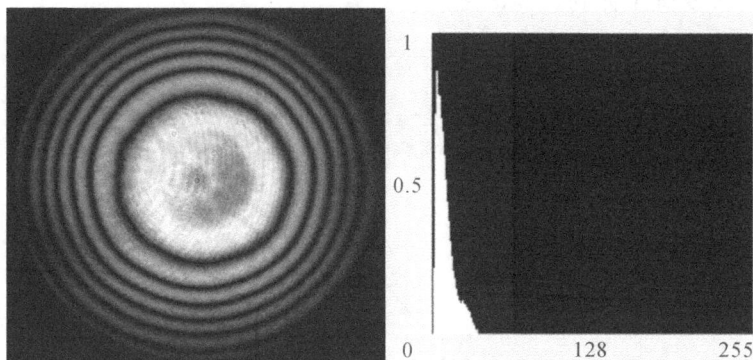

图 2-11　灰度直方图

数。则一幅图像中灰度级 $r_i$ 出现的概率为

$$P(r_i) = \frac{n_i}{MN}, \tag{2.16}$$

式中，$MN$ 为图像中总的像素数目。对于图像上灰度级 $r_i$ 出现的概率可以重新计算为

$$s_i = (L-1) \sum_{j=0}^{k} P(r_j) = \frac{L-1}{MN} \sum_{j=0}^{i} n_j, \tag{2.17}$$

式中，$L$ 为图像中总的灰度级的数量（例如，8 位图像是 256）。经过此项操作，输入图像中的灰度级为 $r_i$ 的各像素映射到输出图像中灰度级为 $s_i$ 的对应像素，此项变换被称为直方图均衡化。如图 2-12 所示为对图 2-11 进行直方图均衡化之后的结果以及进行均衡化之后的灰度直方图。对比图 2-12 与图 2-11 可以发现，经过直方图均衡化之后，图像更加清晰醒目。但是需要注意的是，经过灰度均衡化处理的干涉条纹图只可应用于条纹提取等场景，而不能再用于相位解调。

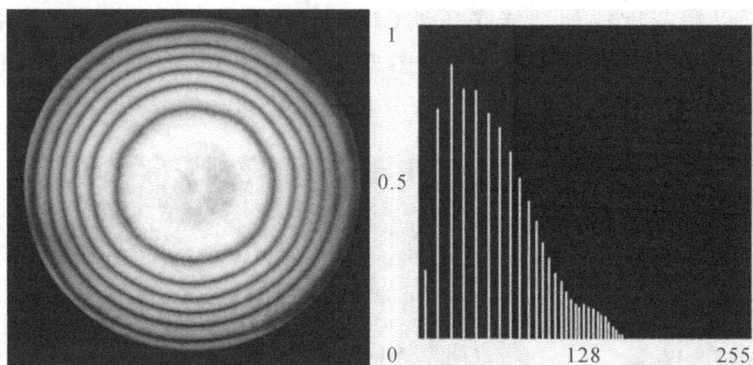

图 2-12　灰度均衡化

## 2.2.3　灰度拉伸

灰度拉伸又叫对比度拉伸，它是最基本的一种灰度变换，使用的是最简单的分段线性变换函数，它的主要思想是提高图像处理时灰度级的动态范围。图 2-13 所示，是将原图

在 $a$ 到 $b$ 之间的灰度值拉伸到 $c$ 到 $d$ 之间。

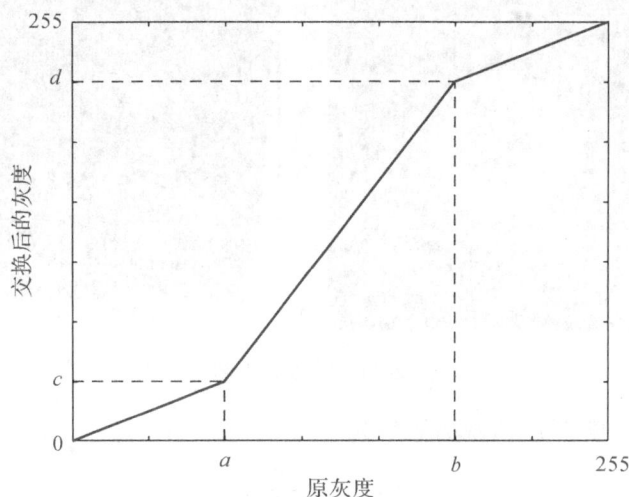

图 2-13　灰度拉伸变换函数

图 2-13 中,灰度拉伸的变换函数的表达式为

$$f(x)=\begin{cases} \dfrac{c}{a}x, & 0\leqslant x<a, \\[2mm] \dfrac{d-c}{b-a}(x-a)+c, & a\leqslant x<b, \\[2mm] \dfrac{255-d}{255-b}(x-b)+d, & x\geqslant b. \end{cases} \qquad (2.18)$$

如果一幅图像的灰度集中在较暗的区域而导致图像偏暗,可以用灰度拉伸功能来拉伸(斜率＞1)物体灰度区间以改善图像;同样地,如果图像灰度集中在较亮的区域而导致图像偏亮,也可以用灰度拉伸功能来压缩(斜率＜1)物体灰度区间以改善图像质量。图 2-14 为原始干涉图及其灰度直方图。如图 2-15 和图 2-16 所示,分别是对图 2-14 整体(即 $a=0,b=255$)做斜率大于 1 和斜率小于 1 的灰度拉伸。

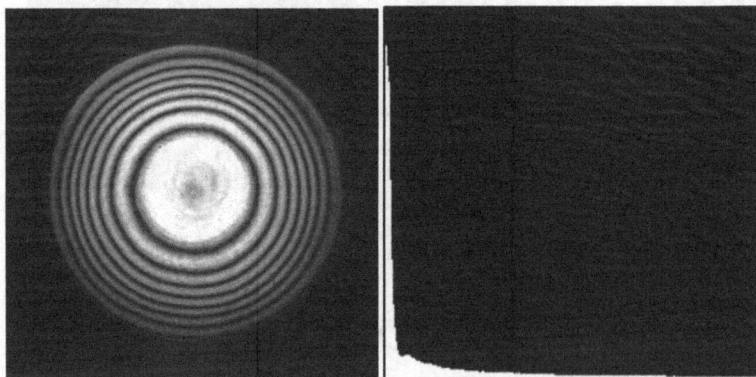

图 2-14　原始干涉图及其灰度直方图

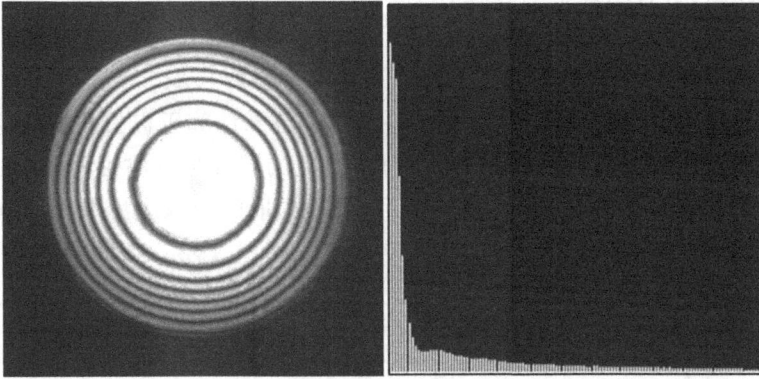

图 2-15　斜率大于 1 的灰度拉伸效果

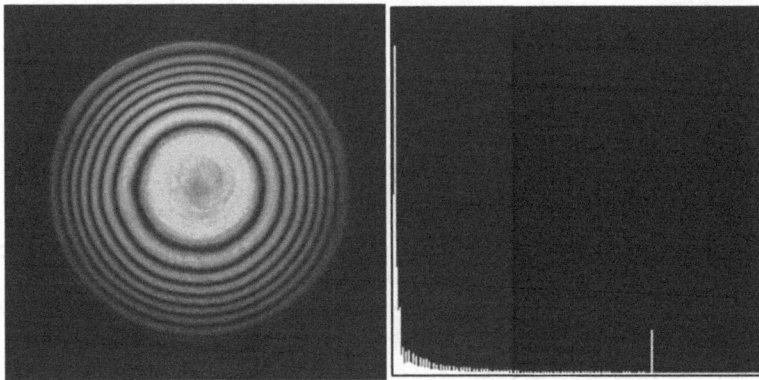

图 2-16　斜率小于 1 的灰度拉伸效果

## 2.2.4　干涉孔径提取

在得到条纹对比度高的优质干涉图后,需要对干涉图进行孔径提取,将干涉条纹以外的无关信息排除,避免影响后续解调等操作。如图 2-17 所示为一张常见的直接从实验系

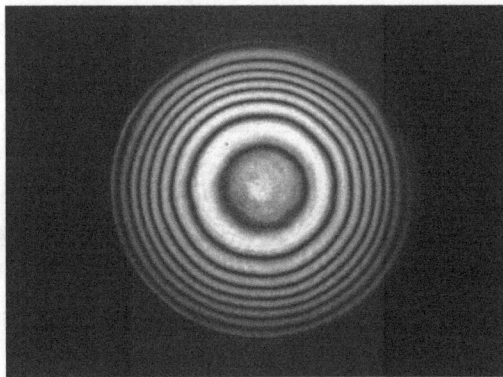

图 2-17　采集原始干涉图

统采集到的干涉图,只有图像中间区域有干涉条纹的部分才是有效区域,其他区域均是我们所不需要的区域。将此无效区域排除,还可以减少后续解调过程中无效区域造成的影响。因此,准确、自动化的干涉图像孔径处理是非常重要的一步。

干涉图的孔径确定流程如图 2-18 所示。首先,需要计算干涉图的调制度,根据调制度选择阈值分割,得到二值化的图像;其次,对二值化的图像进行腐蚀、膨胀处理;再次,利用 Canny 算子等边缘提取算法提取边缘;最后,根据提取的边缘应用最小二乘法等进行拟合,从而确定干涉图的孔径。

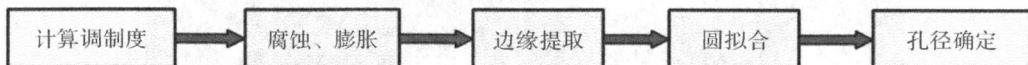

$$\boxed{\text{计算调制度}} \rightarrow \boxed{\text{腐蚀、膨胀}} \rightarrow \boxed{\text{边缘提取}} \rightarrow \boxed{\text{圆拟合}} \rightarrow \boxed{\text{孔径确定}}$$

图 2-18 孔径确定的基本流程

下面将对各流程的原理和方法进行介绍,首先为调制度的计算。

**1. 干涉图调制度计算**

设参考面与待测面的波前分别为

$$E_1 = a(x,y)\exp(2ikl), \tag{2.19}$$

$$E_2 = b(x,y)\exp[2ikE(x,y)], \tag{2.20}$$

式中,$a(x,y)$ 与 $b(x,y)$ 分别为参考光和检测光的波前振幅;$k=2\pi/\lambda$ 为波矢量;$l$ 表示自分光棱镜到参考面的距离;$E(x,y)$ 为待测表面的光程分布。于是可以得到干涉条纹的分布为

$$I(x,y,l) = (E_1+E_2)(E_1+E_2)^*$$
$$= a(x,y)^2 + b(x,y)^2 + 2a(x,y)b(x,y)\cos 2k[E(x,y)-l]. \tag{2.21}$$

设检测波与参考波的相位差为 $\varphi(x,y) = 2k[E(x,y)-l]$,于是有

$$I(x,y,l) = a(x,y)^2 + b(x,y)^2 + 2a(x,y)b(x,y)\cos[\varphi(x,y)]. \tag{2.22}$$

以最常使用的四步移相为例继续深入。由于实验一的第 1.3 节已经给出过四步移相的详细推导,故此处不再赘述,直接给出结果。两波前的相位差为

$$\varphi(x,y) = \arctan\frac{I_4(x,y)-I_2(x,y)}{I_1(x,y)-I_3(x,y)}, \tag{2.23}$$

式中,$I_1$、$I_2$、$I_3$、$I_4$ 分别为干涉图移相 $0$、$\pi/2$、$\pi$、$3\pi/2$ 时的干涉图。得到了各像素点上的相位后,代入式(2.22)并联合其他移相后的方程一起,即可方便地求得各像素处的 $a$ 和 $b$。而干涉图的调制度定义为

$$M = \frac{2ab}{(a+b)^2}. \tag{2.24}$$

在利用移相法采集到干涉图后,可以根据干涉图计算得到相应的 $a$ 和 $b$,并通过以上公式计算出干涉图上每一点的调制度。通过对干涉图调制度的计算,从而可以较方便、自动化地提取出孔径。

对于待处理的干涉图而言,包含图像信息越多的区域,其对应调制度越大。于是在通过调制度来判断干涉孔径时,视调制度大于某一个阈值(一般为 0.1~0.2)的点为有效孔径内的点。如图 2-19 所示为选择阈值 0.1 后调制度二值化之后的结果。可见,此时已经

可以较明显地看出干涉条纹区域的轮廓。

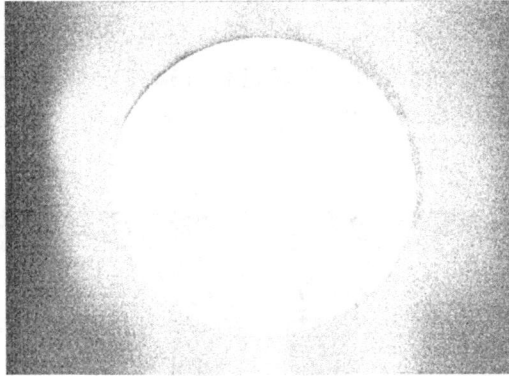

图 2-19　二值化后的调制度图像

**2. 腐蚀、膨胀**

对调制度图像完成二值化后，可以进行腐蚀和膨胀操作，来实现图像的进一步去噪。对于一张待处理的图像 A，选取结构元素 B，选择结构元素上的中心点为参考点，移动结构元素，在待处理的图像上进行扫描，将结构元素上的点与待处理的图像进行"与操作"。对于腐蚀操作，如果结果全为 1，则待处理的图像上对应参考点的像素值为 1，否则为 0。对于膨胀操作，如果结果全为 0，则该像素值为 0，否则为 1。具体的处理效果如图 2-20 所示。

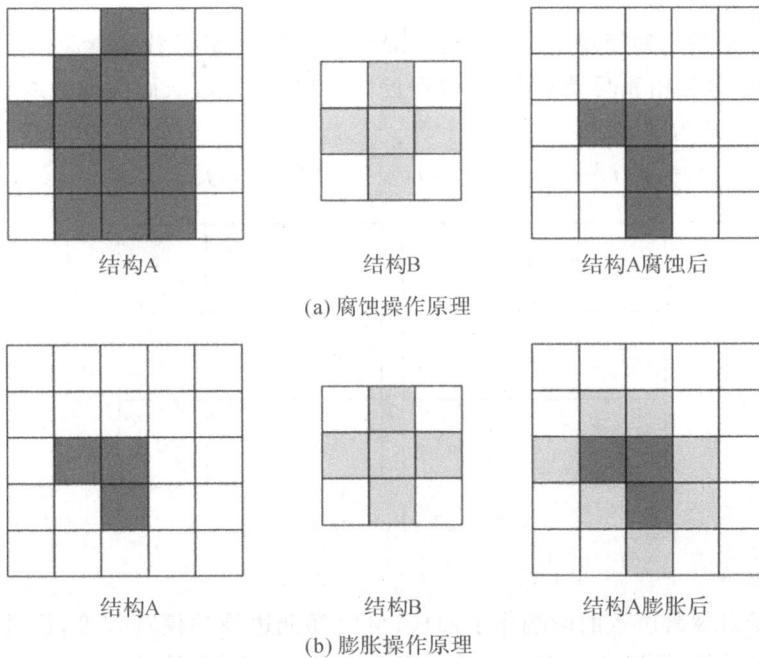

结构A　　　　　　结构B　　　　　结构A腐蚀后

(a) 腐蚀操作原理

结构A　　　　　　结构B　　　　　结构A膨胀后

(b) 膨胀操作原理

图 2-20　腐蚀和膨胀操作

如果对图像先进行腐蚀操作,再进行膨胀操作,称为开操作。开操作具有消除细小物体,在纤细处分离物体和平滑较大边界的作用。如果先进行膨胀操作,再进行腐蚀操作,则称为闭操作。闭操作具有填充物体内细小空洞,连接邻近物体和平滑边界的作用。本实验中,需要对二值化的调制度图像进行开操作。如图 2-21 所示为对二值化后的调制度图像分别进行腐蚀和膨胀之后的结果。可见,相比图 2-19,干涉图的孔径轮廓更为鲜明。

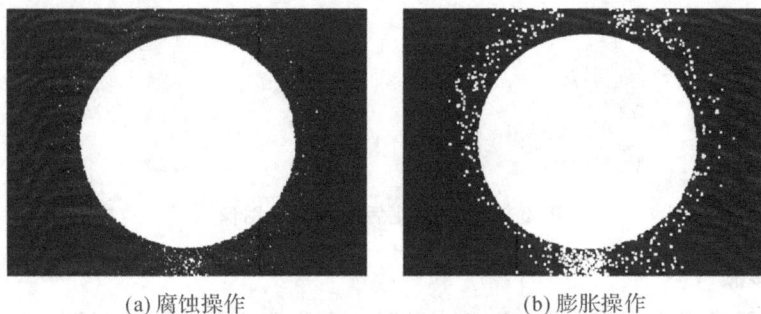

(a) 腐蚀操作　　　　　　　　　　(b) 膨胀操作

图 2-21　对二值化后的调制度图像进行腐蚀和膨胀

### 3. 边缘提取

干涉图经腐蚀、膨胀操作后,孔径已经较为鲜明,此时应用边缘提取算法,即可以得到准确的孔径边缘。本部分通过介绍几种常见边缘提取算子来阐述边缘提取的原理和方法。

1)Roberts 算子

Roberts 算子是一种简单的算子,利用局部差分算子来寻找边缘。具体地,Roberts 算子沿对角线方向对相邻两像素作差,得到近似的梯度图像,从而实现边缘检测,如图 2-22 所示。其表达式为

$$g(i,j) = |f(i+1,j+1) - f(i,j)| + |f(i+1,j) - f(i,j+1)|. \quad (2.25)$$

| 0 | 0 | 0 | | 0 | 0 | 0 |
|---|---|---|---|---|---|---|
| 0 | 1 | 0 | | 0 | 0 | 1 |
| 0 | 0 | −1 | | 0 | −1 | 0 |

图 2-22　Roberts 算子

2)Sobel 算子

Sobel 算子对像素位置的影响作了加权,可以降低边缘的模糊程度,因此效果较为理想。该算子认为不同位置的像素对当前像素产生的影响不是等价的,因此设定不同的权值。一般来说,距离越大,权值越小。该算子包含两组 3×3 的矩阵,将之与图像作平面卷积,即可分别得出横向灰度差分 $d_x$ 和纵向灰度差分 $d_y$ 的近似值,从而找出两个方向的边

缘。如图 2-23 所示为横向灰度差分算子和纵向灰度差分算子。最终某点的计算结果为两方向的方和根

$$g(i,j) = [d_x^2(i,j) + d_y^2(i,j)]^{\frac{1}{2}}. \tag{2.26}$$

| | | | | | |
|---|---|---|---|---|---|
| −1 | 0 | 1 | −1 | −2 | −1 |
| −2 | 0 | 2 | 0 | 0 | 0 |
| −1 | 0 | 1 | 1 | 2 | 1 |

图 2-23　Sobel 算子

如果 $g(i,j)$ 大于某一阈值,则认为该点为边缘点。当对边缘精度要求不太高时,Sobel 算子是一种比较常见的检测方法。

3)Prewitt 算子

Prewitt 算子与 Sobel 算子类似,沿横向和纵向两个方向作差分,并计算两个方向的方和根作为总的权重,图 2-24 所示为 Prewitt 算子的表达式。和 Sobel 算子相比,Prewitt 算子有一定的抗干扰性,图像效果比较干净。但与此同时,它产生的梯度计算相对粗糙,对于图像中的高频部分不敏感。

| | | | | | |
|---|---|---|---|---|---|
| −1 | 0 | 1 | −1 | −1 | −1 |
| −1 | 0 | 1 | 0 | 0 | 0 |
| −1 | 0 | 1 | 1 | 1 | 1 |

图 2-24　Prewitt 算子

4)Canny 边缘检测算子

Canny 边缘检测算子是一种多级边缘检测算法,具体可以分为以下 4 个步骤。

(1)应用高斯滤波来平滑图像,去除噪声。高斯滤波已在本小节第一部分介绍。

(2)利用一阶偏导数的有限差分来计算梯度的幅值和方向。有限差分是一种微分方程数值方法,利用有限差分法可以近似计算导数,从而寻求微分方程的近似解。此时求得的梯度区域较宽、边缘较粗。

(3)对步骤(2)中得到的梯度幅值应用非极大抑制技术。由于在上一步骤中得到的梯度区域较宽,我们希望能在局部区域内选出值最大的,因此利用非极大抑制技术。即沿法线方向判断梯度大小,将局部区域内的最大值保留、非最大值抑制(设为 0),这样就能将边缘定位在 1~2 像素宽。

(4)应用双阈值法检测和连接边缘,得到图像的边缘。在上一步提取出的边缘中,可

能有的区域亮度梯度大,有的区域又很低。较高的亮度梯度较有可能是边缘,但是无法确定边缘亮度梯度的下限,应用双阈值法可以解决这个问题。我们从一个较大的阈值开始,这需要标识出我们比较确信的真实边缘,使用前面导出的方向信息,从这些真正的边缘开始在图像中跟踪整个边缘。假设图像中的重要边缘都是连续的曲线,这样我们就可以跟踪给定曲线中的模糊部分,并且避免将没有组成曲线的噪声像素当成边缘。在跟踪的时候,使用一个较小的阈值,这样就可以跟踪曲线的模糊部分直到我们回到起点。

Canny 边缘检测是目前极为常用的边缘检测算子,本实验中进行边缘检测时使用的正是 Canny 算子。图 2-25 所示即为对于图 2-21 进行边缘检测的结果。

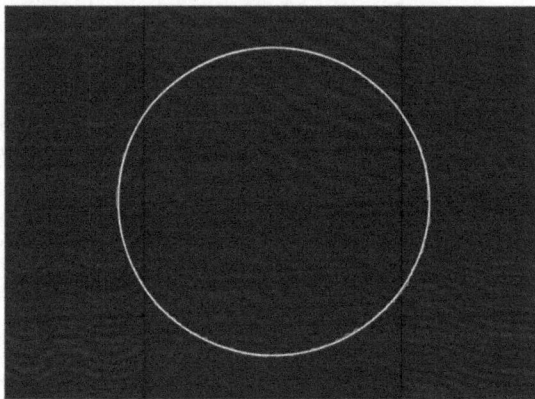

图 2-25　边缘提取

## 2.2.5　最小二乘拟合圆

在提取出的边缘的基础上进行最小二乘拟合,从而得到最终的孔径。设圆的方程为

$$x^2 + y^2 + ax + by + c = 0. \tag{2.27}$$

设边缘上某点 $(x_i, y_i)$ 到圆心的距离为 $d_i$,则有

$$d_i = \sqrt{\left(x_i + \frac{a}{2}\right)^2 + \left(y_i + \frac{b}{2}\right)^2}, \tag{2.28}$$

选择全部数据点 $d_i^2 - R_i^2$ 之和作为指标衡量拟合效果的好坏,即

$$Q(a,b,c) = \sum_{(x_i,y_i)} (d_i^2 - R_i^2)^2 = \sum_{(x_i,y_i)} \left[(x_i^2 + y_i^2 + ax_i + by_i + c)\right]^2. \tag{2.29}$$

$Q(a,b,c)$ 分别对 $a,b,c$ 求微分,找到极值点

$$\begin{cases} \dfrac{\partial Q}{\partial a} = \sum 2(x_i^2 + y_i^2 + ax_i + by_i + c)x_i = 0, \\[2mm] \dfrac{\partial Q}{\partial b} = \sum 2(x_i^2 + y_i^2 + ax_i + by_i + c)y_i = 0, \\[2mm] \dfrac{\partial Q}{\partial c} = \sum 2(x_i^2 + y_i^2 + ax_i + by_i + c) = 0. \end{cases} \tag{2.30}$$

进行整理即可得出拟合出的圆心坐标以及半径大小,具体的数学求解过程这里不再列出。图 2-26 所示即为对图 2-25 进行最小二乘法孔径圆拟合,并去除孔径外信息的结果。

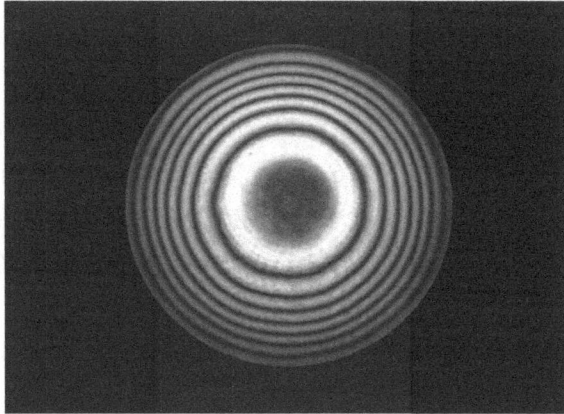

图 2-26　去除孔径外信息的干涉图

## 2.3　系统误差标定

一般来说，影响干涉仪精度的主要因素有：

（1）随机误差，主要包括环境振动、空气扰动等；

（2）硬件误差，主要包括准直扩束激光质量误差、移相误差、各光学元件本身质量误差等；

（3）算法误差，主要包括干涉条纹分析误差、图像处理误差等；

（4）调整误差，主要包括各器件，特别是待测件的调整误差等。

其中，环境振动、空气扰动等随机误差在一般情况下可通过保持干涉仪外界环境稳定以及准确的操作来尽可能减小。硬件误差随着硬件设备的发展也越来越小，而算法误差可以由算法的优化尽可能地降低。调整误差可以通过细致认真及符合规范的操作尽量降低，但却是无法避免的。

由于干涉仪测量光学面形是相对测量，即待测件相对于标准参考面的面形差，所以面形的精度依赖于参考面的精度。除此之外，干涉仪本身也会存在一定的波像差。参考面及干涉仪本身两者带来的误差合起来，统称为干涉仪的系统误差，一般包含硬件和调整误差。当测量精度要求在 $\lambda/20$ 以上时，必须消除干涉仪的系统误差。于是，也就有了所谓"绝对检测"的概念，即在测量结果中去除干涉仪系统误差的影响，来获得测试面的绝对面形。为了提高干涉仪的检测精度，对干涉仪进行系统误差标定的重要性不言而喻。当进行系统误差标定时，以平面镜检测为例，仅需要平面绝对检测即可实现系统误差标定。而如果想要检测不同面形，只需要改检测路，在平面镜检测系统误差的基础上拓展。因此，在本实验中，我们仅以平面镜检测为例，来讲解干涉检测系统误差标定方法。主要将介绍液面平晶法、三面互检法、伪剪切干涉法、旋转法等。这些方法有的标定系统误差，有的则直接求解待测面的绝对面形，从而继续求得系统误差。然而，从最终的结果上讲，这些方法都可以为干涉系统标定出系统误差。

在介绍各类系统误差标定方法前,首先介绍系统误差标定的基本思想。干涉系统测量得到的波前结果可表示为

$$W = T + S, \tag{2.31}$$

式中,$T$ 为干涉系统中的系统误差函数;$S$ 为所需的待测面的面形函数。一般认为,在除待测镜以外的其他器件保持不变的情况下,干涉系统的系统误差将保持恒定。若我们已知待测面的面形信息,即已知 $S$,通过干涉系统测得 $W$,就能获取该系统的系统误差,即

$$T = W - S. \tag{2.32}$$

特别地,当待测镜为标准平面镜时,$S = 0$,此时干涉系统测得的波前即可看作系统误差,即

$$T = W. \tag{2.33}$$

利用标准平面镜对干涉系统进行标定,当系统无误差时,测试将获得一个准确的平面。如果有固定的系统误差,测试结果将反映这种误差,将其标定为系统误差后,在换上待测件测试时将其作为一个修正量从测试结果中自动扣除,以提升最终的检测结果精度,即

$$S = W - T. \tag{2.34}$$

对于液面平晶法、旋转法、直接标定法等,我们可以直接求得系统误差 $T$,而对于三面互检法、伪剪切法等,则在求得了待测面绝对面形 $S$ 后,才由式(2.34)求得系统误差 $T$。下面介绍几种标定系统误差的方法。

## 2.3.1 液面平晶法

早在 1893 年,L. Rayleigh 就提出了将液体平晶作为干涉测量的平面标准,来代替参考平面。若把该平晶当作绝对平面置于检测臂测量,测出的结果即为系统误差。由于液体平晶面趋近于数学上的理想平面,故测量精度很高。液体在地球引力作用下其表面张力将液面伸展成为与地球曲率半径一致的球面,即液面驰垂度 $h$ 为

$$h = R - \sqrt{R^2 - r^2} = \frac{r^2}{2R}, \tag{2.35}$$

式中,$r$ 为液面的半径;$R$ 为地球的半径。若取地球半径为 6400km,实际使用液面口径为 350mm,则在使用 He-Ne 激光波长($\lambda = 632.8$nm)的情况下,液面中心与口径半径 300mm 圆周的高度差值为 $h = \lambda/340$。

对于利用计算机的液面干涉检验来说,$h$ 是一个已知的固定系统误差,可以在测试过程中消除。实际因地球引力不均匀变化带来的误差将远小于其他因素的误差。不同直径大小的液面的驰垂度如表 2-1 所示。

表 2-1　不同直径大小液面驰垂度

| $2r$ | 150 | 250 | 300 | 500 | 600 |
|---|---|---|---|---|---|
| 驰垂度 | $\lambda/1360$ | $\lambda/518$ | $\lambda/340$ | $\lambda/129$ | $\lambda/85$ |

从表 2-1 中可以看到,当液体直径为 500mm 时,液面的平面度仅仅只偏差 $\lambda/129$。因此,液面被认为是检测平面的绝对标准,即可近似为"绝对平面"。但这只是理论上的估算,实际操作中外界的振动、尘粒、毛细力、蒸汽、温度变化、静电荷、磁场以及液体本身的物理和化学性质等都会对液面平面度造成影响。

此外,对于液体材料的选择和液面的制备也是一项较为复杂的工作。为了使液体的曲率半径大、平面度高,要求液体的表面张力较小;为了使干涉系统的条纹对比度好,必须考虑到液体的反射率;为了防止轻微振动影响液体,需要液体具有适中的黏性,但黏性过大将使液体稳定到稳态的时间过长,不便于实验测试;还要注意液体无色无味、无毒、不易挥发、无腐蚀性并且容易清洁。液面的制备也必须考虑到多方面因素,这里不多作介绍。

液面是用于测量系统误差的理想标准平面,但由于其受外界环境的干扰较大,对实验环境有着极为苛刻的要求,并且在卧式干涉仪中难以应用,这些都是限制其广泛应用的主要原因。

## 2.3.2 三面互检法

在 1967 年前后由 G. Schulz 和 J. Schwider 等人提出了传统的三面互检法,该方法取消了绝对标准平面的概念,且对参考平面的表面面形精度要求较低。去掉干涉仪参考路的平面后,使三个平面(分别为 $K$、$L$ 和 $M$)两两组合发生菲佐干涉,如图 2-27 所示。

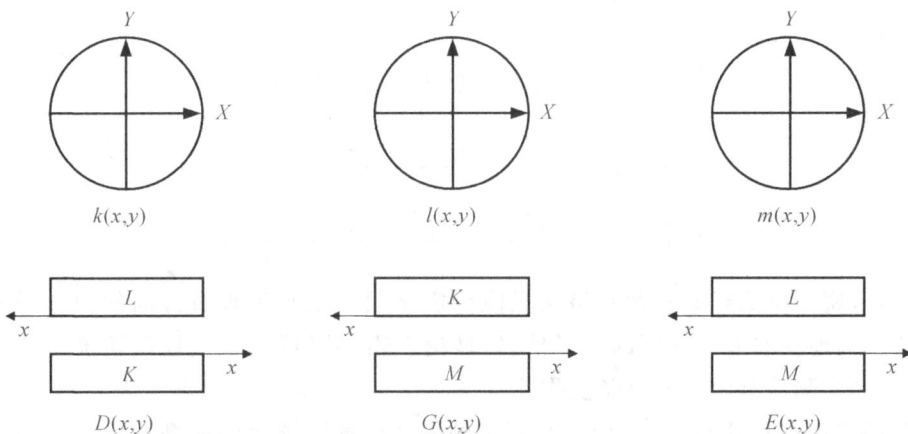

图 2-27 三面互检法

观察图 2-27 可知,在实际测量时,每次插入的两块平板含有四个面,但是我们只对其中两个表面发生的干涉感兴趣。为了防止离干涉系统最近和最远的两个面对干涉产生干扰,可以使用有一定楔角的平板,从而使得平板前后表面反射回的波面可以分开,不会发生我们不期望的干涉来影响测量结果。如果平板的平行度较好,则可在最靠近干涉系统的表面镀增透膜,在最远离干涉系统的表面涂凡士林等。这样,可以最大限度地减少杂光干涉的影响,从而提高测量的精度。

在三块平板中，若分别以 $k(x,y)$、$l(x,y)$ 和 $m(x,y)$ 表示三块平面的绝对面形误差函数，以 $D(x,y)$、$E(x,y)$ 和 $G(x,y)$ 表示三次相对检测所得的波前误差函数，则有

$$\begin{cases} l(-x,y)+k(x,y)=D(x,y), \\ l(-x,y)+m(x,y)=E(x,y), \\ k(-x,y)+m(x,y)=G(x,y), \end{cases} \tag{2.36}$$

式中，$l(-x,y)$、$k(-x,y)$ 分别是待测平面 $L$、$K$ 的翻转；$D(x,y)$、$E(x,y)$ 和 $G(x,y)$ 可以从干涉图中直接判别出来。由于式中存在 4 个未知数却只有三个关系式，无法求出唯一解。故对于绝对检测而言，利用传统三面互检法无法通过每个检测像素点求出光学平面的整体面形误差。但可先求出 $y$ 轴（$x=0$）方向上的面形误差，即在 $y$ 轴方向上只剩下三个未知量 $k(0,y)$、$l(0,y)$ 和 $m(0,y)$，这就存在着一个直接解，由公式

$$\begin{cases} l(0,y)=\dfrac{D(0,y)+E(0,y)-G(0,y)}{2}, \\[2mm] m(0,y)=\dfrac{-D(0,y)+E(0,y)+G(0,y)}{2}, \\[2mm] k(0,y)=\dfrac{D(0,y)-E(0,y)+G(0,y)}{2}, \end{cases} \tag{2.37}$$

即可求得待测平面 $K$、$L$ 和 $M$ 在 $y$ 轴方向上的面形偏差。

在三次相对检测的基础上，将 $K$ 以几何中心旋转 $180°$，与 $L$ 干涉得到 $F$ 为

$$k(-x,-y)+l(-x,y)=F(x,y). \tag{2.38}$$

同理，令 $y=0$，由 $E(x,y)$、$F(x,y)$、$G(x,y)$ 可求得一组唯一解，即待测平面 $K$、$L$ 和 $M$ 在 $x$ 轴方向上的面形偏差为

$$\begin{cases} l(x,0)=\dfrac{D(x,0)+F(x,0)-G(x,0)}{2}, \\[2mm] m(x,0)=\dfrac{D(x,0)-F(x,0)+G(x,0)}{2}, \\[2mm] k(x,0)=\dfrac{-D(x,0)+F(x,0)+G(x,0)}{2}. \end{cases} \tag{2.39}$$

由此表明，采用简单的经典三面互检法只能确定平面沿水平和垂直方向的面形误差。为了尽可能全面地获取光学平面的面形信息，理论上需要尽可能多次地旋转该光学平面并进行检测，在实际检测中并不具备操作性。

在使用三面互检法检测的过程中，列出的各式中的波前误差函数只由三面的面形误差决定，而没有考虑干涉仪系统本身的波像差。然而，由于测试时移除了参考面，使用共路式的菲佐干涉，且共路式的结构可以大幅抵消干涉仪自身存在的系统误差。因此，在三面互检的过程中不考虑干涉仪系统本身引起的波像差，所测得的三面面形误差不包含干涉仪系统误差的成分。待三面的绝对面形测完，可以将干涉仪的参考路再装回，使用三面中的任意一面作为检测面进行干涉测试。此时测得的结果包含系统误差以及检测面的面形误差，将三面互检法得到的检测面的绝对面形误差从上述结果中减去，即可得到干涉仪系统误差。

虽然三面互检法只能检测一条线上的面形误差，但其无基准面的光学平面检测思

路为后续的很多方法奠定了基础。1984 年,B. S. Fritz 提出了基于多项式拟合的三面互检法。利用 Zernike 多项式特性将平面的面形误差分解为某些正交基函数,然后采用最小二乘法将这些基函数拟合成被检平面的绝对面形。1992 年,C. Ai 和 J. C. Wyant 在传统三面互检法的基础上又提出了奇偶函数法。该方法对同一待测光学平面分别进行 45°、90°和 180°三次旋转测量,将每一个相对检测结果按照函数的奇偶特性分为奇偶项、偶奇项、奇奇项、偶偶项,并将奇奇项通过 Fourier 级数进行计算分析,最后由六次检测的相关数据分类反推出三个光学平面的绝对面形。

三面互检法打破了传统的绝对标准平面的概念,但其数学公式是在理想情况下得出的,作为平面检验基准仍存在一些不足。一般来讲,三面互检法需要三个面形精度近似、口径一样的高精度平面。且由于在测试中需对三个平面进行互换和旋转,操作较为麻烦,因此测试波面的空间一致性也不易保证。

## 2.3.3　伪剪切干涉法

1984 年 P. B. Keenan 提出了一种伪剪切干涉计量测试技术,实现对待测平面的绝对测量。这种测量方法简单,测量方程的数学表达简洁,同时可以测量出干涉仪的系统误差。测量中将待测面沿 $x$ 轴以及 $y$ 轴方向移动,起到一种近似于剪切的效果,但是又不同于真正的剪切法是利用两个相错位的波面直接干涉,因此被称为伪剪切干涉法。

伪剪切法与上述三面互检法不同,不将参考平面卸下。将待测平面记为 $B$,与参考平面 $A$ 发生干涉后,得到 $W_2(x,y)$,如图 2-28 所示;其中,$W_B(x,y)$ 为待测面返回的波面,$W_A(x,y)$ 为包含了参考面面形以及干涉仪的波像差的波面。将待测平面 $B$ 分别向 $x$ 轴、$y$ 轴方向移动小段距离 $\Delta x$、$\Delta y$,使得与待测面原本所在的位置产生部分剪切,依然与参考面发生干涉,测得的结果分别为 $W_1(x,y)$ 与 $W_3(x,y)$,于是有

$$\begin{cases} W_1(x,y)=W_A(x,y)+W_B(x+\Delta x,y), \\ W_2(x,y)=W_A(x,y)+W_B(x,y), \\ W_3(x,y)=W_A(x,y)+W_B(x,y+\Delta y). \end{cases} \tag{2.40}$$

为了实现伪剪切,将移动后测得的 $W_1(x,y)$、$W_3(x,y)$ 分别与 $W_2(x,y)$ 相减,则有

$$\begin{cases} W_B(x+\Delta x,y)-W_B(x,y)=W_1(x,y)-W_2(x,y), \\ W_B(x,y+\Delta y)-W_B(x,y)=W_3(x,y)-W_2(x,y). \end{cases} \tag{2.41}$$

当剪切量很小时,同时考虑到 CCD 所采集到的波面的离散形式,上式可改写为

$$\begin{cases} \mathrm{d}W_y(i,j)=W_1(i,j)-W_2(i,j)=W_B(i,j+1)-W_B(i,j), \\ \mathrm{d}W_x(i,j)=W_3(i,j)-W_2(i,j)=W_B(i+1,j)-W_B(i,j). \end{cases} \tag{2.42}$$

进而可以由 $\mathrm{d}W_x(i,j)$ 和 $\mathrm{d}W_y(i,j)$ 计算得到被检平面 $W_B(i,j)$ 各点的相位值。原始波面必须通过累加求和才可以得到,原则上可以取任意一点为起始点,但为了减小误差累积,一般以待测平面中间一点为参考点。设采样的像素为 $2N\times 2N$,令 $W_B(N,N)=0$,则可由式(2.43)计算得到 $x$ 轴上的各点相位,然后由式(2.44)计算得到每一列上的各

点相位。即

$$\begin{cases} W_B(i,N) = \displaystyle\sum_{i_1=N}^{i-1} \mathrm{d}W_x(i_1,N) + W_A(N,N), & i > N, \\[3mm] W_B(i,N) = -\displaystyle\sum_{i_1=i}^{N-1} \mathrm{d}W_y(i_1,N) + W_A(N,N), & i < N, \end{cases} \tag{2.43}$$

$$\begin{cases} W_B(i,j) = \displaystyle\sum_{j_1=N}^{j-1} \mathrm{d}W_x(i,j_1) + W_A(i,N), & j > N, \\[3mm] W_B(i,j) = -\displaystyle\sum_{j_1=N}^{j-1} \mathrm{d}W_y(i,j_1) + W_A(i,N), & j < N. \end{cases} \tag{2.44}$$

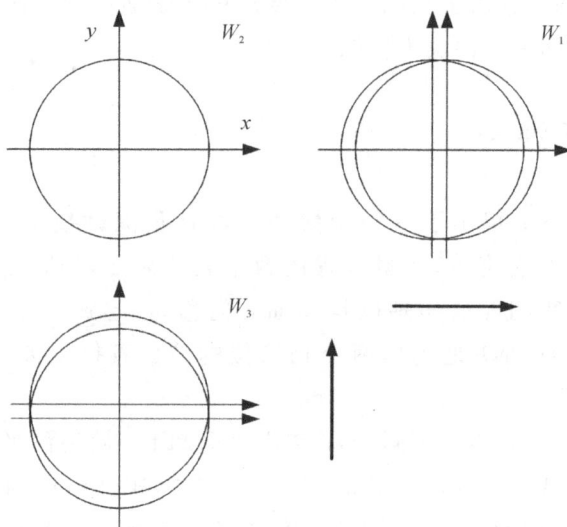

图 2-28  平面移动方向

在没有误差的情况下,先计算 $x$ 方向和先计算 $y$ 方向的结果是等价的。但在实际测试中,考虑到误差的累积,两个方向的计算将得到不同的测试结果。因此,一般将两个方向的计算结果取平均。

伪剪切干涉法无须任何附加平面就可以测定光学平面的绝对质量,进而测量出干涉仪的系统误差,但其最大的难点在于需要在像素量级上移动待测平面。

## 2.3.4  旋转法

旋转法最早在 1978 年由 R. E. Parks 提出。需要将待测面进行旋转测量,根据求解原理可基本分为单次旋转法和旋转平分法。这两种方法又引申出很多其他的算法,如多组独立旋转平分法、任意角度多次旋转法等。对最基本的单次旋转法和旋转平分法进行介绍。

### 1. 单次旋转法

单次旋转法将待测镜绕光轴旋转一定角度后进行测量,设旋转的角度为 $\theta_0$,旋转前后

的测量结果分别为

$$W_1 = T + S(\theta), \tag{2.45}$$

$$W_2 = T + S(\theta + \theta_0). \tag{2.46}$$

式中，$T$ 为干涉仪系统误差函数，$S$ 为待测件的面形函数，$W$ 为干涉仪的检测结果。任何波前都可以表示为旋转对称项 $W_s$ 和旋转非对称项 $W_{as}$ 之和，用 Zernike 多项式可分别表示为

$$W_s = \sum_{l,m=0} a_l^m Z_l^m = \sum_{l,m=0} a_l^{m=0} R_l^{m=0}(\rho), \tag{2.47}$$

$$W_{as} = \sum_{l,m=0} a_l^m Z_l^m = \begin{cases} a_l^m R_l^m(\rho)\sin(m\theta), & m \geqslant 0, \\ a_l^m R_l^m(\rho)\cos(m\theta), & m < 0, \end{cases} \tag{2.48}$$

式中，$l$、$m$ 分别为 Zernike 多项式的径向因子和角向因子，$a$ 为 Zernike 多项式对应的系数，旋转对称项只与径坐标有关，与角度无关，故而由角向因子 $m=0$ 的 Zernike 多项式组成。

将两次测量结果作差，待测面的旋转对称项被抵消掉（待测面为平面时，一般没有此项），即得到

$$\Delta W(\rho,\theta) = S(\rho,\theta+\theta_0) - S(\rho,\theta) = S_{as}(\rho,\theta+\theta_0) - S_{as}(\rho,\theta). \tag{2.49}$$

将其用 Zernike 多项式展开，则有

$$\begin{cases} \Delta W = \sum_{k,l} R_l^m(\rho)(x_l^m \cos m\theta + x_l^{-m}\sin m\theta), \\ S_{as}(\theta) = \sum_{k,l} R_l^m(\rho)(a_l^m \cos m\theta + a_l^{-m}\sin m\theta), \\ S_{as}(\theta+\theta_0) = \sum_{k,l} R_l^m(\rho)[a_l^m \cos m(\theta+\theta_0) + a_l^{-m}\sin m(\theta+\theta_0)], \end{cases} \tag{2.50}$$

式中，$a_l^{\pm m}$、$x_l^{\pm m}$ 分别为差值面形函数 $\Delta W$ 和待测面面形函数 $S$ 的一对 Zernike 系数。对等式同类项进行合并运算，可得到

$$\begin{aligned} \Delta W &= \sum_{k,l} R_l^m(\rho)[x_l^m \cos m\theta + x_l^{-m}\sin m\theta] \\ &= S_{as}(\theta+\theta_0) - S_{as}(\theta) \\ &= \sum_{k,l} R_l^m(\rho)\{[a_l^m(\cos m\theta_0 - 1) + a_l^{-m}\sin m\theta_0]\cos m\theta + \\ &\quad [a_l^m(-\sin m\theta_0) + a_l^{-m}(\cos m\theta_0 - 1)]\sin m\theta\}, \end{aligned} \tag{2.51}$$

即可得到差值面形与待测面面形的 Zernike 系数之间的关系

$$\begin{bmatrix} \cos m\theta_0 - 1 & \sin m\theta_0 \\ -\sin m\theta_0 & \cos m\theta_0 - 1 \end{bmatrix} \begin{bmatrix} a_l^m \\ a_l^{-m} \end{bmatrix} = \begin{bmatrix} x_l^m \\ x_l^{-m} \end{bmatrix}. \tag{2.52}$$

在得到差值面形的 Zernike 系数之后，即可由上式求解出待测面的 Zernike 系数，进而拟合得到待测面的面形信息。值得注意的是，当旋转角度满足 $m\theta_0 = 2k\pi$ 时，上式无法求解。若得到面形函数 $S$，即可用干涉仪检测结果 $W$ 相减，进而得到系统误差 $T$。

**2. 旋转平分法**

旋转平分法对待测面面形进行 $N$ 次检测，每次待测件相对于上一次按相同的方向旋转 $\alpha = 2\pi/N$ 角度，$N$ 次旋转的检测结果分别为

$$\begin{cases} W_1 = T + S(\theta), \\ W_2 = T + S(\theta + \alpha), \\ \cdots\cdots\cdots \\ W_N = T + S(\theta + (N-1)\alpha). \end{cases} \tag{2.53}$$

对 $N$ 次检测结果取平均得到

$$\overline{W} = T + S_s + \frac{1}{N}[S_{as}(\theta) + S_{as}(\theta + \alpha) + \cdots + S_{as}(\theta + (N-1)\alpha)]. \tag{2.54}$$

将式中最后一项 $\frac{1}{N}[S_{as}(\theta) + S_{as}(\theta + \alpha) + \cdots + S_{as}(\theta + (N-1)\alpha)]$ 记为 $\overline{S}_{as}$，将其用 Zernike 多项式展开，经过一系列的合并、推导、计算后得到

$$\overline{W} = \frac{W_1 + W_2 + \cdots + W_N}{N}$$

$$= T + S_s + \sum_{k,l} R_l^{kN}(\rho)[a_l^{kN}\cos(kN\theta) + a_l^{-kN}\sin(kN\theta)], \tag{2.55}$$

式中，$m = kN$。可得，待测面平均旋转 $N-1$ 次，对 $N$ 个位置处的检测波面求平均，其结果包含干涉系统的系统误差 $T$、待测面中的旋转对称项 $S_s$，以及 $kN\theta$ 项。由于通常 $N \geqslant 4$，包含 $kN\theta$ 的项为高频分量，所占比例很小，一般可以忽略。当待测面为平面时，其面形误差一般是无规则分布的，因此 $S_s$ 一般忽略不计。所以 $\overline{W}$ 也可表示为干涉系统的系统误差。

单次旋转法是一种相对简洁的去除系统误差的方法，但需要高精度的旋转调节结构，否则将会由于旋转角度调节不准确而引入更大的误差。旋转平分法相较单次旋转法，其计算简单，但误差相对较大，这是多次旋转误差累计造成的。需要注意的是，在计算过程中，它们都无法将定标所用待测件的旋转对称面形误差引入的波前误差从系统误差中分离出来。

## 2.3.5  直接标定法

直接标定法使用一个标准镜放置于待测镜的位置来进行标定。此方法假设使用的标准镜没有任何误差，因此十分依赖于标准镜的加工精度。干涉系统测量得到的波前结果可表示为

$$W = T + S, \tag{2.56}$$

式中，$T$ 为干涉系统中的系统误差函数；$S$ 为所需的待测面的面形偏差函数。由于认为标准镜没有误差，因此 $S$ 为 0。因此，将测得的波前结果移除调整误差（Zernike 前 3 项）后，即可得到系统误差。

因此，当测量 PDIPS 的平面测量系统的系统误差时，在测量路插入标准平面镜，测量所得结果移除调整误差，剩余波前即反映了系统误差。可以将此系统误差记录，在后续的平面镜测量实验中，每次将测量波前减去此系统误差项，即移除了系统误差。

通过仿真来进行演示。如图 2-29(a)、(b)分别为干涉解调解包裹后的波面，以及其移除了调整误差后的波面（去除 Zernike 前 4 项）。此时的 PV 值和 RMS 值分别为 0.37λ 和

$0.055\lambda$。如图 2-29(c)为使用标准平面镜标定的系统误差,使用图 2-29(b)的波面与之相减后,则移除了系统误差,剩余波面为待测平面镜的真正面形,如图 2-29(d)所示。此时的 PV 值和 RMS 值分别为 $0.26\lambda$ 和 $0.042\lambda$。可见,通过移除系统误差,检测质量得到了提升。但是,需要注意的是,直接标定法非常依赖于标准平面镜的精度。在使用时,认为标准平面镜造成的波像差为 0,因此通过标准平面镜测得的波像差即为系统误差。但是,不存在完美的平面,标准平面镜的偏差越大,对于系统标定的影响越大。

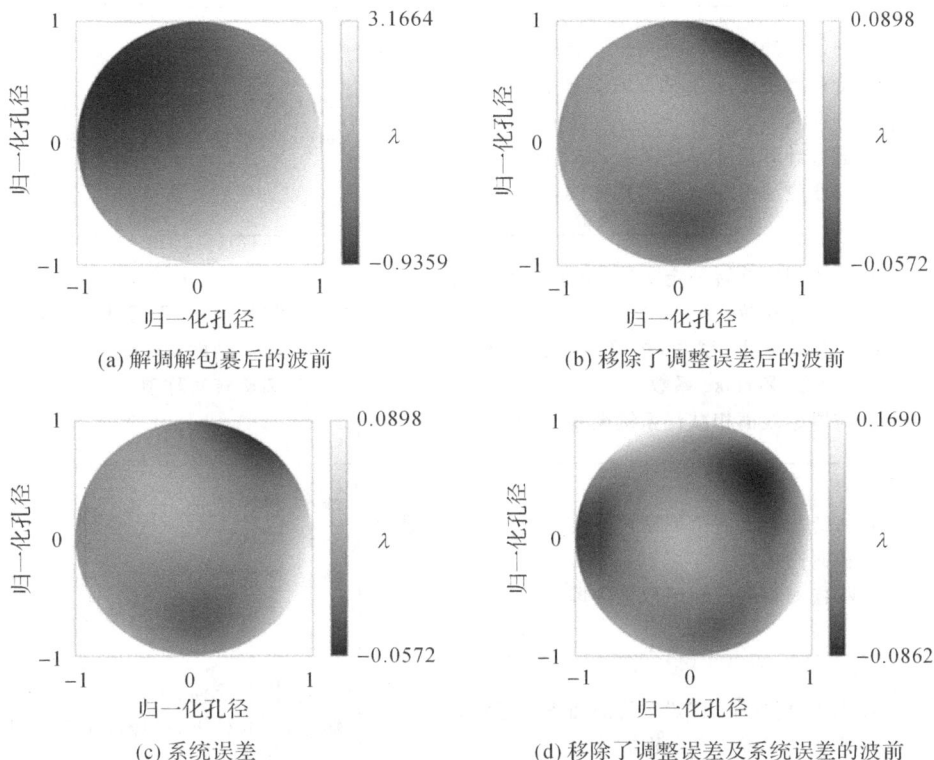

(a) 解调解包裹后的波前

(b) 移除了调整误差后的波前

(c) 系统误差

(d) 移除了调整误差及系统误差的波前

图 2-29　移除系统误差对检测结果的影响

　　总而言之,在众多系统误差测量方法中,直接标定法最为简单。只需一个标准镜,并且不需要旋转、移动等操作,就可以标定出系统误差;但是,它也因此十分依赖标准的精度,在系统误差的去除效果上并不如其他方法。在本次实验中,我们以基础的直接标定法作为示例,来进行系统误差的移除。其他系统误差标定方法以及球面等测量光路的系统误差测量,均可在此基础上进行衍生。对各类去除系统误差的方法汇总见表 2-2。

表 2-2　各类去除系统误差方法汇总

| 方法 | 操作方法 | 特点 |
|---|---|---|
| 液面平晶法 | 1.制作标准液晶平面;<br>2.将液晶平面置于待测面位置;<br>3.检测结果即为系统误差 | 优点:理想的标准平面,精确度高;<br>缺点:无法用于卧式干涉系统,受周围环境的影响大 |

续表

| 方法 | 操作方法 | 特点 |
|------|----------|------|
| 三面互检法 | 1.多次互检三个光学平面;<br>2.算得 $x$ 轴方向上的系统误差;<br>3.将一个平面沿上的几何中心旋转 180°;<br>4.算得 $y$ 轴方向上的系统误差 | 优点:不需标准平面;<br>缺点:操作复杂,需要重复拆卸和旋转平面 |
| 伪剪切法 | 1.测量待测镜在原位时的波前;<br>2.将待测镜在 $x$、$y$ 轴方向上分别移动一个像素,分别测量波前;<br>3.通过计算消除系统误差,恢复原始面形;<br>4.与原位波前相减得到系统误差 | 优点:操作简便,不需其他平面;<br>缺点:需要像素级移动待测面 |
| 单次旋转法 | 1.将待测镜旋转一定角度,分别检测旋转前后的面形并相减;<br>2.拟合 Zernike 系数,按照一定关系恢复实际待测面的 Zernike 系数;<br>3.与原始波面相减得系统误差 | 优点:操作简便,不需其他平面;<br>缺点:需高精度旋转调节结构,无法分离旋转对称项 |
| 旋转平分法 | 1.将待测镜在一个周期内平均旋转 $N$ 次,并保存检测结果;<br>2.将检测得到的结果取平均即为系统误差 | 优点:操作简便,计算简单,不需其他平面;<br>缺点:需高精度旋转调节结构,无法分离旋转对称项,需多次旋转 |
| 直接标定法 | 1.采用"标准平面"置于待测面进行标定;<br>2.检测结果即为系统误差 | 优点:操作简便;<br>缺点:误差较大,受标准平面的精度影响大 |

## 【实验内容及操作步骤】

本实验的操作内容为使用平面镜检测系统来进行对比度调节、干涉图图像处理、系统误差去除等一系列操作来减小干涉检测中的噪声,进而提高干涉检测精度。基本调整步骤及数据处理方法与平面镜检测实验一致,安装和调整平面镜到最佳位置以后,开始进行相关操作。

### 1. 运行操作软件及自准直参考镜

(1)打开 PDIPS 操作软件,依次点击 CCD 控制中的"打开"按钮和 PZT 控制中的"刷新"按钮,选择合适的通信串口后点击"连接",连接成功后指示灯会变为绿色,随后拨动 PZT 开关状态至"已开启"。实验期间根据干涉图亮暗情况设置合适的曝光时间,注意一般不要超过 $500\mu s$,防止损坏 CCD 相机。

(2)因为 PZT 供电后会发生一定的不均匀伸长及旋转,所以需要重新对参考镜进行自准直,保障其垂直于光轴。取下参考路的 $\lambda/4$ 波片,在扩束器前的反射镜上能够观察到参考镜反射回的光斑,微调参考镜处的俯仰旋转台旋钮,使反射镜上的出射光斑与反射光斑重合,参考镜实现自准直。

(3)将 $\lambda/4$ 波片安装回原处,注意使光束完全从其通光孔径中穿过。

**2. 安装标定系统误差用的标准平面镜并调节对比度**

(1)将标准平面镜安装在带有角度调整功能的镜架中,后与支杆、支杆调整架进行组装,并安装在导轨滑块的水平位移台上。

(2)调整标准平面镜的位置,使得光斑全部落在平面镜上。

(3)进一步调整标准平面镜的角度和位置,并且观察电脑显示屏(或者在检偏器后放置光屏接收),使得参考镜返回的光斑以及待测镜反射回的光斑基本重合。

(4)使用镜架上的微调旋钮微调角度,使得光斑完全重合,出现近似零条纹状态干涉图。随后将其调至有数条倾斜直条纹的状态,如图 2-30 所示。

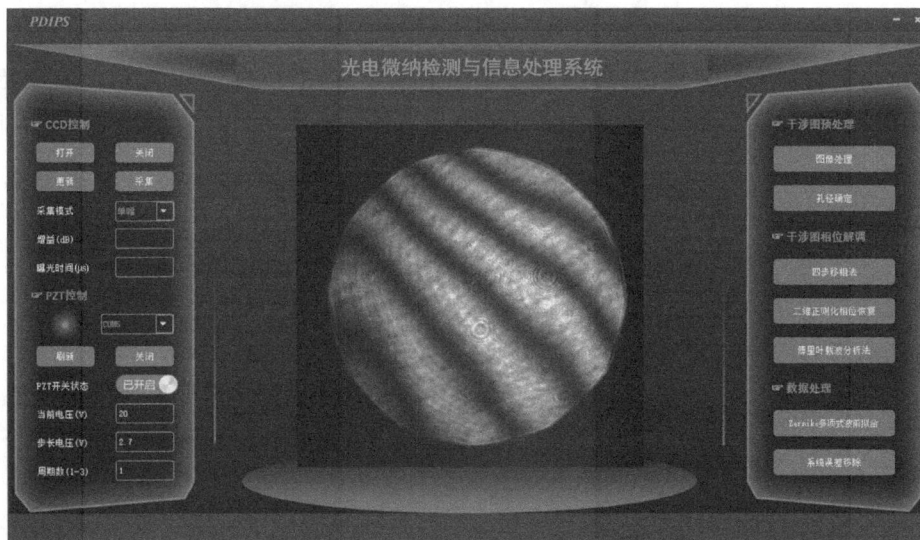

图 2-30　标准平面镜移相干涉图

(5)旋转偏振片,记录不同起偏器与检偏器角度下条纹对比度的变化,分析对比度对于实验结果的影响。

(6)调整得到对比度最好的干涉图,点击采集模式旁的下拉选项栏,将其改为"平面",随后点击"采集"按钮,选择图片保存路径,开始进行移相干涉图的采集。移相过程中请勿调节平面镜。

**3. 原始干涉图灰度处理**

在主窗口中点击"图像处理"按钮进入图像处理窗口,如图 2-31 所示为图像处理模块,右侧操作栏包括"灰度处理""噪声添加""图像平滑"等功能。

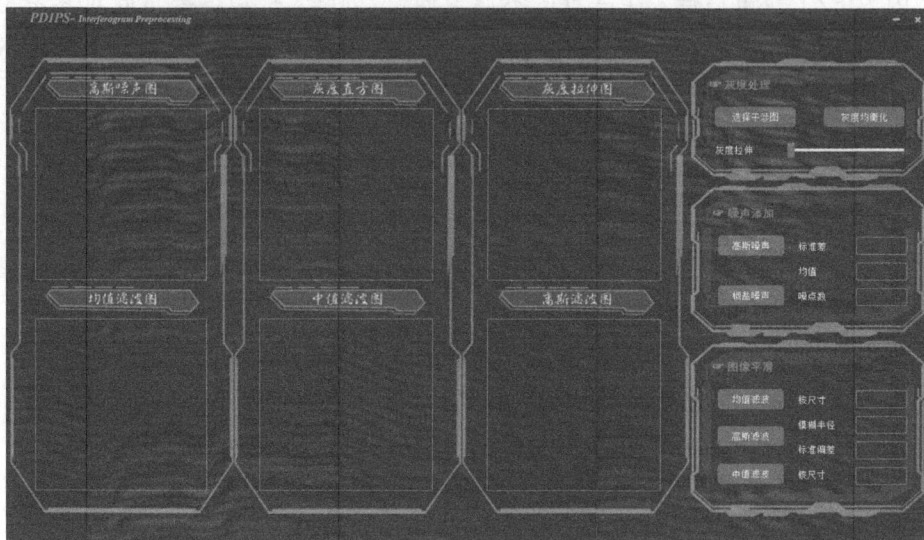

图 2-31　图像处理模块

（1）点击"选择干涉图"按钮，选择要处理的原始干涉图片，软件将自动生成原始干涉图的灰度直方图，如图 2-32 所示。

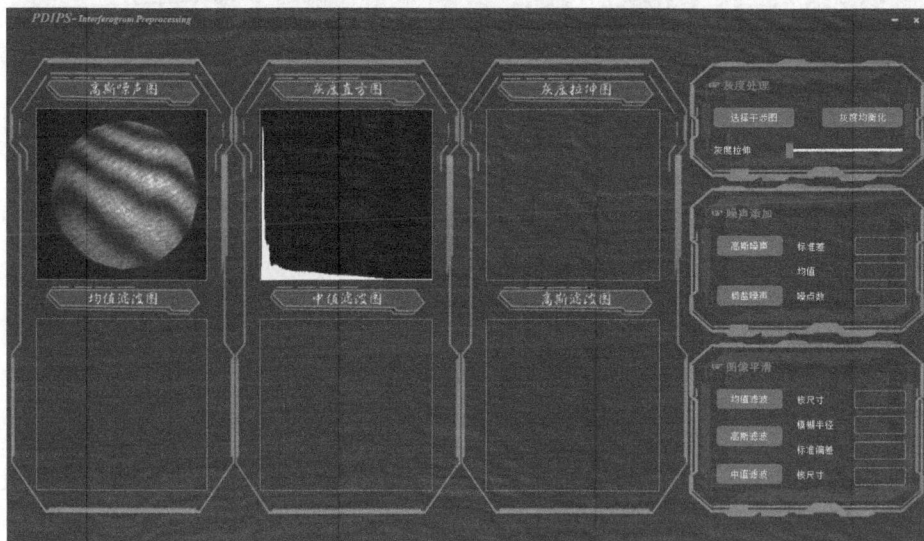

图 2-32　读取干涉图后的初始界面

（2）观察灰度拉伸和灰度均衡化的效果。灰度直方图旁的滑块刻度对应于灰度拉伸的斜率，移动滑块，可以观察到灰度拉伸的效果。如图 2-33 所示，移动滑块到 1.8 的位置，将会对原始干涉图作斜率为 1.8 的灰度拉伸，灰度直方图将会发生变化，得到的灰度拉伸图显示在灰度直方图右边。点击"灰度均衡化"按钮，灰度直方图也将会发生变化，得到的灰度均衡化图显示在灰度直方图右边，图 2-34 为点击"灰度均衡化"按钮后的界面。

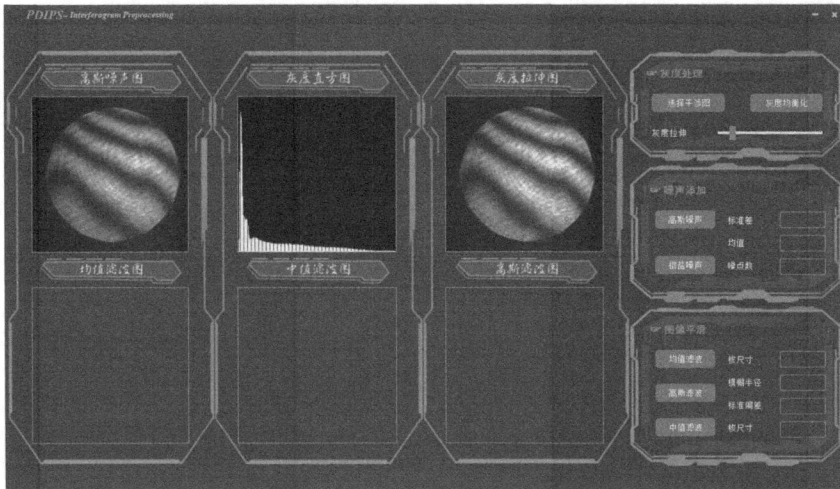

图 2-33　移动灰度拉伸滑块的界面

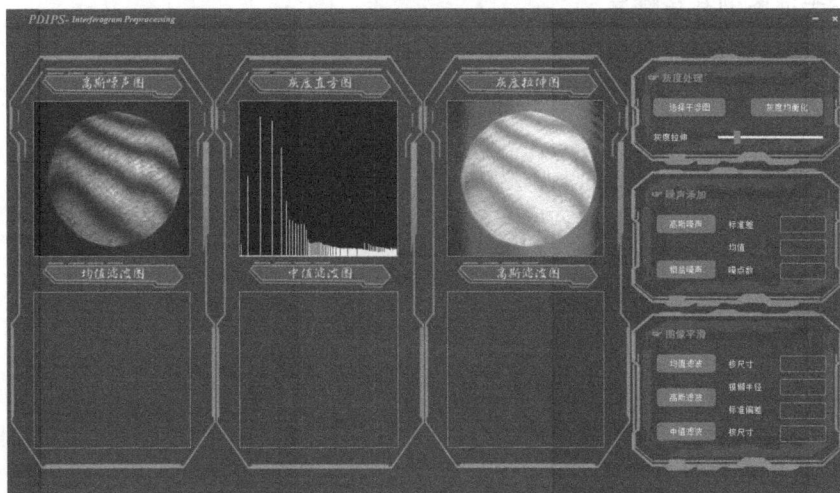

图 2-34　点击"灰度均衡化"后的界面

（3）对加噪声图进行滤波处理。输入高斯噪声的标准差（0～5）和均值（0～5）后，点击"添加高斯噪声"，或者输入椒盐噪声的噪点个数（1～500000），点击"添加椒盐噪声"，可以得到加噪声图，它显示在原始干涉图的位置。均值滤波和中值滤波需要输入滤波器的核尺寸（3～31），高斯滤波需要输入模糊半径（3～31）和标准偏差（0～5），然后点击相应的滤波按钮，可以观察到不同滤波器的滤波效果。采用核尺寸为 21 的均值和中值滤波器，以及模糊半径为 21、标准偏差为 0 的高斯滤波器对噪点个数为 50000 的椒盐噪声图进行处理。图 2-35 为最终界面。

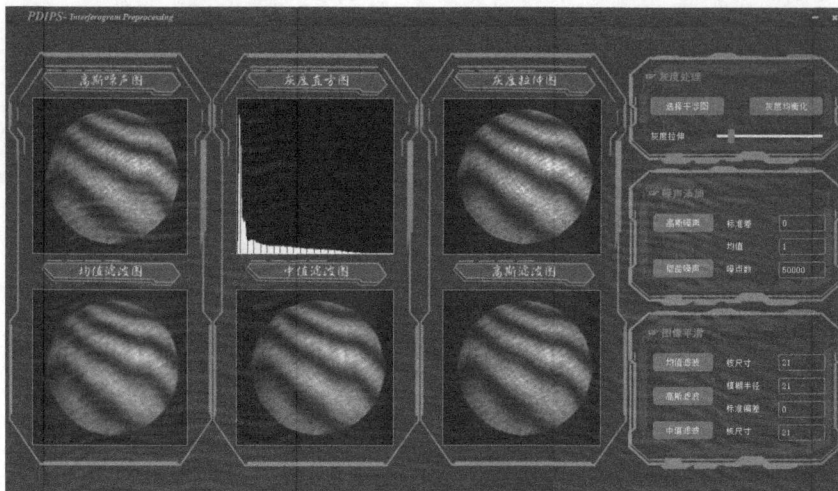

图 2-35　最终界面

**4. 原始干涉图的孔径确定**

（1）在主窗口中点击"孔径确定"按钮进入孔径确定窗口，点击"选择干涉图"按钮，选择要处理的图片文件夹，软件将自动生成原始干涉图的调制度图像，如图 2-36 所示。

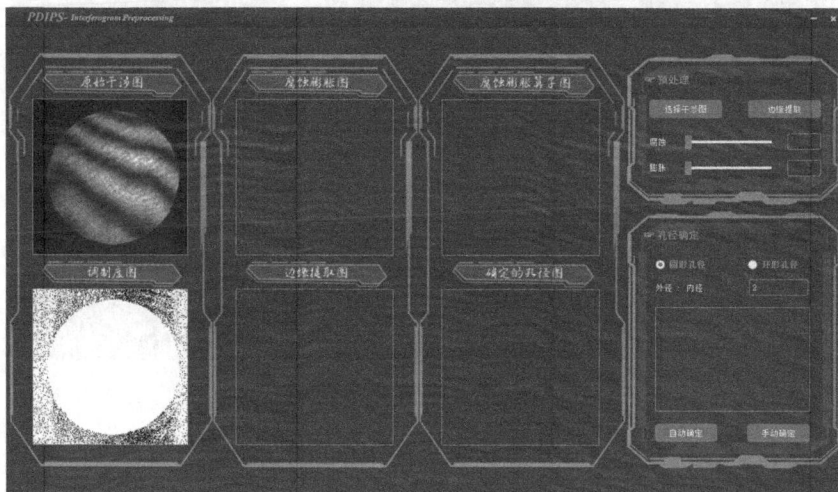

图 2-36　读取干涉图后的初始界面

（2）对调制度图进行"先腐蚀、后膨胀"的开操作处理。"腐蚀""膨胀"按钮后的滑动条的刻度对应于其矩形算子元素边长，拖动滑动条至中间位置（可按照实际效果改变滑动条位置），先点击"腐蚀"按钮，再点击"膨胀"按钮，会对调制图进行"先腐蚀、后膨胀"的开操作。如图 2-37 所示，为点击"腐蚀"按钮后的界面，其中算子图显示在腐蚀膨胀图的右边。可以反复点击"腐蚀"与"膨胀"按钮，观察腐蚀膨胀图像的变化，直至边缘噪点被消除，能够分辨出干涉区域，从中体会腐蚀膨胀在图像处理过程中的作用。

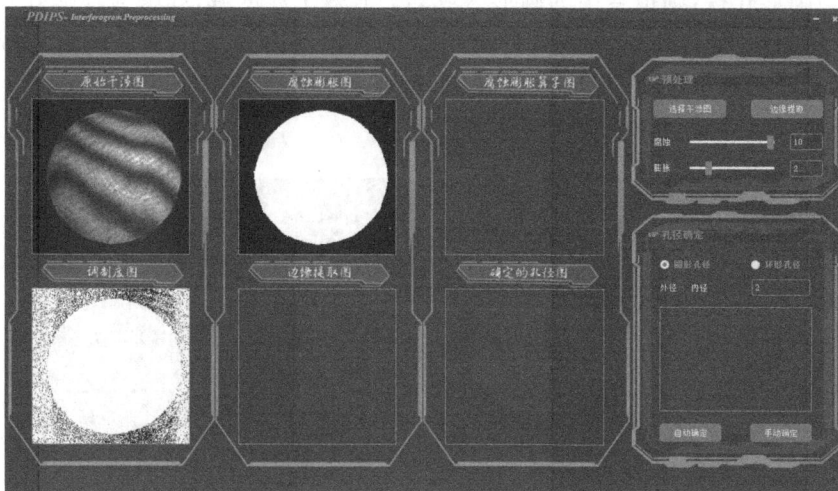

图 2-37   点击"腐蚀"按钮后的界面

(3)确定有效干涉孔径。首先根据需要的干涉区域形状,选择"圆形孔径"或"环形孔径",若为环形孔径,还需输入外内径之比。孔径可以通过手动或自动的方式来确定。若使用手动方式,则点击"手动确定"按钮,长按鼠标左键在"手动孔径确定"图中选择对应圆形或环形区域。如果为圆形孔径,则鼠标选择的区域即为有效干涉区域;如果为环形孔径,则鼠标选择的区域为环形区域的内圆,同时软件会根据输入的外内径之比确定环形区域的外圆。若画得不理想,可以长按鼠标右键拖动现有孔经,或长按鼠标左键重新绘制,绘制成功后,点击"手动确定"按钮,得到最终确定的孔径。图 2-38 为手动确定孔径后的最终界面。

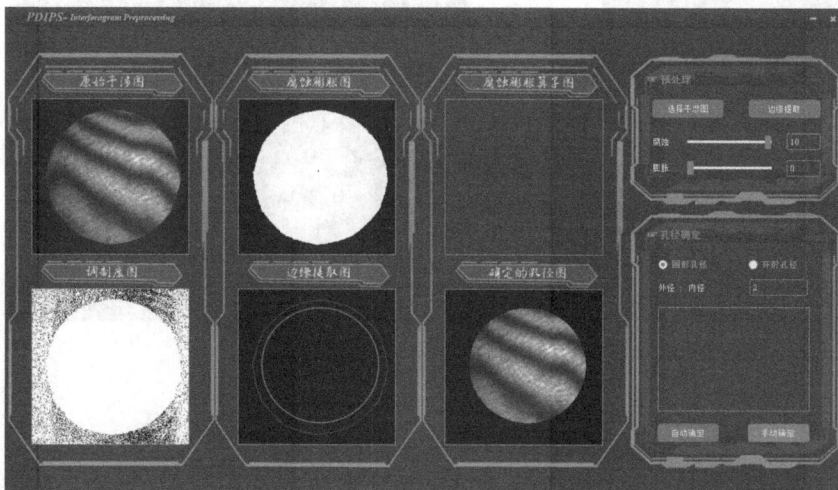

图 2-38   手动确定孔径后的最终界面

若使用自动方式,首先,必须对调制度图进行边缘提取,点击"边缘提取"按钮后的界面如图 2-39 所示。其次,点击"自动确定"按钮,软件将根据提取的边缘自动拟合出干涉区域：如果为圆形孔径，则拟合出的圆形区域即为有效干涉区域；如果为环形孔径，则拟合出的圆形区域为环形区域的外圆，软件会根据输入的外内径之比确定环形区域的内圆。若自动选取孔径结果不理想，可以重复腐蚀、膨胀操作来重新确定孔径。图 2-40 为自动确定孔径后的最终界面。

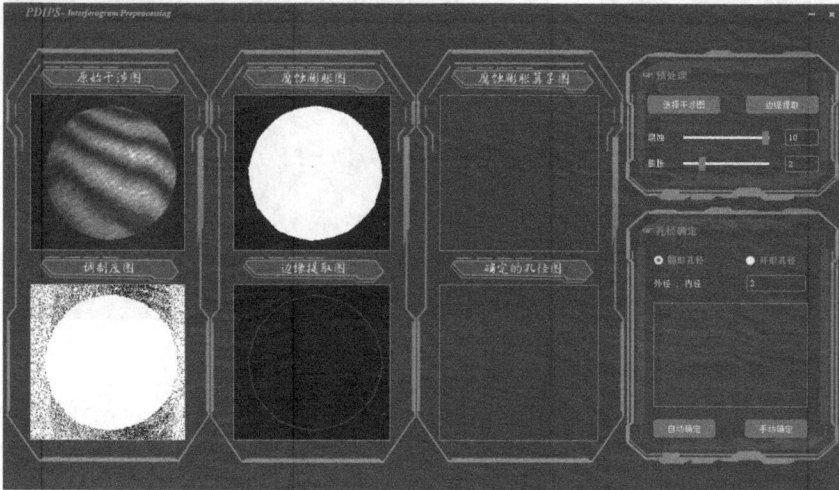

图 2-39　点击"边缘提取"按钮后的界面

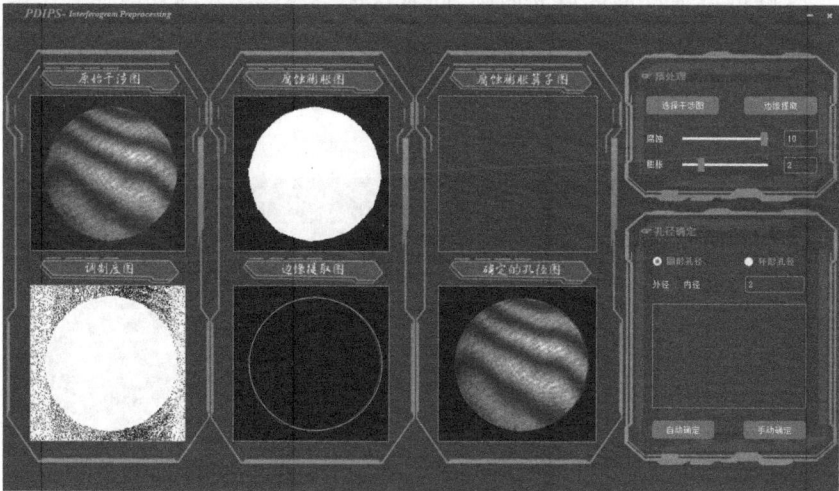

图 2-40　自动确定孔径后的最终界面

**5.相位调制与解调**

（1）在主窗口中点击"四步移相法"按钮，软件跳转到四步移相窗口，点击"显示干涉图"按钮。

（2）点击"显示孔径"按钮，载入图像处理过程中选取的图像孔径。

（3）点击"移相解调"按钮，进行四步移相解调。

（4）点击"解包裹"按钮，将包裹相位恢复为连续相位。测量相位结果的 PV 值、RMS

值显示在窗口右下方,如图 2-41 所示。

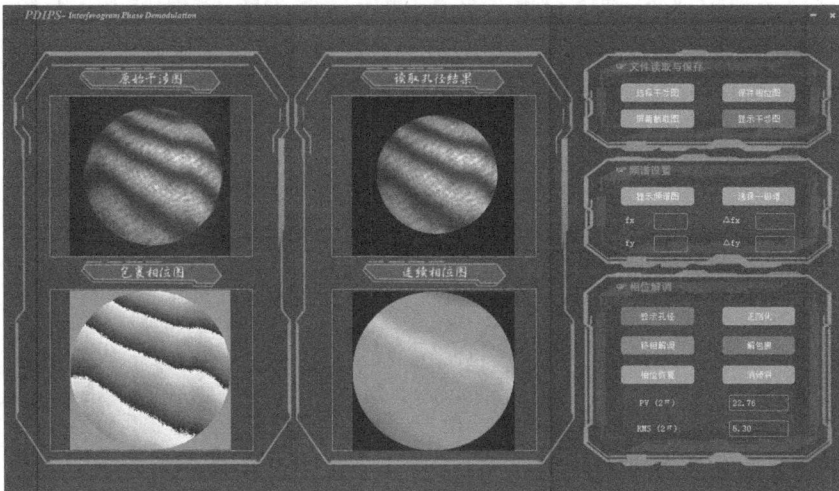

图 2-41　四步移相窗口

**6. 数据处理**

(1)在主窗口中点击"Zernike 多项式波前拟合"按钮,软件跳转到 Zernike 拟合窗口,依次点击"显示孔径""显示相位图"按钮,将会出现之前解调得到的连续相位图。

(2)点击"开始拟合"按钮,软件将生成拟合图像及拟合残差图。软件界面右侧显示 Zernike 拟合的前 37 项结果,选取 Zernike 多项式前 3 项,点击"移除选中项",下方中间显示选中项的拟合结果图,下方右边显示剩余项的拟合结果图。界面右边显示 Zernike 拟合数据与检测结果(PV 值及 RMS 值),获取系统误差,点击"保存系统差"按钮,保存系统误差,如图 2-42 所示。

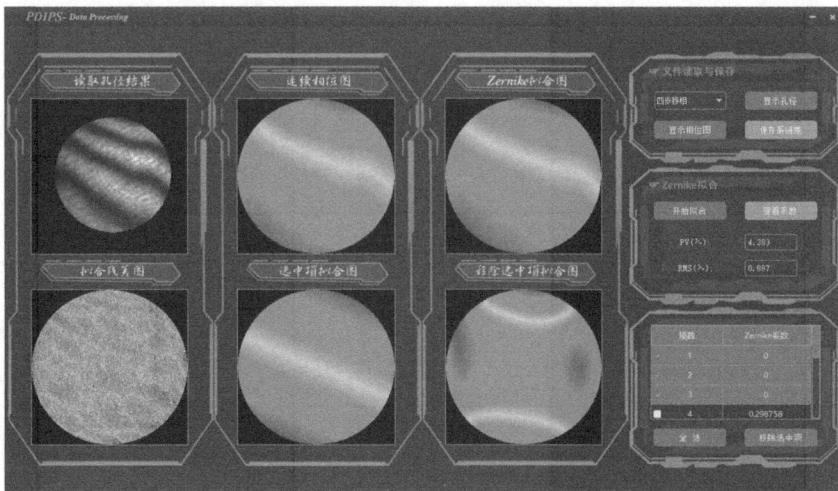

图 2-42　Zernike 多项式拟合窗口

### 7. 去除系统误差

(1)将标准平面镜取下,换上待测平面镜,重复实验步骤 1～步骤 6。注意:直接跳过步骤 3,使用程序中记录的与系统误差相同的干涉图孔径进行相位解调。

(2)Zernike 拟合移除前 3 项后,点击"保存系统差"。

(3)在主窗口中点击"系统误差移除"按钮,软件跳转到系统误差窗口,获得去除系统误差的检测结果。如图 2-43 所示。

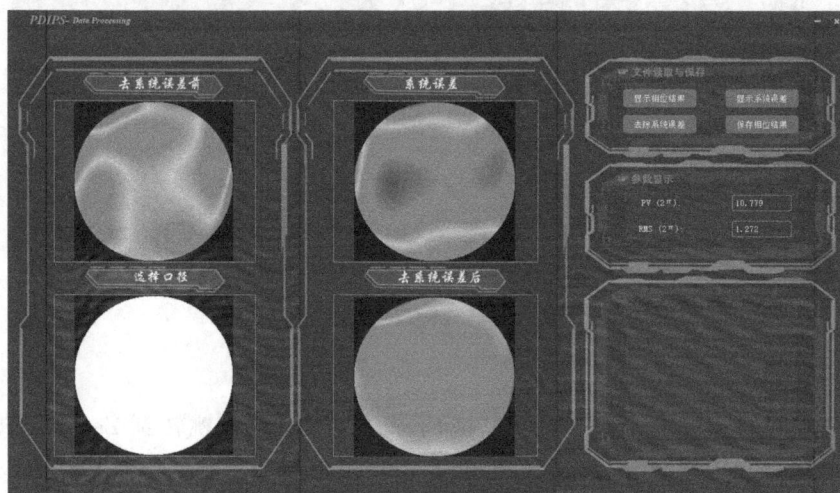

图 2-43　系统误差窗口

(4)依次点击"显示相位结果""显示系统误差""去除系统误差"后,得到去除系统误差后的结果。

(5)实验结果分析,思考实验光路调节过程中的不足和实验误差的来源。

## 【实验记录及数据处理】

1. 利用 MATLAB 等工具,计算不同起偏器与检偏器角度下的条纹对比度。分析对比度对于实验结果的影响。

| 编号 | 起偏器角度 | 检偏器角度 | 干涉图 |
|------|-----------|-----------|--------|
| 1 | | | |
| 2 | | | |

续表

| 编号 | 起偏器角度 | 检偏器角度 | 干涉图 |
|------|-----------|-----------|--------|
| 3 | | | |
| ...... | | | |

注:图像结果可使用截图保存。

2.记录系统误差分布、PV 值、RMS 值。

3.对待测平面镜进行三次测量,记录去除系统误差前后测量的面形结果、PV 值、RMS 值。

| 编号 | 去除系统误差前面形图 | PV 值 | RMS 值 | 去除系统误差后面形图 | PV 值 | RMS 值 |
|------|---------------------|-------|--------|---------------------|-------|--------|
| 1 | | | | | | |
| 2 | | | | | | |
| 3 | | | | | | |

注:图像结果可使用截图保存。

## 【思考题】

1.移除光路中的起偏器,是否仍然可以达到调节干涉条纹对比度的目的?

2.是否还有其他类型的偏振干涉检测系统?试举例。

3.试举例常见偏振干涉仪的典型应用。

4.对采集到的干涉图,编写程序进行腐蚀、膨胀等干涉图的图像预处理操作。

5.尝试除了调制度法以外,其他的干涉图孔径提取方法。

6.本实验中系统误差来自哪里?什么情况下需要重新标定系统误差?

7.尝试使用原理部分所述的旋转标定或伪剪切法进行系统误差标定。

# 【注意事项】

1.不能对着仪器说话、咳嗽等。严禁用手触摸元件光学面。

2.注意镜架旋钮的有效距离,如果偏离太多应先手动调整平面镜位置,之后再使用微调旋钮。

3.进行过多次四步移相测量之后,需要重新自准直参考平面镜。

4.驱动 PZT 进行四步移相时,请务必保持安静。

5.注意入射到 CCD 探测器上的光强及 CCD 设置的曝光时间,防止损坏设备。

# 数字波面干涉仪球面面形检测

## 【实验目的】

1. 了解球面镜曲率半径检测方法。
2. 掌握球面镜的测量原理、方法以及干涉光路调整方法。
3. 了解球面镜检测中易出现的初级像差以及对应的 Zernike 多项式表达方法。
4. 使用 PDIPS 测量凹球面镜,了解球面测量干涉图判读方法及数据处理流程。

## 【实验装置】

PDIPS、凹球面镜(曲率半径 90mm、孔径 30mm)、消球差透镜(焦距 75mm、孔径 30mm)、消球差透镜(焦距 50mm、孔径 30mm)。

## 【实验原理】

很长一段时间内,球面光学元件的使用带领人类走向了光学成像领域。作为一种经典的光学元件,球面镜的检测一般分为曲率半径检测和面形检测。在前面的实验中,我们介绍了 PDIPS 的检测原理以及平面镜的面形检测方法。本实验将在平面镜测量的基础上进一步对检测路进行调整,来完成球面镜的面形检测。分别将在第 3.1 节中介绍曲率半径检测方法,在第 3.2 节中介绍球面镜面形检测的具体原理及光路调节,在第 3.3 节中给出球面镜面形检测中容易出现的初级像差。

# 3.1 球面镜的曲率半径检测

球面镜的曲率半径是一个重要参数。常用的球面镜曲率半径检测方法有球径仪法、牛顿环法、干涉仪与光栅尺组合等方法。球径仪法作为一种传统的球面镜曲率半径检测方法较为简单快捷,但精度相对较低。牛顿环法采用等厚干涉法,应用范围广,但也存在待测透镜表面与平面玻璃相接触容易破坏待测透镜表面、待测透镜受到压力产生变形进而导致曲率半径改变等问题。干涉仪与光栅尺组合的方法可以达到较高的精度,但这种方法对于大曲率半径的球面镜难以适用,并且成本较高。可见,各种方法都有其优缺点,必须根据需求和实际实验装置的情况,选择合适的测量方法。本小节将分别介绍自准球径仪和干涉法这两种曲率半径检测方法。

## 3.1.1 自准球径仪检测球面镜曲率半径

自准直法是一种简单的检测方法,适合在精度要求不是很高的场合快速测出球面镜曲率半径。自准球径仪主要有三种光路形式,分别为高斯型、阿贝型和双分划板型。利用高斯型测量球面镜曲率半径的基本原理如图 3-1 所示。将分划板放置在准直物镜的焦点处,沿轴向移动待测球面镜,当待测面相对于成像镜在两个合适位置时,探测器上可以观察到清晰的分划板像。在图 3-1(a)中,此时待测球面镜的球心与分划板处在物像共轭位置,所有入射

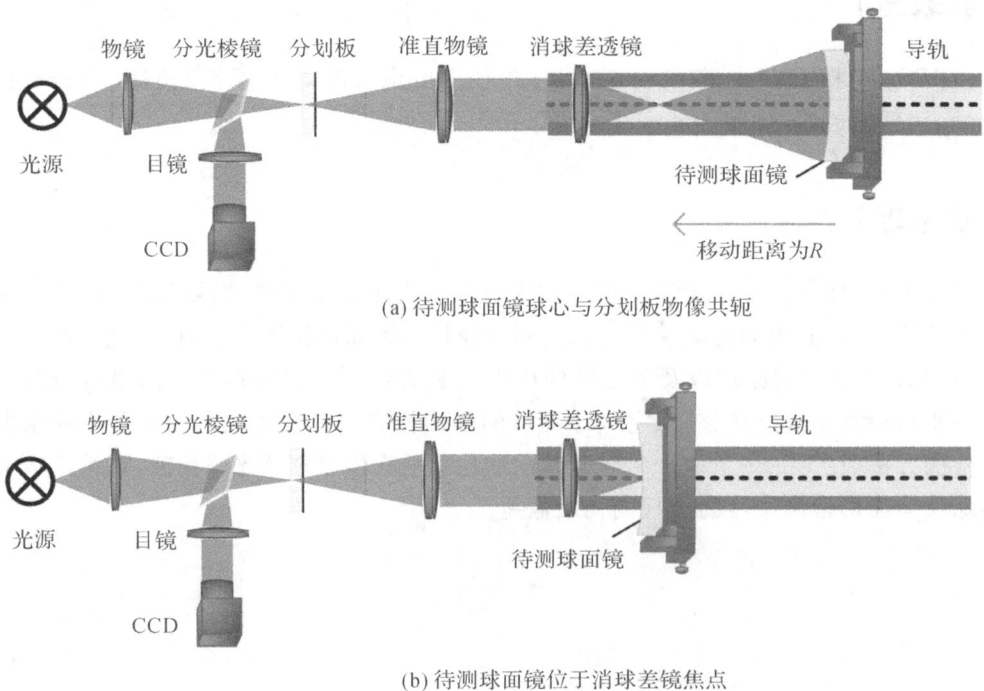

(a) 待测球面镜球心与分划板物像共轭

(b) 待测球面镜位于消球差镜焦点

图 3-1 自准球径仪检测原理

到待测球面镜的光线沿着其法线方向入射，并且原路返回，在 CCD 上可以观察到分划板的清晰像。以待测球面镜为反射面，将其沿光轴方向移动。当待测球面镜位于消球差透镜的焦点处时，如图 3-1(b)所示，光线同样原路返回，并且同样可以在探测器上观察到分划板的清晰像。根据待测面清晰成像的两个位置之间的距离，即可算出待测球面镜的曲率半径。

　　自准直法过程中的分划板图样及成像图如图 3-2 所示，其中，图(a)为分划板图样，图(b)～(d)为随着待测球面镜的轴向移动，CCD 上分划板成像逐渐清晰的过程。将待测球面镜沿光轴移动，在图 3-1(a)、(b)这两个能够观察到像最清晰的位置，其距离差即为待测球面镜的曲率半径。

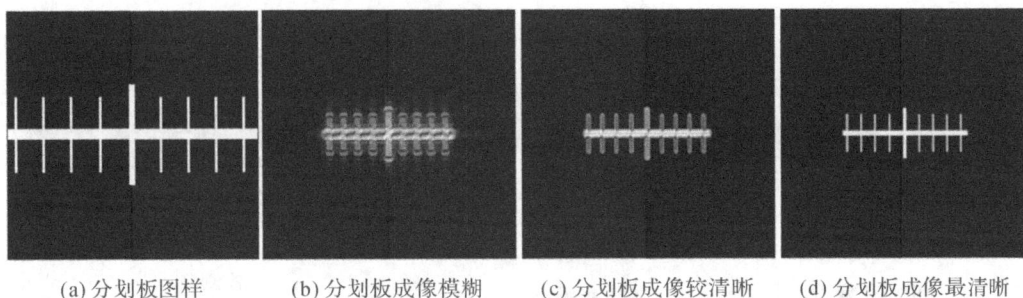

(a) 分划板图样　　(b) 分划板成像模糊　　(c) 分划板成像较清晰　　(d) 分划板成像最清晰

图 3-2　分划板图样及成像图

　　自准球径仪具有结构简单、测量方便等优点。但由于在检测过程中，成像最清晰的位置一般均依赖人眼判断，主观性较大，重复性受质疑。另外，由于人眼的视差以及极限分辨率等原因，其精度亦有限。所以，该方法一般用作初步、快速的曲率半径检测。

　　针对人眼判断成像最清晰位置这一步骤，可以对自准球径仪的测量精度进行优化。连续采集多个位置的图像进行图像处理，并判断每一幅图的锐度，锐度最大处对应成像最清晰处。"锐度"这一概念可以用 Tenegrad 梯度函数来定义，图像越清晰，则灰度梯度越大。Tenegrad 梯度函数首先用 Sobel 算子来分别提取出水平和竖直方向的梯度

$$G_x = \frac{1}{4}\begin{bmatrix} -1 & 0 & 1 \\ -2 & 0 & 2 \\ -1 & 0 & 1 \end{bmatrix} * I, \qquad G_y = \frac{1}{4}\begin{bmatrix} -1 & -2 & -1 \\ 0 & 0 & 0 \\ 1 & 2 & 1 \end{bmatrix} * I, \tag{3.1}$$

式中，$I$ 为当前灰度图像；$*$ 为卷积。则 Tenegrad 评价函数为

$$F_{\text{Tenegrad}} = \sum_M \sum_N |G(x,y)|, \tag{3.2}$$

式中，$G(x,y) = \sqrt{G_x(x,y)^2 + G_y(x,y)^2}$。通过对图像应用差分算子，根据 Tenegrad 评价函数来确定各个位置处所采集的分划板像的锐度，从而可以判断成像最清晰的位置，达到精确的定位。这样不仅可以去除人眼判断的主观性，保证良好的复现性，同时由于可以通过图像处理进行像素级甚至亚像素级的判断，可以保证更高的精度。

## 3.1.2　干涉检测球面镜曲率半径

　　干涉法与自准球径仪法两者在原理上比较近似，但干涉法的检测精度相比自准球径

仪法的精度更高。然而,由于是干涉检测,调整出理想干涉条纹要比自准球径仪中的成像更加复杂和困难。

如图 3-3 为干涉仪法检测曲率半径的原理。相比之前的平面镜面形检测实验,主要在检测路上做了改动。检测路的待测球面镜移动方式与自准球径仪类似,在两个位置处调节球面镜的位姿,CCD 可接收到均匀一色的干涉图样,即待测球面镜与消球差透镜处于共焦位置,以及待测球面镜在消球差透镜焦点位置处(实际调节过程以干涉条纹达到最稀疏状态为目标)。这两个位置之间的距离即为待测球面镜的曲率半径。该距离可以通过记录高精度平移台移动的距离来获取。

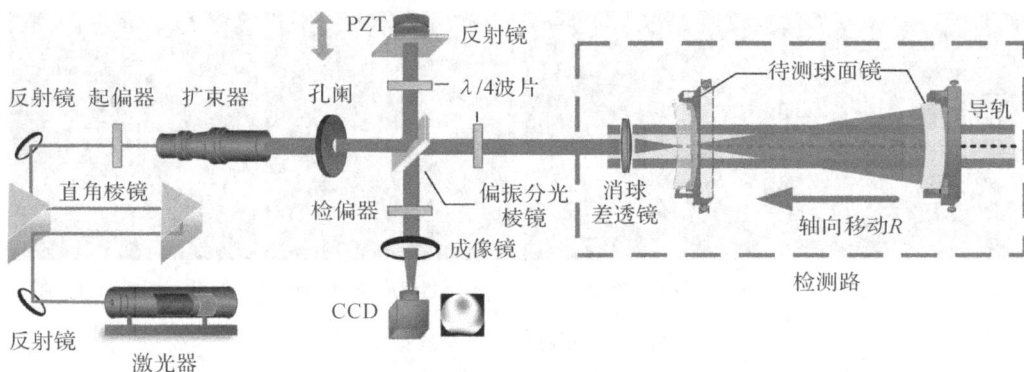

图 3-3  特外曼-格林干涉仪检测球面镜曲率半径

除了特外曼-格林干涉仪,亦可使用其他类型的干涉仪,如菲佐干涉仪等,只需在检测路中使用类似的结构即可。

## 3.2  球面镜的面形检测

在本小节,将首先介绍球面镜检测光路及原理;其次介绍调整过程中可能出现的干涉图,以及相关调整方法;最后总体介绍所有步骤及相关实验现象。球面镜面形检测分为凹球面镜检测和凸球面镜检测两种,两者的检测原理相同。由于凹球面镜检测面积相比凸球面镜大很多,且凸球面镜检测在调校时也比凹球面镜更为复杂,而本实验的目的主要是演示球面镜面形干涉检测的基本原理及方法,因此将以凹球面镜检测为例,并分析不同焦距和孔径的消球差透镜对检测结果的影响。

### 3.2.1  球面镜检测光路及原理

干涉检测中可以将面形检测分为零位与非零位检测。其中,零位检测是指在待测件处于理想情况下,检测光线被待测面反射后能沿原路返回,产生零条纹干涉图,因此干涉图上条纹的明暗变化能直接反映出待测面的面形信息。如图 3-4 所示分别为采用 PDIPS进行凹球面镜和凸球面镜零位干涉检测的光路图。在凹球面镜检测光路中,利用消球差透镜将平面波转变为球面波,以匹配凹球面镜的轮廓。当待测球面处于共焦位置,即检测球面波曲率半径与待测面曲率半径相等的位置时,可使波前沿着球面镜的法线方向入射,并原路返回,从而实现零位检测。返回的波前只载有面形本身的误差信息。检测波前与参考平面镜反射回的参考波前发生干涉,通过对干涉图进行数据处理即可得到待测面的面形误差(实际面形与理论面形差值)。而在非零位检测中,检测路入射波前与待测面不匹配,无法沿原路返回。因此,不能完全补偿待测面的纵向法线像差,即使待测面是理想的也无法产生零条纹干涉图,干涉波前中会包含回程误差。非零位检测主要应用于非球面等复杂曲面的通用化检测中,这一部分内容将会在后续的实验 5 中进行详细介绍。

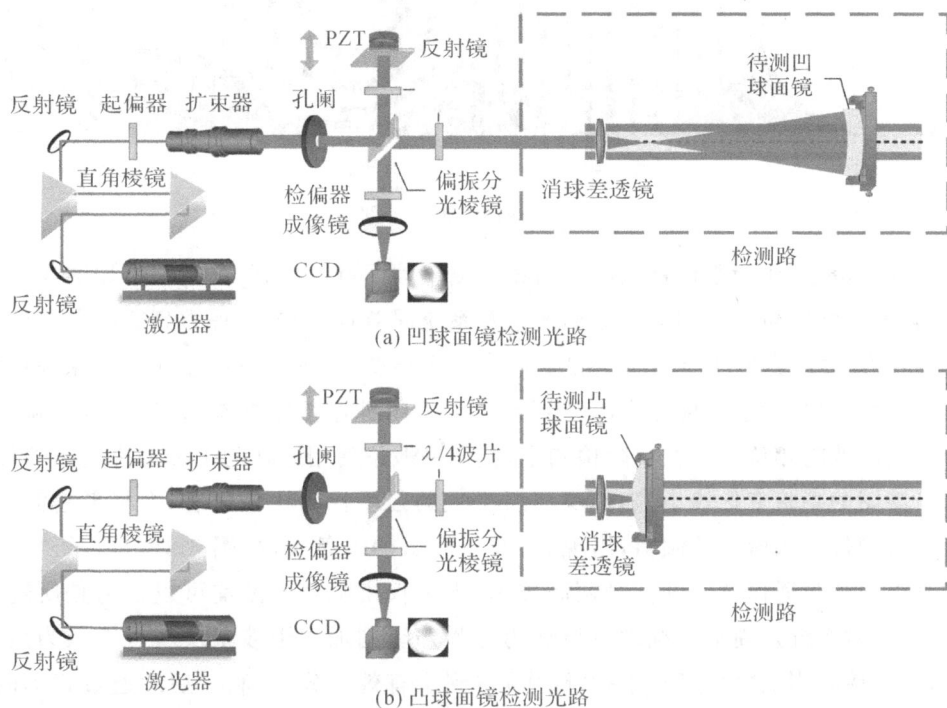

图 3-4　凹球面及凸球面镜检测光路

图 3-4(b)描述了凸球面镜的检测光路,与凹球面镜检测不同的是,待测凸球面镜放置于消球差透镜焦点之前,但同样保持凸球面镜与经过消球差透镜产生的汇聚球面波处于共焦位置。从而,检测光可以原路返回,形成零位检测。从图 3-4 中也可以轻易看出,检测凸球面镜时,需要配置一个口径比待测镜大得多的标准镜,较为复杂。无法用该方法直接检测较大口径的凸球面镜,而需要使用子孔径拼接等方法进行大口径检测。因此,本次实验仅进行凹球面镜检测,感兴趣的读者可以尝试凸球面镜面形的干涉检测实验。

## 3.2.2　球面镜检测干涉图的调节及数据处理方法

在进行干涉检测实验之前,首先需要了解检测球面镜时可能会产生的干涉图,从而便于调节。图 3-5 为球面检测的几种干涉图示例。图 3-5(a)为理想的零条纹状态,表明待测面的面形误差很小,轮廓与参考平面一致,这种情况一般是很难出现的;图 3-5(b)为直条纹干涉图,表明在待测面存在一定的倾斜;图 3-5(c)中的圆条纹表明待测面存在离焦的情况,即待测面还没有移动到与消球差透镜的共焦位置;图 3-5(d)中的弯曲条纹属于倾斜与离焦都存在的情况。

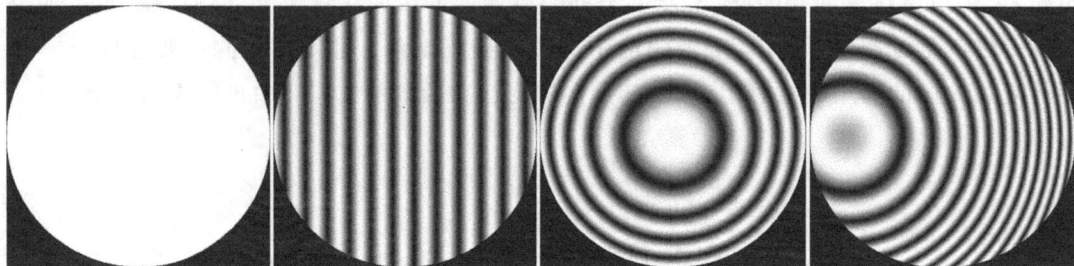

| (a) 理想零条纹 | (b) 存在倾斜 | (c) 存在离焦 | (d) 存在离焦和倾斜 |

图 3-5　球面检测干涉图

　　尽管在理论上,作为零位检测的球面镜检测干涉图可以调到均匀一片,如图 3-6(a)所示,但实际的干涉图包含待测面的面形信息及系统误差,在调节过程中只能将条纹调节至最稀疏的状态,并把这种干涉图认为是"零"条纹干涉图,如图 3-6(b)所示。如果我们使用压电陶瓷位移模块,对这种检测中的"零"条纹干涉图进行移相操作,并且进行解调,可以得到干涉图的波前相位值。在实际检测中,我们一般不使用这样的干涉图来进行检测,因为这种干涉图的亮暗变化较小,随机噪声所产生的强度扰动比较显著,会降低检测精度。一般会给待测件加入微小的倾斜,出现 3～6 条倾斜的直条纹,如图 3-6(c)所示。这种处理方式可以理解为通信技术的信号调制技术,干涉仪出瞳处的波前可以认为是所输出的信号,干涉检测系统及周围的扰动可以认为是噪声。则加入干涉条纹就可以认为是加入了载波,这样使有用的"信号"与干扰"噪声"得到了有效区分,有利于后续通过相应的"解调"技术恢复实际待测的波前相位。

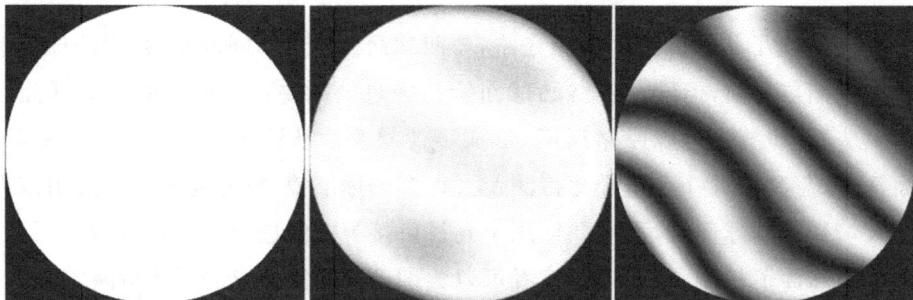

| (a) 干涉图均匀一片 | (b) 含有微量面形误差或<br>系统误差的干涉图 | (c) 移相所使用的干涉图 |

图 3-6　球面镜面形检测典型干涉图

除了给干涉图加入的载波信号外,干涉图的调整过程中也会不可避免地残留下离焦像差。当少量离焦和倾斜像差互相混合时,如图 3-7 所示,通过人眼很难判断离焦现象的存在,导致最终待测波前存在倾斜和离焦像差,在最终数据处理过程中需加以去除。由于参考波前与待测球面理论面形在共焦位置时的轮廓一致,而待测面面形误差跟少量的调整误差一般在波长量级,所以待测波前可以认为近似原路返回,因此最终面形误差可看成待测波前像差的一半,即

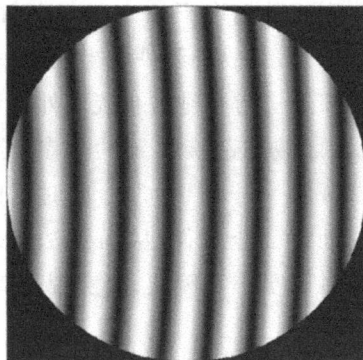

图 3-7　少量离焦和倾斜混合干涉图

$$S(x,y)=[W(x,y)-P-T_x(x,y)-T_y(x,y)-D(x,y)]/2, \tag{3.3}$$

式中,$S(x,y)$ 为面形误差;$W(x,y)$ 为待测面波前像差;$P$ 为波前像差常数项;$T_x(x,y)$ 和 $T_y(x,y)$ 分别表示在 $x$ 轴和 $y$ 轴方向的波前倾斜;$D(x,y)$ 为波前离焦。实际操作中,这些波前像差项都可以采用 Zernike 多项式拟合波前得到,并且通过将相应系数修改为 0 之后重新拟合波前来除去。这样可以减少我们调整待测面的时间和精力。

### 3.2.3　消球差透镜与待测球面镜的匹配

在实验中,使用标准球面镜将平面波转换为球面波,使其可以被待测球面镜表面反射后原路返回。为了提高像质,特别地使用消球差透镜。但是,并不是任意孔径和焦距的消球差透镜都可以用于检测,还需要考虑从消球差透镜出射波面与待测球面镜口径的匹配问题。图 3-8 反映了消球差透镜与待测球面镜的匹配关系,其中,$D_1$、$D_2$ 分别为消球差透镜与待测球面镜的口径;$f$ 为消球差透镜的焦距;$R$ 为待测球面镜的曲率半径;$\varphi_1$ 为经过消球差透镜的光束发散角;$\varphi_2$ 为待测球面镜实现全口径检测时所需的光束发散角,各参数间的关系为

$$\begin{cases} 2\tan(\varphi_1/2)=\dfrac{D_1}{f}, \\[2mm] 2\tan(\varphi_2/2)=\dfrac{D_2}{R}. \end{cases} \tag{3.4}$$

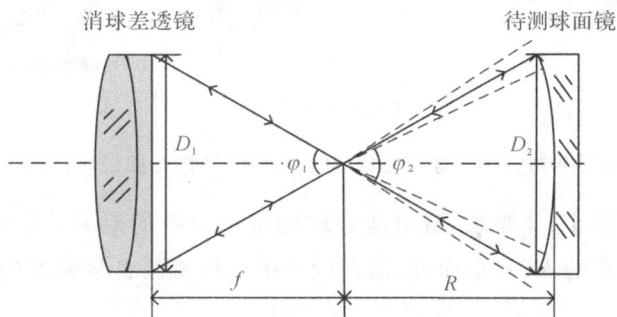

图 3-8　成像镜与待测球面镜的匹配

在理想的情况下，$\varphi_1 = \varphi_2$，出射波面可以完美覆盖待测球面镜表面，此时干涉图如图 3-9(b)所示，将待测件的半径归一化为 1，图中的数值代表干涉图半径值。若是 $\varphi_1 > \varphi_2$，则会有部分检测光射出系统之外，但仍然可以覆盖全部口径的待测球面镜，如图 3-9(a)所示，干涉区域外部接收到的是参考光，对应的检测光没有被待测球面镜反射，故没有发生干涉现象。若是 $\varphi_1 < \varphi_2$，此时返回的干涉图能充满整个孔径，但是检测范围无法覆盖待测球面镜的全口径，从而无法实现全口径检测，如图 3-9(c)所示，其有效检测口径相较图 3-9(b)更小。因此，要实现全口径检测，则有 $\varphi_1 \geqslant \varphi_2$，即

$$\frac{f}{D_1}(F/\sharp) \leqslant \frac{R}{D_2}(R/\sharp). \tag{3.5}$$

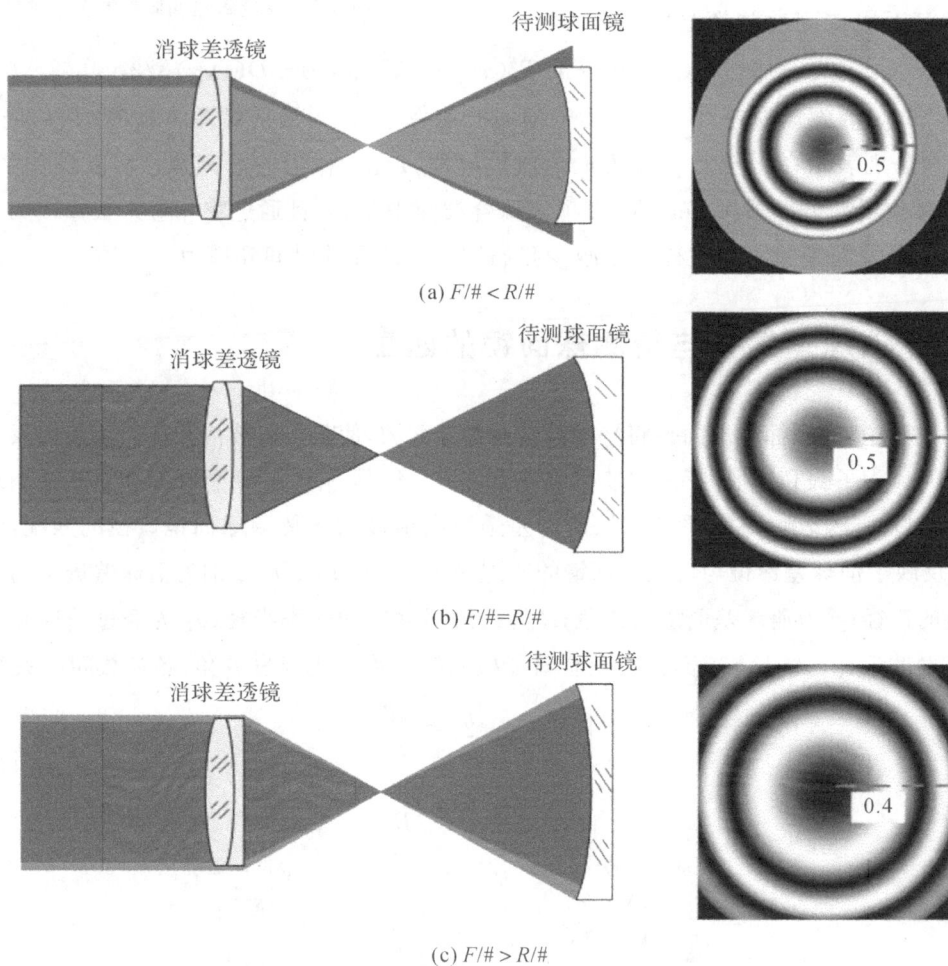

(a) $F/\sharp < R/\sharp$

(b) $F/\sharp = R/\sharp$

(c) $F/\sharp > R/\sharp$

图 3-9 不同 $F$ 数关系下球面镜检测的干涉图（待测球面镜口径归一化为 1）

满足了式(3.5)的 $F/\sharp$ 要求，就可实现球面镜全口径的检测。尽管只需消球差透镜的 $F/\sharp$ 比待测球面镜的 $R/\sharp$ 小即可，但在检测中最好使两者尽量接近。

## 3.2.4 球面镜干涉检测调节方法

首先,在前文中介绍的平面镜实验的基础上,在 PDIPS 中搭建平面镜检测光路,并将平面镜调节至零条纹状态,如图 3-10(a) 所示。其次,在平面镜和波片之间插入消球差透镜,调节光路如图 3-11 所示。由于消球差透镜的位姿会影响到待测球面镜的检测结果,因此需要尽量将其调节至自准直状态。移动平面镜,使通过消球差透镜的球面波聚焦于平面镜上,从而使球面波可以在焦点位置处反射。进一步调节平面镜的倾斜,使球面波可以沿原路返回,实现自准直。在调节消球差透镜时,通过人眼观测,使得消球差透镜上的入射光斑和反射光斑重合(借助纸片遮挡一半消球差透镜前的光斑,可便于观察),在 CCD 上能观察到干涉图样,如图 3-10(b) 所示;然后进一步调节消球差透镜的位姿(使用倾斜旋钮)和前后移动平面镜位置(倾斜等位姿不调节),使干涉条纹达到最稀疏的状态。由于光线原路返回,达成了零位干涉条件,理论上可以得到均匀一色的零条纹。但是由于消球差透镜及 PBS 等并非完全理想,因此当干涉图条纹数量为 1～3 条时,即认为消球差透镜调节完成,如图 3-10(c) 所示。

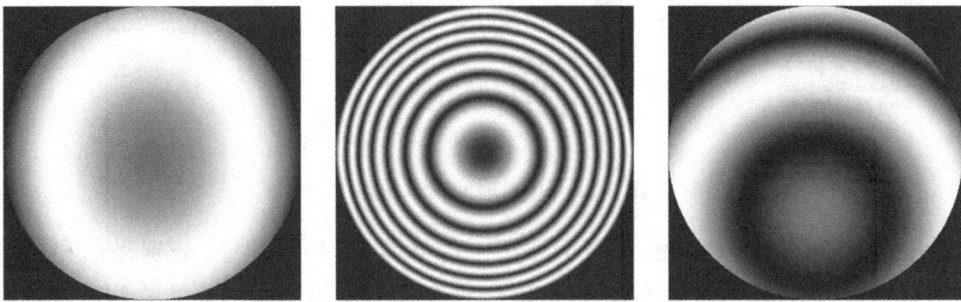

(a) 平面镜零条纹干涉图　(b) 加入消球差透镜的干涉图　(c) 消球差透镜位姿正确时的干涉图

图 3-10　消球差透镜调整过程中的干涉图

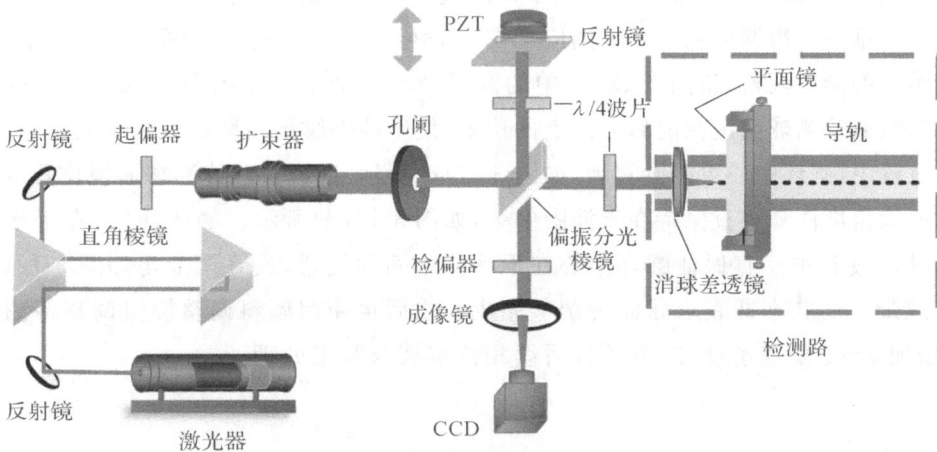

图 3-11　消球差透镜位姿调节光路

　　在消球差透镜调整完毕之后,可以开始待测球面镜的调节。将平面镜卸下,将待测球面镜放入系统,肉眼观察检测光斑落在待测镜中心的位置。由图 3-4(a)可知,在检测球面镜时,需要使消球差透镜与待测球面镜的焦点位置重合,来达成光线自准直条件。从光线追迹的角度看,从消球差透镜出射的球面波汇聚为一点并再发散,传播至待测球面镜,再由待测球面镜反射后原路返回。可在粗调阶段加入光阑进行辅助调节,如图 3-12 所示。首先,沿前后、上下、左右方向调整光阑的位置,使得消球差透镜出射的球面波的聚焦光点恰好从光阑中心通过。其次,前后移动待测球面镜,在光阑背面观察待测球面镜返回的聚焦光点。当该光点最小时,待测球面镜在前后方向上的位置粗略调节正确。最后,调节待测球面镜的倾斜旋钮,使得其反射的光点恰好从光阑小孔通过。此时,可以观察到干涉图已经出现,完成粗调。

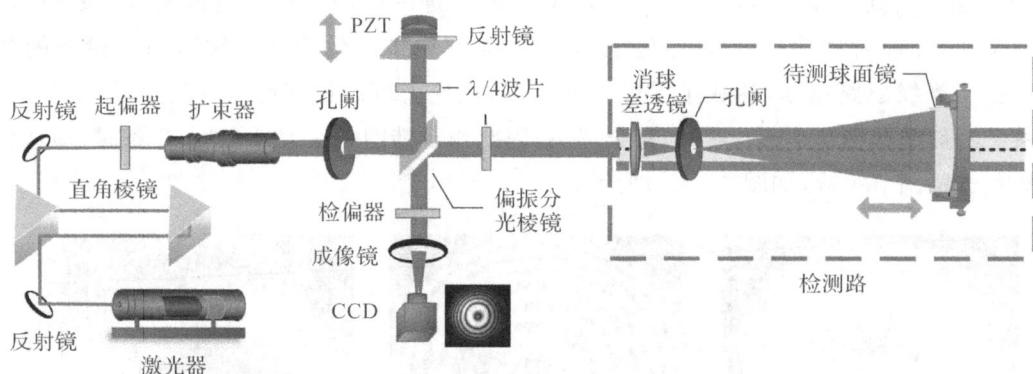

图 3-12　孔阑辅助调节光路

　　粗调完成后,可将光阑移去,按照干涉图上的倾斜、离焦等误差,分别做出相应的调整。球面有无数个对称轴,故其在调整过程中,调整倾斜与平移所造成的波前改变是完全等价的,都是引入倾斜波前。需要注意的是,如果球面镜偏离过多,虽然仍然符合零位检测条件,但可能因为返回与入射光线偏离过多,引入额外的彗差等像差。因此在调整过程中,平移调整需要保证入射检测光斑位于待测镜中心,而倾斜也不能过大,需基本保证待测镜与光轴垂直。粗调得到的干涉图应如图 3-13(a)所示,通过三维调整架的上下、左右平移及镜架的倾斜调整,将图 3-13(a)中的圆环中心移动至干涉图中心,如图 3-13(b)所示。之后微调待测球面镜在前后方向上的位置,使干涉条纹逐渐稀疏以减少离焦误差,在调节的过程中,圆环中心可能会移动,如图 3-13(c)所示,继续平移待测球面镜位置或调节待测球面镜角度使其一直保持在干涉图中心,如图 3-13(d)所示。如此往复,在干涉条纹逐渐稀疏的过程中一直保证圆环中心在干涉图中间的位置,最终调节至如图 3-13(e)所示的条纹最少的状态即表示球面镜调节完成。之后再使用倾斜调整旋钮调整待测面的角度,增加 4~6 条直条纹,即可进行后续相位解调与数据处理。

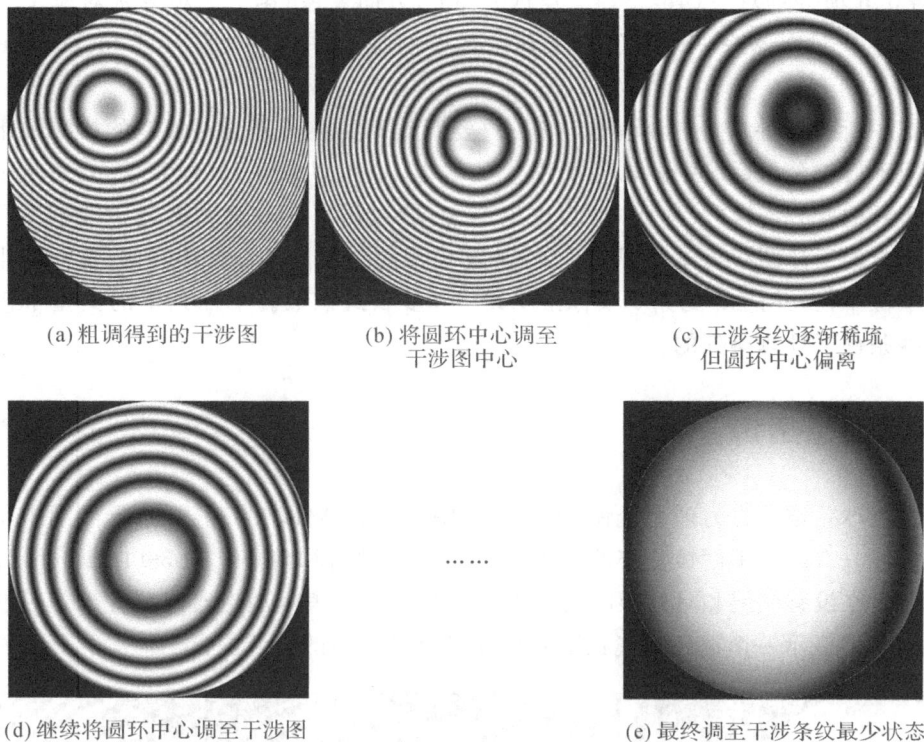

(a) 粗调得到的干涉图　　　(b) 将圆环中心调至　　　(c) 干涉条纹逐渐稀疏
　　　　　　　　　　　　　　 干涉图中心　　　　　　　 但圆环中心偏离

(d) 继续将圆环中心调至干涉图　　　　　　(e) 最终调至干涉条纹最少状态

图 3-13　球面检测干涉图调节过程

## 3.3　带有初级像差的波前干涉图分析

不同于平面干涉检测,球面检测过程由于加入了消球差透镜,其位姿误差及自身像差会对最终检测带来很大的不确定度。并且,其引入的误差及待测件面形误差会导致返回干涉仪的光线距理想光线有一定程度偏离,而这些光线通过分光棱镜后会进一步引入更大的像差,最终各种波像差、调整误差及面形误差相互耦合,将严重影响检测的精度。通过分析干涉图可能携带的像差,从而对相应的引入该像差的器件进行调整,将会极大程度地提高干涉图条纹质量及检测精度。

Zernike 多项式是表征波前的一种常见方法,本小节将使用 Zernike 多项式对常见波像差进行模拟,进而仿真出干涉图。通过比对实验中出现的各种干涉图与仿真分析出的干涉图,确认出现的像差类型,为下一步调节提供方向。

标准 Zernike 多项式的完整表述为

$$Z_n^m(\rho,\theta)^* = N_n^m R_n^m(\rho)\Theta(m\theta). \tag{3.6}$$

式中,$N_n^m$ 为由条纹 Zernike 多项式转换为标准 Zernike 多项式的转换系数;$R_n^m(\rho)$ 是一个与径向坐标有关的函数;$\Theta(m\theta)$ 是一个仅与角向坐标有关的函数。Zernike 多项式每一项都对应着一种或几种像差模式。其中,第 2、3 项分别对应 $x$、$y$ 方向倾斜;第 4 项对应离焦;第 5、6 项分别对应(45°/−45°)与(0°/90°)方向像散;第 7、8 项分别对应 $y$、$x$ 方向彗差;第 11 项对应球差。详细公式及其余像差对应关系请参见第 1.5 节 Zernike 多项式拟合相关内容。

　　系统中所有器件自身的不理想,以及位姿调整不到位等都会对最终的检测结果引入像差。为了便于分析系统中各器件所引入的像差,这里以图 3-10 为例,假设光路中除消球差透镜外的所有透镜(反射镜)均为理想透镜,通过仿真获取消球差透镜携带不同初级像差所对应的干涉图。为了简便起见,在计算典型的初级像差干涉图时,假设入瞳半径归一化为单位半径,并记 $a_i$ 为第 $i$ 项标准 Zernike 多项式系数。下面列出的典型干涉图就是在这些条件下计算得到的。

### 3.3.1　理想透镜

　　假设消球差透镜也为理想透镜,那么系统中的所有器件均为理想的,干涉图中所存在的像差一般只有由于平面镜位姿调节不当所引入的倾斜和离焦。图 3-14(a)、(b)分别表示理想透镜在没有倾斜和有倾斜时的干涉图,图 3-14(c)表示理想透镜在有离焦时的干涉图,图 3-14(d)表示一个理想透镜在既有离焦又有倾斜时的干涉图。

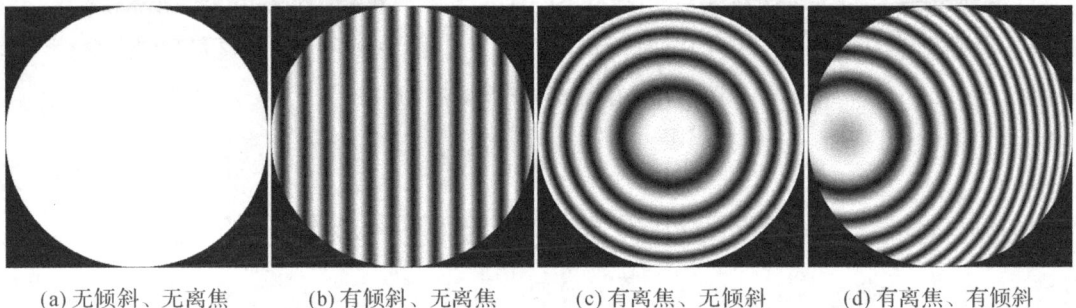

(a) 无倾斜、无离焦　　(b) 有倾斜、无离焦　　(c) 有离焦、无倾斜　　(d) 有离焦、有倾斜

图 3-14　理想透镜干涉图

### 3.3.2　像散

　　像散是光学系统子午平面和弧矢平面中传播的光线聚焦在不同焦点所造成的,在两个焦点之间所产生的影像会变得模糊,形成十字的图像。Zernike 多项式的第 5 项与第 6 项都表示像散,但表示不同方向。图 3-15 表示波面在存在像散($a_5=1$;$a_6=1$)的情况下,带有不同倾斜($a_2=a_3=0$;$a_2=1$;$a_3=1$)时的干涉图。0°/90°像散像差在 PDIPS 球面检测中十分常见,这主要是由于消球差透镜调整误差导致两个方向上的光线汇聚位置不同,而通过分光棱镜这一平行平板,又进一步加剧了这一像差。

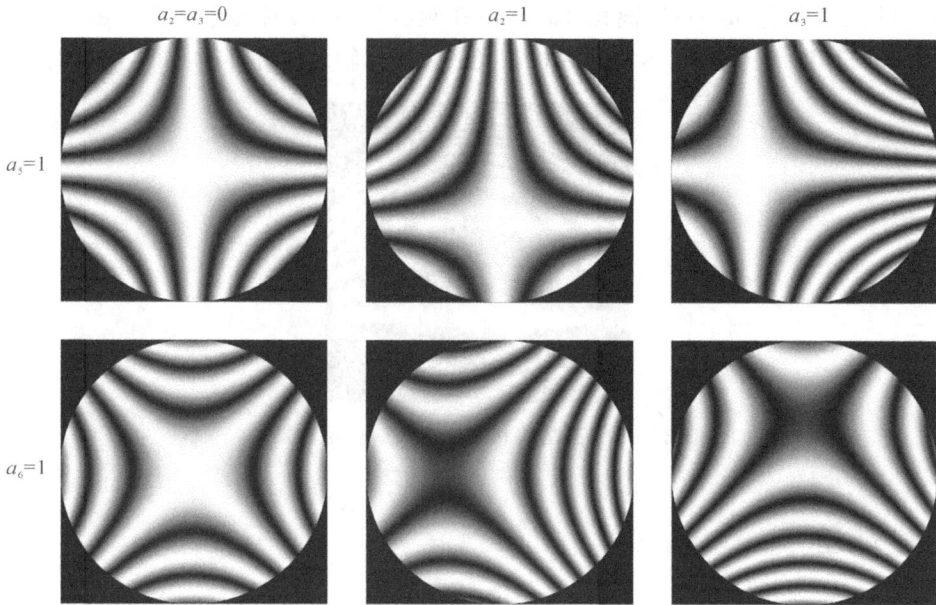

图 3-15　带有倾斜的像散干涉图

### 3.3.3　彗差

彗差是指轴外物点发出宽光束通过光学系统后,并不汇聚于一点,相对于主光线而呈彗星状图形的一种失对称的像差。Zernike 多项式的第 7 项与第 8 项表示不同方向的彗差。图 3-16 中的干涉图是在彗差 $a_7=1$、$a_8=1$ 的条件下,带有不同倾斜($a_2=a_3=0$;$a_2=3$;$a_3=3$)所得到的。

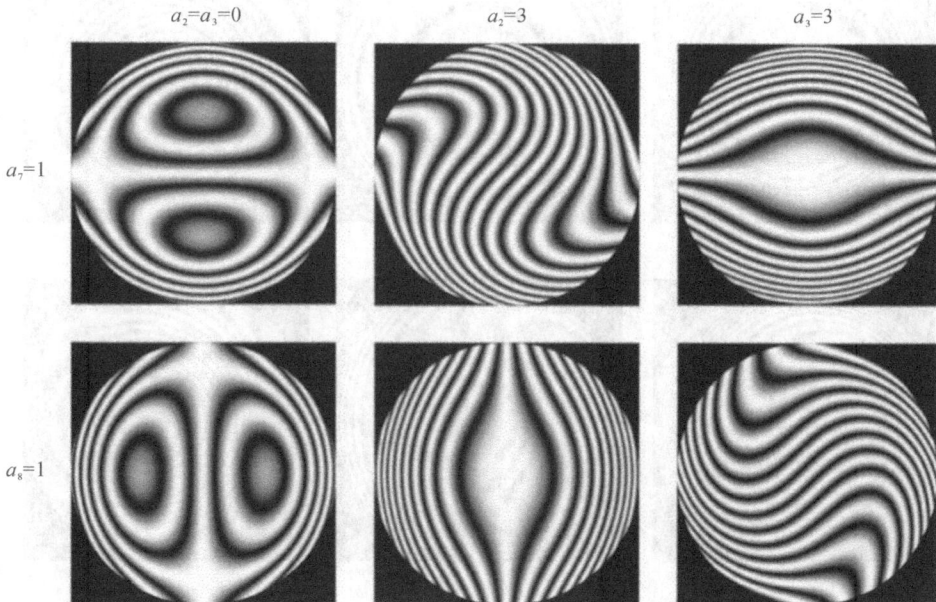

图 3-16　近轴焦点处的彗差干涉图

图 3-17 是有彗差($a_7=1$)、离焦($a_4=1$)和倾斜($a_3=3$)时的干涉图。由于消球差透镜角度没有调整到最佳位置,这将导致检测光线关于光轴的对称性被破坏,从而引入误差。

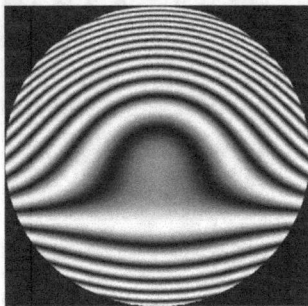

图 3-17　有彗差和微小离焦时的干涉图

### 3.3.4　球差

球差是指轴上物点发出的光束,经光学系统以后,与光轴夹不同角度的光线交光轴于不同位置,因此,在像面上形成一个圆形弥散斑。假设 $a_{11}=1$,此时带有球差的干涉图如图 3-18 所示,其中图(a)和图(d)分别表示近轴焦点处附近($a_4=3$)没有倾斜($a_2=a_3=0$)和有倾斜($a_2=2$)时的球差干涉图;图(b)和图(e)分别表示无离焦情况下($a_4=0$)没有倾斜($a_2=a_3=0$)和有倾斜($a_2=2$)时的球差干涉图;设 $a_4=-3$,无倾斜($a_2=a_3=0$)和有倾斜($a_2=2$)时的球差干涉图分别如图(c)和图(f)所示。PDIPS 采用的消球差透镜为双胶合透镜,可以较好地矫正球差,但当所需检测光束口径较大时,仍然不可避免有部分球差残留。

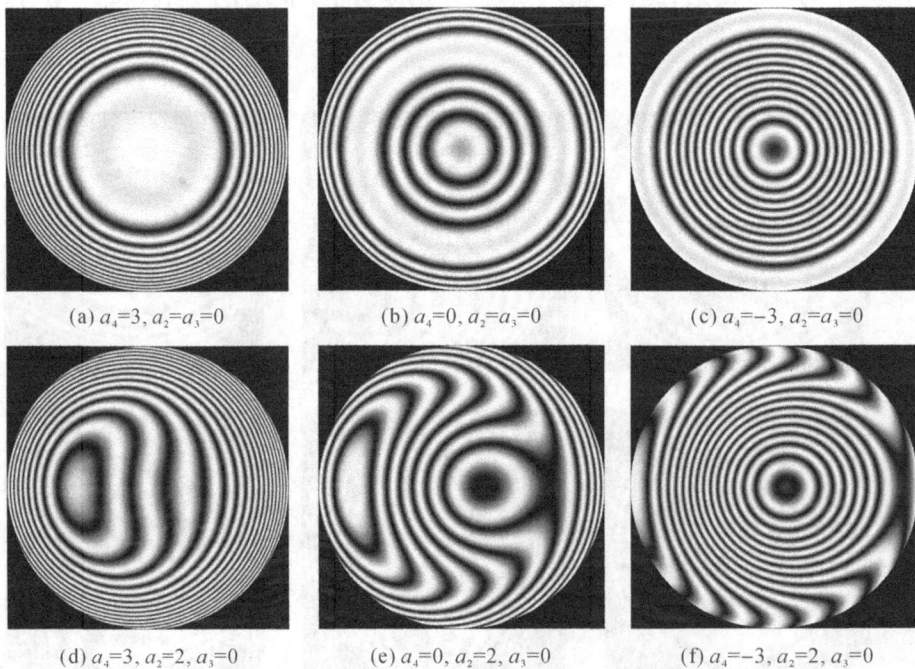

(a) $a_4=3$, $a_2=a_3=0$　　(b) $a_4=0$, $a_2=a_3=0$　　(c) $a_4=-3$, $a_2=a_3=0$

(d) $a_4=3$, $a_2=2$, $a_3=0$　　(e) $a_4=0$, $a_2=2$, $a_3=0$　　(f) $a_4=-3$, $a_2=2$, $a_3=0$

图 3-18　透镜球差干涉图($a_{11}=1$)

### 3.3.5　混合像差

图 3-19 表示各种混合像差时的干涉图。图 3-19(a)为球差加彗差的干涉图($a_7=1$，$a_{11}=1$)，图(b)为像散加彗差干涉图($a_6=2$，$a_7=1$)，图(c)为球差加像散干涉图($a_6=1$，$a_{11}=1$)，图(d)为球差、彗差和像散的混合($a_6=1$，$a_8=1$，$a_{11}=1$)。在调整过程中，因为光路中分光棱镜、消球差透镜、待测面等位姿不是完全与光轴垂直的，最终干涉波前可能会耦合各种像差，最终表现在干涉图上就是无法得到很好的"零"条纹干涉图，而是有比较多的杂乱条纹影响。

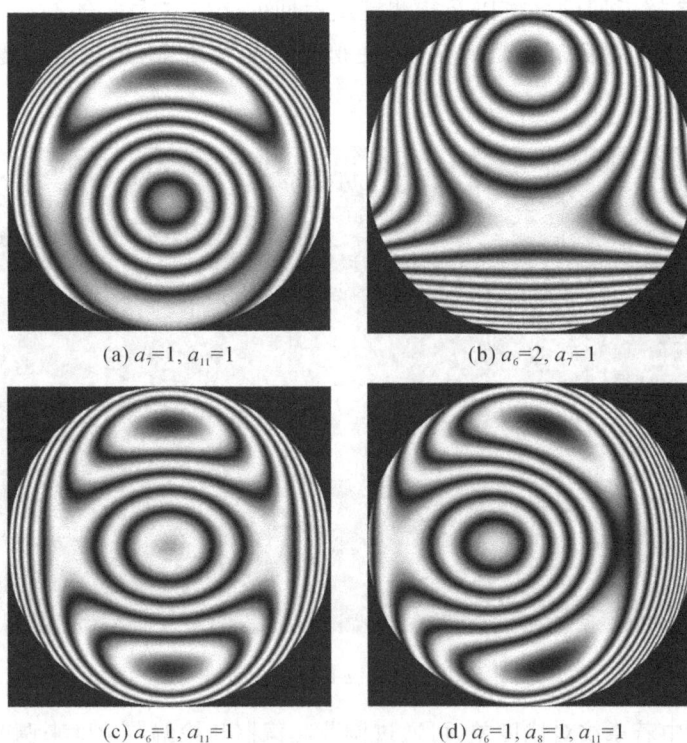

(a) $a_7=1$, $a_{11}=1$　　　　　　(b) $a_6=2$, $a_7=1$

(c) $a_6=1$, $a_{11}=1$　　　　　　(d) $a_6=1$, $a_8=1$, $a_{11}=1$

图 3-19　混合像差干涉图

## 【实验内容及操作步骤】

**1. 运行操作软件及自准直参考镜**

(1)打开 PDIPS 操作软件，点击 CCD 控制中的"打开"按钮。实验期间根据干涉图亮暗情况设置合适的曝光时间，注意一般不要超过 $500\mu s$，防止损坏 CCD 相机。

(2)点击 PZT 控制中的"刷新"按钮，选择合适的通信串口后点击"连接"，连接成功后指示灯会变为绿色，随后拨动 PZT 开关状态至"已开启"。

(3)因为 PZT 供电后会发生一定的不均匀伸长及旋转，所以需要重新对参考镜进行自准直,保障其垂直于光轴。取下参考路的 $\lambda/4$ 波片,在扩束器前的反射镜上能够观察到参考镜反射回的光斑,微调参考镜处的俯仰旋转台旋钮,使反射镜上的出射光斑与反射光斑重合,参考镜实现自准直。

(4)将 $\lambda/4$ 波片安装回原处,注意使光束完全从其通光孔径中穿过。

**2. 安装平面镜并对消球差透镜进行调整**

(1)将平面镜安装在带有角度调整功能的镜架中,后与支杆、支杆调整架进行组装,并且安装在导轨滑块的水平位移台上。

(2)调整平面镜的位置,使得光斑全部落在平面镜上。

(3)进一步调整平面镜的角度和位置,并且观察电脑显示屏(或者在检偏器后放置光屏接收),使得参考镜返回的光斑以及待测镜反射回的光斑基本重合。

(4)使用镜架上的微调旋钮微调角度,使得光斑完全重合,出现近似零条纹状态干涉图,如图 3-20 所示。

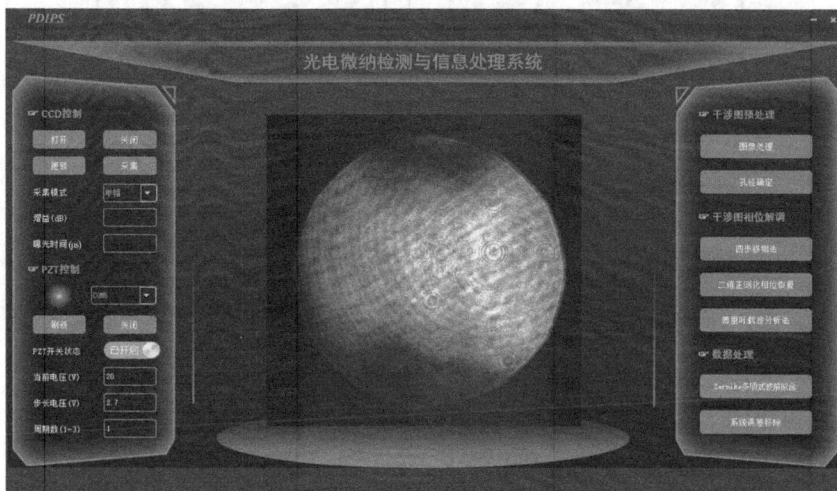

图 3-20 平面镜零条纹干涉图

(5)调节过程中若条纹对比度差,可通过调节起偏器与检偏器角度来调节条纹对比度。

**3. 安装消球差透镜并进行准直调整**

(1)将焦距为 75mm、孔径为 30mm 的消球差透镜安装在带有角度调整功能的镜架中,注意胶合的消球差透镜中的凸透镜(曲率半径较小一面)对向平行光。将镜架与支杆、支杆调整架进行组装,安装在检测路 $\lambda/4$ 波片之后。为方便后续调节,安装时,可将镜架旋钮一侧靠 $\lambda/4$ 波片放置。

(2)移动平面镜至消球差透镜焦点附近位置,取下消球差透镜再次确认平面干涉图处于零条纹状态。调整消球差透镜的角度和高度,在使用肉眼观察的情况下,使得消球差透镜与检测路光线垂直,并且光斑在消球差透镜中间(使用纸片遮挡一半消球差透镜前的光斑,应该观察到入射光斑和反射光斑重合)。

(3)微调平面镜前后位置,使得其精确位于消球差透镜焦点处。确定焦点位置可以首先肉眼观察平面反射镜上聚焦的光点最小,之后借助观察干涉图上的条纹数比较稀疏。

（4）不断微调平面镜位置、微调消球差透镜倾斜及偏心，得到接近零条纹的干涉图，如图 3-21 所示。

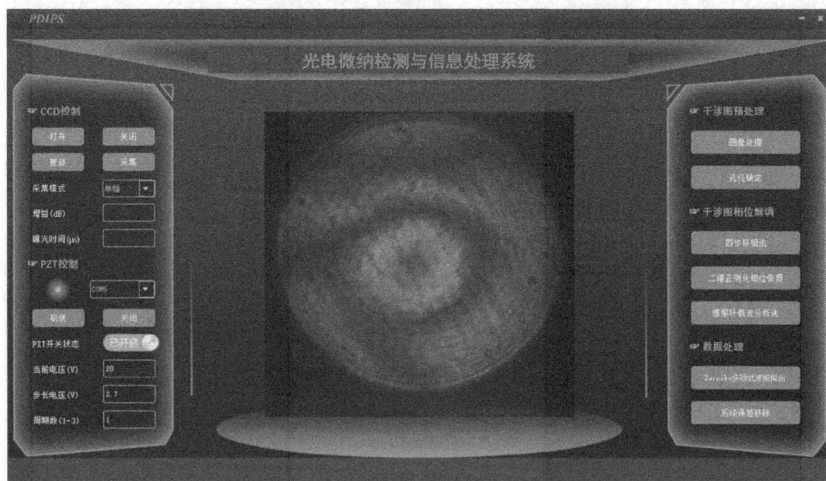

图 3-21　消球差透镜"零"条纹干涉图

（5）确定消球差透镜调整到最佳位置后，取下平面镜。

**4. 安装凹球面镜，调整得到干涉图**

（1）将凹球面镜安装在导轨上的三维调整架上，并使得凹球面镜角度基本垂直于光路。使用三轴调整架调整凹球面镜的位置，使得光斑打在凹球面镜正中间的位置。

（2）在消球差透镜焦点处安装小孔光阑，使汇聚光束从孔阑中心穿过。

（3）使用三维调整架调整凹球面镜前后的位置，使得返回的光束在小孔光阑上汇聚成一点。

（4）微调凹球面镜的角度，令反射的光能够通过孔阑中心返回，此时将出现离焦干涉条纹。

（5）使用三维调整架的前后调整旋钮，使得环状条纹逐渐变稀疏，直至环状条纹数减少到 0～1 条，如图 3-22 所示。需要注意的是，在调整过程中，要不断调整图像 $x$-$y$ 方向以使得环中心在干涉图中央。另外，前后调整旋钮时需要注意回转误差的影响。

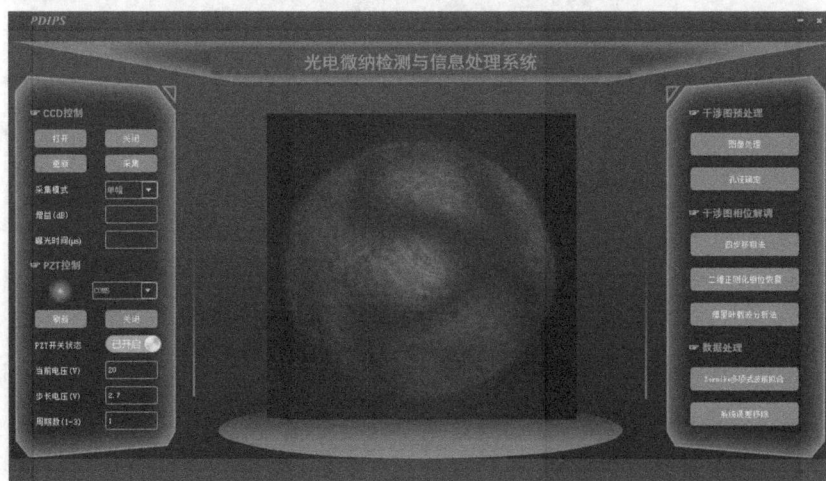

图 3-22　球面镜"零"条纹干涉图

（6）转动角度调整旋钮，调整凹球面镜角度，使得条纹变为 3～6 条直条纹，如图 3-23 所示。

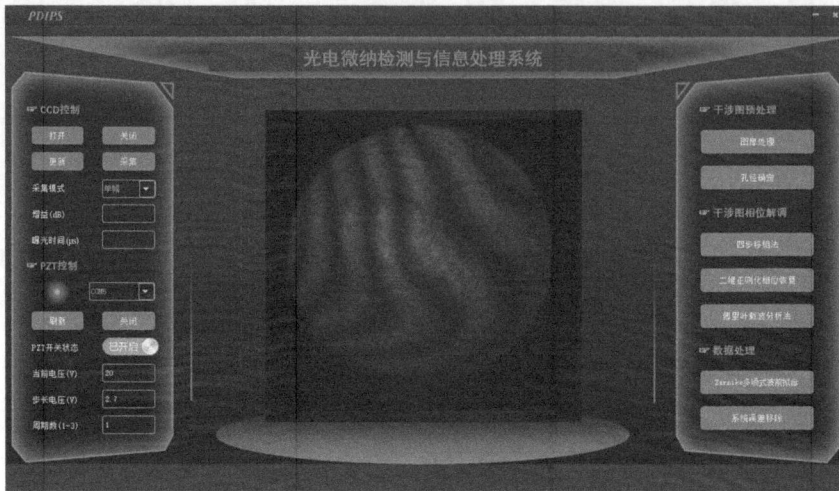

图 3-23  球面镜移相用干涉图

（7）点击采集模式旁的下拉选项栏，将其改为"球面"，随后点击"采集"按钮，选择图片保存路径，开始进行移相干涉图的采集。移相过程中请勿调节平面镜。

### 5.图像处理及孔径确定

（1）在主窗口中点击"孔径确定"按钮进入孔径确定窗口，点击"选择干涉图"按钮，选择要处理的图片文件夹，软件将自动生成原始干涉图的调制度图像。

（2）确定有效干涉孔径。拖动"腐蚀"和"膨胀"条，当腐蚀膨胀图可以确定有效区域后，依次点击"边缘提取""自动确认"，将会在"确定的孔径图"中出现预览。如果此孔径选择得不理想，可在"边缘提取图"中，长按鼠标左键画圆，手动确认有效干涉孔径，若画得不理想，可以长按鼠标右键拖动现有孔径，或长按鼠标左键重新绘制，绘制成功后，点击"手动确定"按钮，得到最终确定的孔径，如图 3-24 所示。

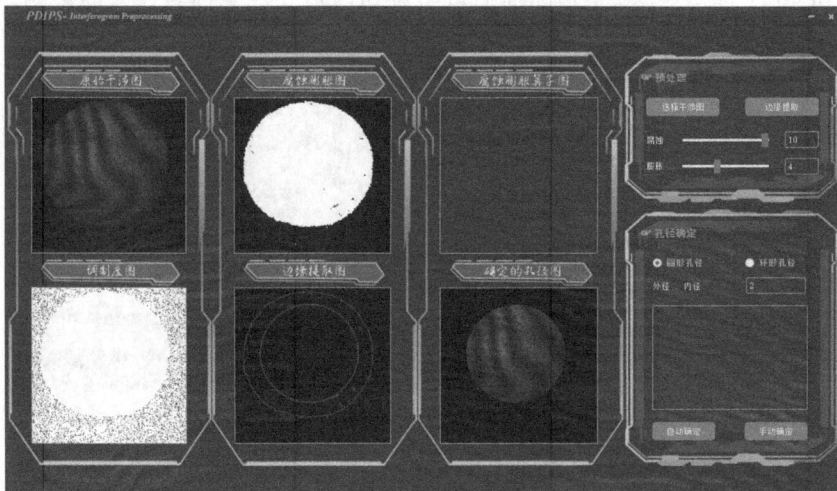

图 3-24  孔径确定窗口

（3）孔径确定后软件将自动保存该孔径的大小与位置，在后续多次实验中，若干涉图区域没有改变，可选择跳过该步骤。

**6. 相位调制与解调**

（1）在主窗口中点击"四步移相法"按钮，软件跳转到四步移相窗口，点击"显示干涉图"按钮，将会出现之前选择的干涉图。

（2）点击"显示孔径"按钮，载入图像处理过程中选取的图像孔径。

（3）点击"移相解调"按钮，进行四步移相解调。

（4）点击"解包裹"按钮，将包裹相位恢复为连续相位。测量相位结果的 PV 值、RMS 值显示在窗口右下方，如图 3-25 所示。

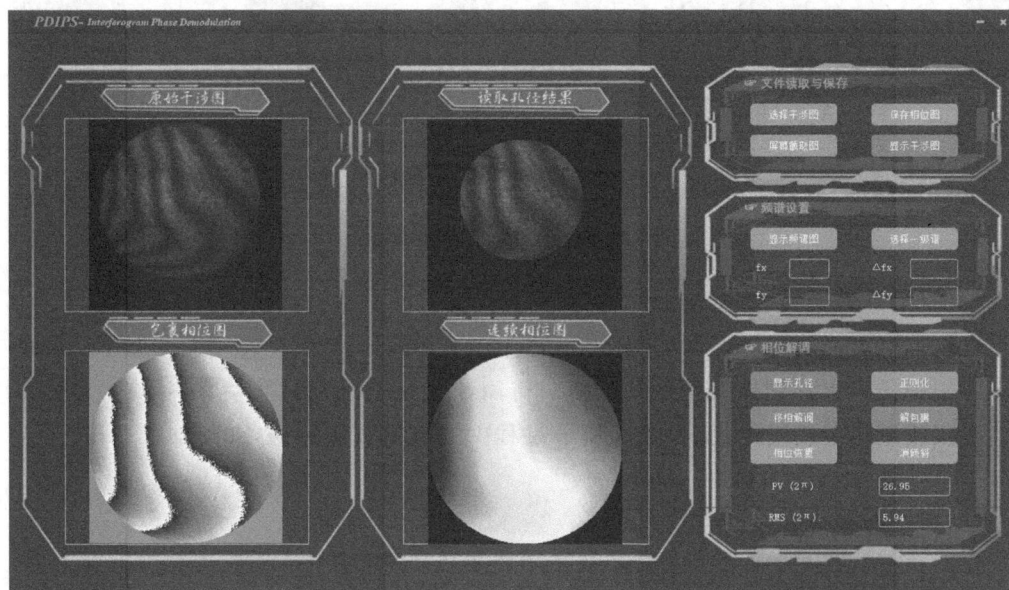

图 3-25 四步移相窗口

**7. 数据处理**

（1）在主窗口中点击"Zernike 多项式波前拟合"按钮，软件跳转到 Zernike 拟合窗口，依次点击"显示孔径""显示相位图"按钮，将会出现之前解调得到的连续相位图。

（2）点击"开始拟合"按钮，软件将生成拟合图像及拟合残差图。软件界面右侧显示 Zernike 拟合的前 37 项结果，选取 Zernike 多项式前 4 项，点击"移除选中项"，下方中间显示选中项的拟合结果图，下方右边显示剩余项的拟合结果图。界面右边显示 Zernike 拟合数据与检测结果（PV 值及 RMS 值），Zernike 拟合窗口如图 3-26 所示。

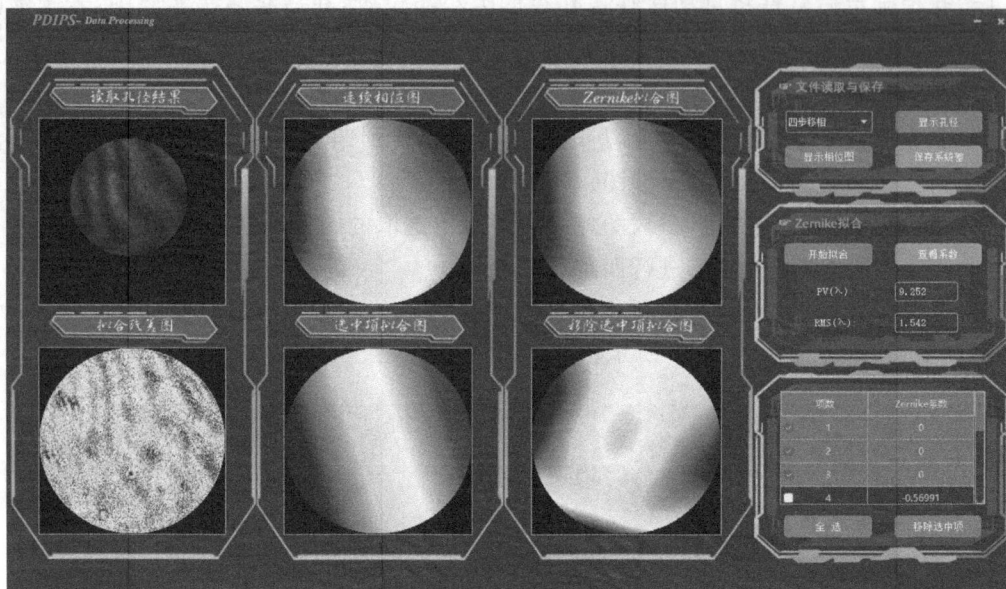

图 3-26　Zernike 多项式拟合窗口

### 8.更换消球差透镜,重复实验

(1)将消球差透镜更换成焦距为 50mm、孔径为 30mm,重复上述实验步骤 2～步骤 7。

(2)根据实验干涉图体会消球差透镜与待测球面镜 $F$ 数的匹配关系。

(3)实验结果分析,思考实验光路调节过程中的不足和实验误差的来源。

## 【实验记录及数据处理】

1.记录一组移相效果最好的干涉图。

2.对凹球面镜进行三次测量,记录测量的面形结果、PV 值和 RMS 值。

| 实验次数 | 面形图 | PV 值 | RMS 值 |
| --- | --- | --- | --- |
| 1 | | | |
| 2 | | | |
| 3 | | | |

注:图像结果可使用截图保存。

　　3.保存不同消球差透镜下球面镜的干涉图和面形检测结果,比较每次检测的有效孔径,理解消球差透镜与待测球面镜 $F$ 数的匹配关系。

## 【思考题】

　　1.实验中,检测光并不能覆盖待测的凹球面镜的全口径,应该使用什么样的消球差透镜,才可以实现检测待测凹球面镜全口径的目的?

　　2.干涉图仿真的练习:分别引入不同大小的离焦量,干涉图会如何变化?

　　3.请画出菲佐干涉仪的球面镜面形检测光路。

　　4.请分析使用不同 $F$ 数的标准球面镜时,对于实验调整的影响。

　　5.除了四步移相法,请列举其他解相位方法,并说明各自的原理及优缺点。

　　6.如果在相位解包裹时,出现了明显的断层,试分析出现的原因及解决方法。

## 【注意事项】

　　1.不能对着仪器说话或咳嗽。严禁用手直接触摸元件光学面。

　　2.三维调整架各方向都有一定的移动范围,使用时注意不要超过旋钮的最大范围。不要使用外力直接按压调整架。

　　3.注意消球差透镜一定要调整到较好状态,否则无法得出理想的干涉图。

　　4.如果无论如何调整消球差透镜都无法得出理想的干涉图,可能是因为偏振分束镜没有完全准直,请联系助教进行调整。

# 单幅干涉图相位恢复实验

## 【实验目的】

1. 了解单幅干涉图相位恢复的必要性以及常用方法。
2. 理解光电干涉信号的傅里叶分析法基本原理。
3. 理解二维正则化相位恢复技术基本原理。
4. 将移相法、傅里叶分析法、二维正则化相位恢复技术的恢复结果进行对比,总结三者的优缺点和适用环境。

## 【实验装置】

PDIPS、平面镜、凹球面镜(顶点球曲率半径为 90mm)、消球差透镜(焦距 75mm、孔径 30mm)。

## 【实验原理】

在现代光学精密干涉检测及计量中,光学元件面形检测、三维形貌获取及表面粗糙度测量等领域都涉及干涉条纹的分析技术。根据干涉检测中采集必需干涉图数目的不同,干涉图相位恢复问题通常可以分为三类,即基于多幅(≥3 幅)移相干涉图的相位恢复、基于单幅非闭合干涉图的相位恢复和基于单幅或两幅闭合干涉图的相位恢复。当干涉图数目≥3 幅时,可以利用经典的移相干涉解调算法,如四步移相算法、Carre 算法、Hariharan 算法和最小二乘算法等进行恢复。当单幅干涉图中由于载波的介入,呈现出较多的规律直状条纹分布时,可以利用经典的空间相位解调技术,即傅里叶分析法进行恢复。当存在单幅或者两幅干涉图且其中条纹闭合时,可用的相位求解算法包括二维正则化相位跟踪算法(Regularized Phase-Tracking,RPT)、路径无关的二维正则化相位跟踪算法(Path-Independent Regularized Phase-Tracking,PIRPT)、基于正交多项式相位解调算法

（Polynomial-Based Phase-Fitting，PPF）和基于 Gram-Schmidt 正交化的相位解调算法。

前几个实验中使用的四步移相法，需要对条纹进行多次记录，并且在每一次记录中都需要保证准确的相移量及稳定的光强，这给测量过程及其装置的搭建带来很大的难度。而且在实际的操作中，实验过程经常会出现空气的扰动及机械平台不可避免的微小振动、PZT 移相不准的情况，甚至有时会发生 PZT 伸缩造成参考镜面旋转。可见，移相法的缺点主要体现在不能进行动态实时测量，同时对系统装置以及环境有很高的要求。而利用单幅干涉图恢复所需信息时，不需要进行多次采集，因此对外界的振动和空气的扰动不敏感，能实现测量的动态化。因此，下文将介绍两种常用的单幅干涉图相位恢复方法，即光电干涉信号的傅里叶分析法和二维正则化相位跟踪算法。

本实验的调节步骤与前几个实验相同，因此在这里不再进行介绍。第 4.1 节将介绍傅里叶分析法，主要分为四部分，即傅里叶分析法的基本原理、傅里叶分析过程中会产生的频率泄漏和残留倾斜，以及以平面镜检测为实例介绍傅里叶分析法的整个流程。第 4.2 节将从 RPT 的基本原理、干涉图正则化、参数影响分析、解调路径以及后续发展等五个方面对二维正则化相位跟踪算法进行有关介绍。

# 4.1　光电干涉信号傅里叶分析法

作为常用的空间相位调制方式，傅里叶变换分析技术需要引入空间线性载波，即在待测波面与参考波面之间加入一个倾斜，将待测波前的相位信息加载到该线性载波上，实现对待测波前的调制，从而可以利用傅里叶分析法进行解调。

## 4.1.1　傅里叶分析法的基本原理

假设在待测波面和参考波面之间引入 $x$ 方向的倾斜，干涉图的强度分布为

$$i(x,y)=i_1(x,y)+i_2(x,y)\cos[f_0 x+\varphi(x,y)], \tag{4.1}$$

式中，$i_1(x,y)$ 为背景光强；$i_2(x,y)$ 为调制光强；$f_0$ 由待测波面和参考波面间的倾斜引入，如果待测波面和参考波面之间的倾斜角为 $\theta$，则 $f_0=\dfrac{\sin\theta}{\lambda}$，其中，$\lambda$ 为光波长，$\varphi(x,y)$ 为待测波面与参考波面之间的相位差。

为了便于进行傅里叶分析，令式（4.1）变为

$$i(x,y)=i_1(x,y)+\frac{1}{2}i_2(x,y)\exp[\varphi(x,y)]\exp(jf_0 x)+$$
$$\frac{1}{2}i_2(x,y)\cdot\exp[-\varphi(x,y)]\exp(-jf_0 x). \tag{4.2}$$

令 $h(x,y)=\dfrac{1}{2}i_2(x,y)\exp[\varphi(x,y)]$，则上式可以写为

$$i(x,y)=i_1(x,y)+h(x,y)\exp(jf_0 x)+h^*(x,y)\exp(-jf_0 x), \tag{4.3}$$

式中，* 表示共轭。对上式进行傅里叶变换得到

$$I(f_x,f_y)=I_1(f_x,f_y)+H(f_x-f_0,f_y)+H^*(f_x+f_0,f_y),\qquad(4.4)$$

式中，$f_x$、$f_y$ 表示的是 $x$、$y$ 方向分别对应的空间频率；$I$、$I_1$、$H$、$H^*$ 分别表示 $i(x,y)$、$i_1(x,y)$、$h(x,y)$、$h^*(x,y)$ 所对应的傅里叶变换。其中，$I_1(f_x,f_y)$ 为背景光强的频谱，第二项和第三项分别为含有相位信息，以及中心位于 $-f_0$ 和 $f_0$ 的频谱。当载频 $f_0$ 足够大时，就能使零级谱分量 $I_1(f_x,f_y)$ 与正负一级谱分量 $H(f_x-f_0,f_y)$、$H(f_x+f_0,f_y)$ 充分拉开，便于进行后续的滤波处理，如图 4-1(a) 所示。图 4-1(b) 是滤波之后的频谱。

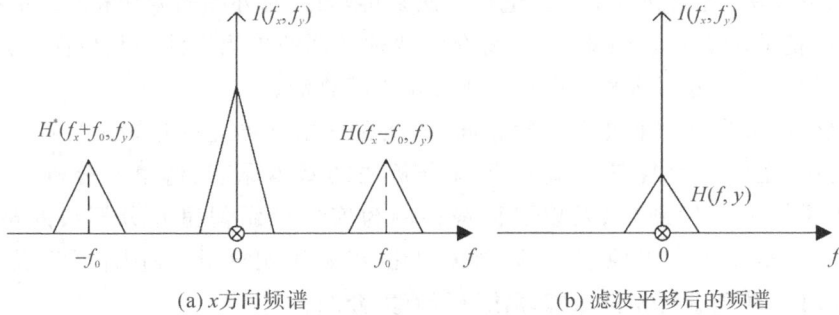

(a) $x$ 方向频谱　　　　　　　　(b) 滤波平移后的频谱

图 4-1　干涉图在 $x$ 方向的频谱及滤波平移后的频谱

利用带通滤波器取出频谱中的正一级谱分量，将一级频谱移至中心，如图 4-1(b) 所示，并进行傅里叶逆变换得到

$$h(x,y)=F^{-1}\{H(f_x,f_y)\}=\frac{1}{2}i_2(x,y)\exp[j\varphi(x,y)].\qquad(4.5)$$

进一步计算得到

$$\varphi(x,y)=\tan^{-1}\left\{\frac{\mathrm{Im}[h(x,y)]}{\mathrm{Re}[h(x,y)]}\right\},\qquad(4.6)$$

式中，$\mathrm{Im}[h(x)]$ 以及 $\mathrm{Re}[h(x)]$ 分别表示了 $h(x)$ 的实部以及虚部。由于波面相位是利用傅里叶变换的反正切求得，如果使用四象限反正切，通过判断 sin 与 cos 的符号可确定相位角所在的象限，一定程度地拓展相位图的值域，也只能达到 $[-\pi,\pi)$。所以，下一步还需要进行相位解包裹的操作，这一操作具体见实验 1。

大多数情况下，干涉条纹受二维空间相位调制，其载波频率在 $x$、$y$ 方向都有分量。此时，干涉条纹的强度分布可以表示为

$$i(\vec{r})=n(\vec{r})+m(\vec{r})\cos[\vec{\nu_0}\cdot\vec{r}+\varphi(\vec{r})],\qquad(4.7)$$

式中，$\vec{r}=x\vec{i}+y\vec{j}$ 为平面矢量；$\vec{\nu_0}=f_x\vec{i}+f_y\vec{j}$ 为空间载波频率且具有矢量二维性；$n(\vec{r})$ 为随机噪声与背景光强的叠加；$m(\vec{r})$ 为调制光强。

同样，为了便于运算，设

$$\overline{h(r)}=0.5\cdot m(\vec{r})\exp[-j\overline{\varphi(r)}],\qquad(4.8)$$

经过傅里叶变换、滤波平移以及傅里叶逆变换后得到

$$g(\vec{r})=m(\vec{r})\exp[-j\varphi(\vec{r})],\qquad(4.9)$$

其相位分布为

$$\varphi(\vec{r}) = -\tan^{-1}\left\{\frac{\text{Im}[g(\vec{r})]}{\text{Re}[g(\vec{r})]}\right\}. \tag{4.10}$$

从上述计算过程中我们可以看到,在利用傅里叶分析法进行计算时,需要在频域进行滤波操作,能够有效抑制噪声,使得相位恢复的精度较高。但值得注意的是,这种滤波操作同时会滤除高频信息。因此,如果是要分析粗糙度这种高频信号,不推荐使用傅里叶分析法。

## 4.1.2　频率泄漏效应

需要注意的是,上述理论都是针对一个连续函数的傅里叶变换。而实际工作中,均需要利用 CCD 等光电探测器抽样地获取干涉图,并利用计算机通过离散傅里叶变换进行处理。整个处理过程需要分别对原始信号进行截断和抽样,这样就可能使信号的频谱发生混叠和泄漏。由于目前的光电探测器件阵列的像元素可以达到百万像素甚至更高,在对光波前的分析中,混叠效应产生的影响较小,因此下面主要讨论频率泄漏效应。

**1. 频率泄漏效应的产生原因**

如上文所述,在利用光电探测器接收信号时,等同于对信号进行截断以及周期性离散抽样,利用数学表达式分析也就相当于用截取函数与原无限长序列相乘。

以一维信号为例,首先考虑一般的离散抽样过程。对一个无限长序列的信号 $i_0(x)$ 进行周期性离散抽样,采样周期为 $T$,则得到的离散信号可以认为是原始信号与梳状函数 $\text{comb}\left(\dfrac{x}{T}\right)$ 的乘积,可以表达为

$$i(x) = i_0(x) \cdot \text{comb}\left(\frac{x}{T}\right) = i_0(x) \cdot \sum_{k=-\infty}^{+\infty}\delta(x-kT), \tag{4.11}$$

式中,$i_0(x)$ 为原始信号;$T$ 为采样周期;$k$ 为整数;$\text{comb}\left(\dfrac{x}{T}\right)$ 为梳状函数,与原始信号相乘表示对原始信号进行周期性离散采样。comb 函数的图像如图 4-2 所示。

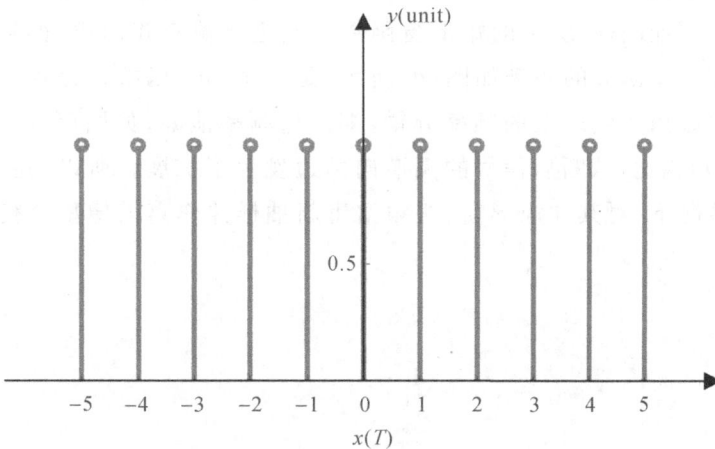

图 4-2　comb 函数

梳状函数的傅里叶级数展开式为

$$\text{comb}\left(\frac{x}{T}\right) = \frac{1}{T}\sum_{k=-\infty}^{+\infty}\exp\left(j\frac{2\pi}{T}k\right) = f_s\sum_{k=-\infty}^{+\infty}\exp(j2\pi f_s k), \tag{4.12}$$

式中，$f_s = \frac{1}{T}$ 为采样频率。所以式(4.11)变为

$$i(x) = f_s\sum_{k=-\infty}^{+\infty}i_0(x)\cdot\exp(j2\pi f_s k), \tag{4.13}$$

则该离散信号的傅里叶频谱为

$$F\{i(x)\} = F\left\{f_s\sum_{k=-\infty}^{+\infty}i_0(x)\cdot\exp(j2\pi f_s k)\right\} = f_s\sum_{k=-\infty}^{+\infty}I(f-kf_s). \tag{4.14}$$

在此基础上，再加入矩形窗截断过程，假设截断长度为 $L$，则窗口函数为

$$h(x) = \begin{cases} 1, & -L/2 \leqslant x \leqslant L/2, \\ 0, & \text{其他}, \end{cases} \tag{4.15}$$

则式(4.14)变为

$$F\{i(x)\} = F\left\{f_s\sum_{k=-\infty}^{+\infty}h(x)\cdot i_0(x)\cdot\exp(j2\pi f_s k)\right\}. \tag{4.16}$$

根据离散傅里叶变换的卷积性质可知，时域中两信号相乘相当于频域中信号频谱的卷积。同时不考虑混叠效应，则式(4.16)变为

$$F\{i(x)\} = f_s I(f-kf_s)\otimes\frac{\sin2\pi Lf}{2\pi Lf}, \tag{4.17}$$

式中，$\otimes$ 表示卷积；$H(f) = \frac{\sin2\pi Lf}{2\pi Lf}$ 为矩形窗函数的傅里叶变换。从式(4.17)可以看出，对于一般采用的矩形窗，其频谱为 sinc 函数。对原信号加矩形窗相当于原信号的频谱与 sinc 函数作卷积。所以，对原始信号加矩形窗就会导致频谱的失真，使得频谱从原有的频率图形扩展开，出现频率泄漏的现象。

对于一个无限长非周期信号，如图 4-3(a)所示的 sinc 函数，其对应频谱为图(b)中的矩形信号。应用如图(c)所示的矩形窗函数对其进行截断并抽样，得到图(e)中的信号。而所用的矩形窗函数的频谱如图(d)所示，是一个 sinc 函数。此函数存在旁瓣，与其卷积后的信号频谱产生多余的频率分量，即产生频率泄漏，如图(f)所示。与原信号的频谱(见图(b))相比，截断后信号的频谱向两边发生了扩展。所以，在原始信号为非周期无限长的情况下，对其加矩形窗、对频谱重新抽样并作离散傅里叶变换后，无法恢复到原有信号。

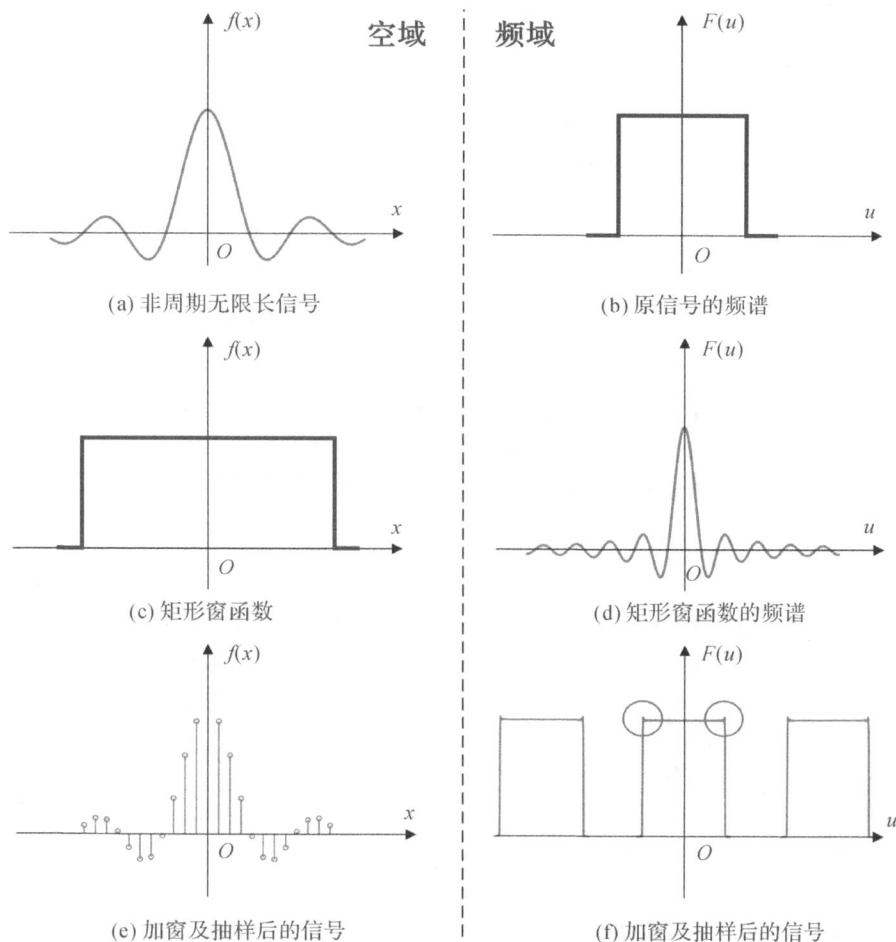

(a) 非周期无限长信号

(b) 原信号的频谱

(c) 矩形窗函数

(d) 矩形窗函数的频谱

(e) 加窗及抽样后的信号

(f) 加窗及抽样后的信号

图 4-3  非周期无限长信号的频率泄漏现象

对于一个无限长周期信号,首先考虑对其进行周期性截断的情况。图 4-4(a)为一个周期为 $T_1$ 的无限长正弦信号,图 4-4(b)为其对应频谱。对原信号进行抽样后并用窗宽为 $T_1$ 的矩形窗对抽样后的信号进行截断,且此截取函数的宽度为信号周期的整数倍。图 4-4(c)为对一维离散余弦信号进行整周期截断并采样后的结果;图 4-4(d)为其离散傅里叶变换频谱,从图中可见,频谱与原始信号的频谱相比,向两边产生了一定的延拓,发生了频率泄漏。在恢复原始信号的过程中,由于空域中宽度为 $T_1$ 的矩形窗函数在频谱中对应 $1/T_1$ 的谱分辨率,所以实际中的频谱如图 4-4(f)所示,恢复得到的信号如图 4-4(e)所示。可以发现,在整周期截断的情况下,采样点正好处在原信号的频谱处。这样除了采样点以外,其他的点在采集得到的频谱上值均为 0,使得频率泄漏引起的失真在抽样数据中不表现出来。只是频谱的幅值有所下降,这是由于频率泄漏造成了能量泄漏而导致的。在空域上的表现就是,经过对频谱的傅里叶逆变换得到的信号,在截断处能够很好地连接起来,如图 4-4(e)所示。所以矩形窗函数在整周期截断时能够恢复到原始信号,只是强度不同而已。

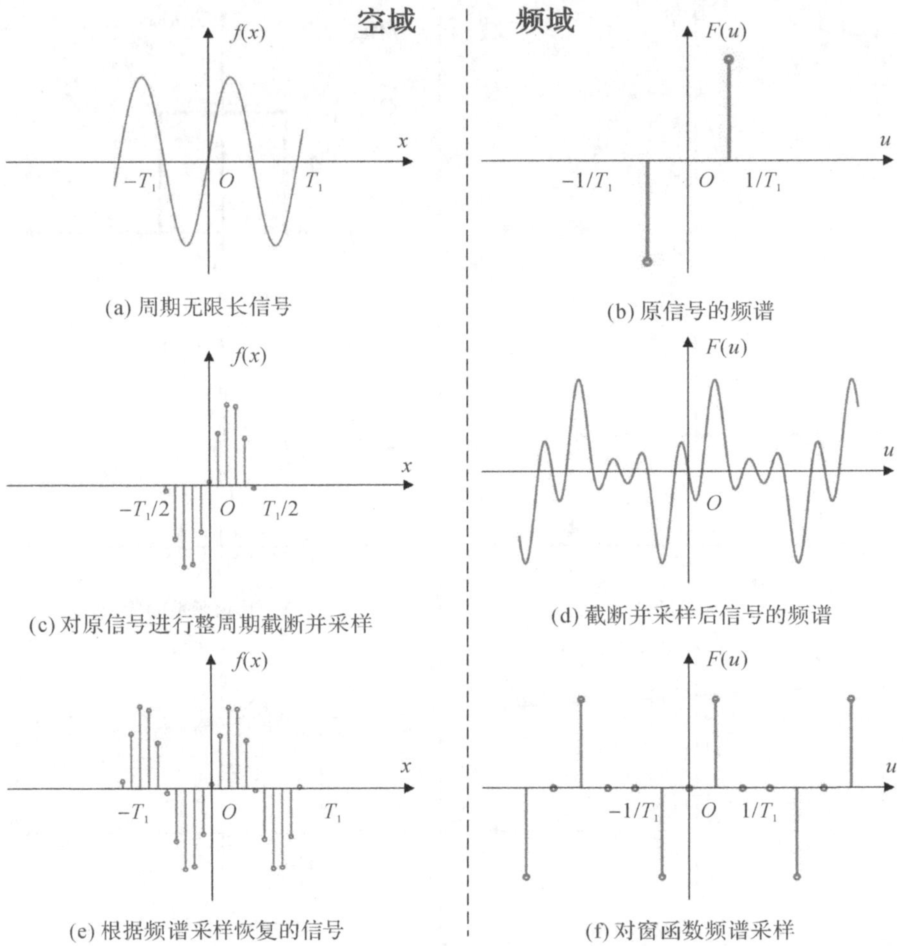

**空域**　　**频域**

(a) 周期无限长信号　　(b) 原信号的频谱

(c) 对原信号进行整周期截断并采样　　(d) 截断并采样后信号的频谱

(e) 根据频谱采样恢复的信号　　(f) 对窗函数频谱采样

图 4-4　整周期截断的周期函数及其信号采样及恢复过程

接下来考虑对周期无限长信号进行非整周期截断的情况。如图 4-5(c) 所示，采用窗宽为 $T_2$ 的矩形窗对原始信号进行截断，而原信号的周期为 $T_1$。图 4-5(d) 是非整周期截断后进行离散傅里叶变换得到的对应频谱。可以看到，其频谱也同样发生了明显的泄漏。

此时再对频谱进行采样，采样周期为 $\dfrac{1}{T_2}$，但是采样点并不会落在原信号的频谱处。这使得采样的频谱与原始频谱不同，频谱上的失真并没有消除。表现在空域上就是，经过对频谱进行傅里叶逆变换之后的恢复信号，在截断点处会有信号的跳变，发生失真，无法恢复到原来的信号。

而对于实际中的载波干涉图，可以看成是周期有限长信号。根据上述分析可知，只有当截取孔径是载波条纹周期的整数倍时，才可能得到较为精确的波前，最大限度地抑制频率泄漏造成的不良影响。以图 4-6 中球面波的波前恢复过程为例进行说明，其为一 PV 值为 $6.981\lambda$ 的标准球面波。

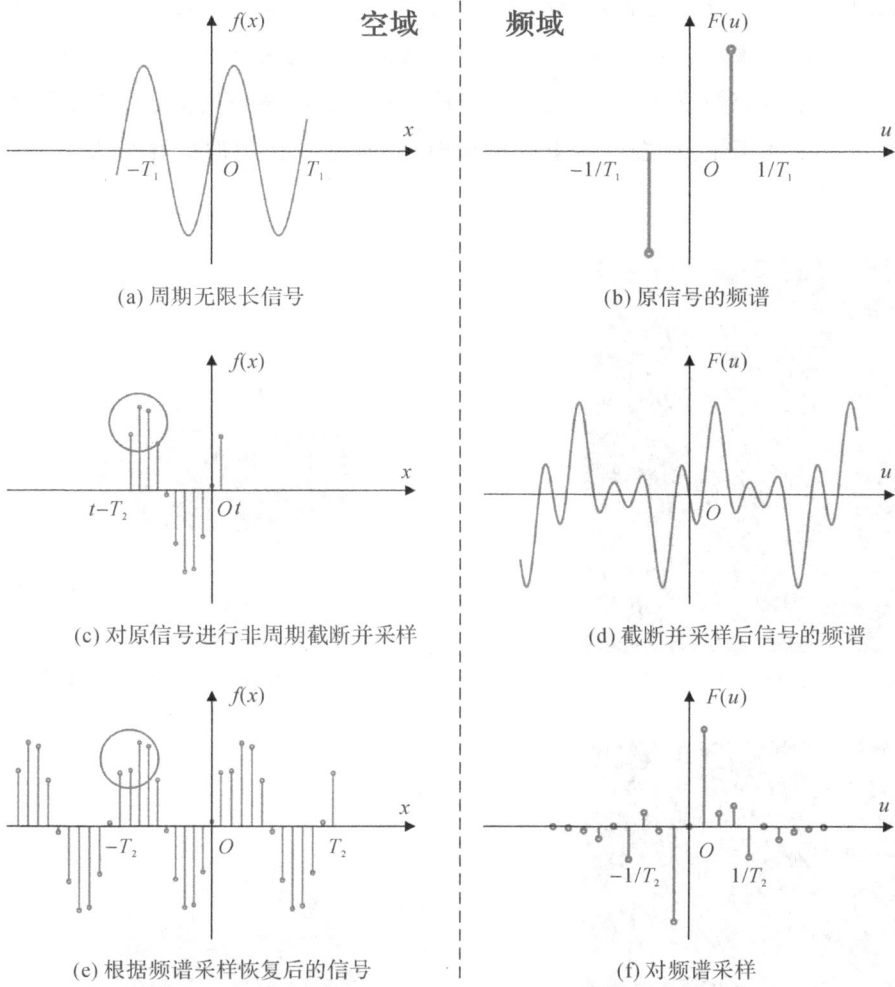

(a) 周期无限长信号

(b) 原信号的频谱

(c) 对原信号进行非周期截断并采样

(d) 截断并采样后信号的频谱

(e) 根据频谱采样恢复后的信号

(f) 对频谱采样

图 4-5　非整周期截断的周期函数及其信号采样及恢复过程

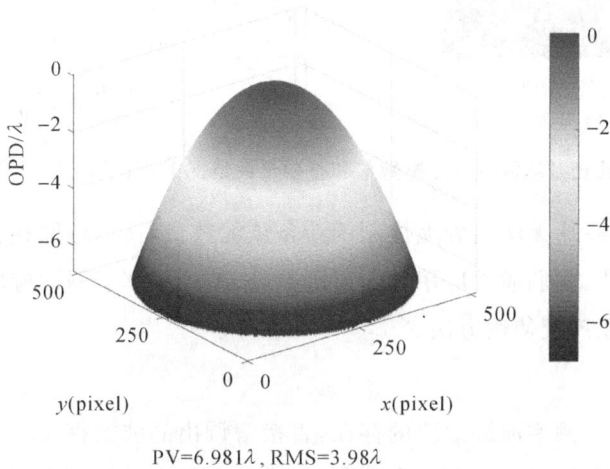

PV=6.981$\lambda$、RMS=3.98$\lambda$

图 4-6　原始波前

分别对图 4-6 的球面波前应用载波条纹周期整数倍和非整数倍的截取孔径,随后使用傅里叶分析法解调,结果如图 4-7 所示。当截取孔径为载波条纹非整数倍时,重构出的波面与原始波面的形状相差较大;但当截取孔径为载波条纹整数倍时,重构出的波面误差较小。由此可见,在进行傅里叶解调时,合理地选择截取的孔径大小,可以有效地降低重构误差。

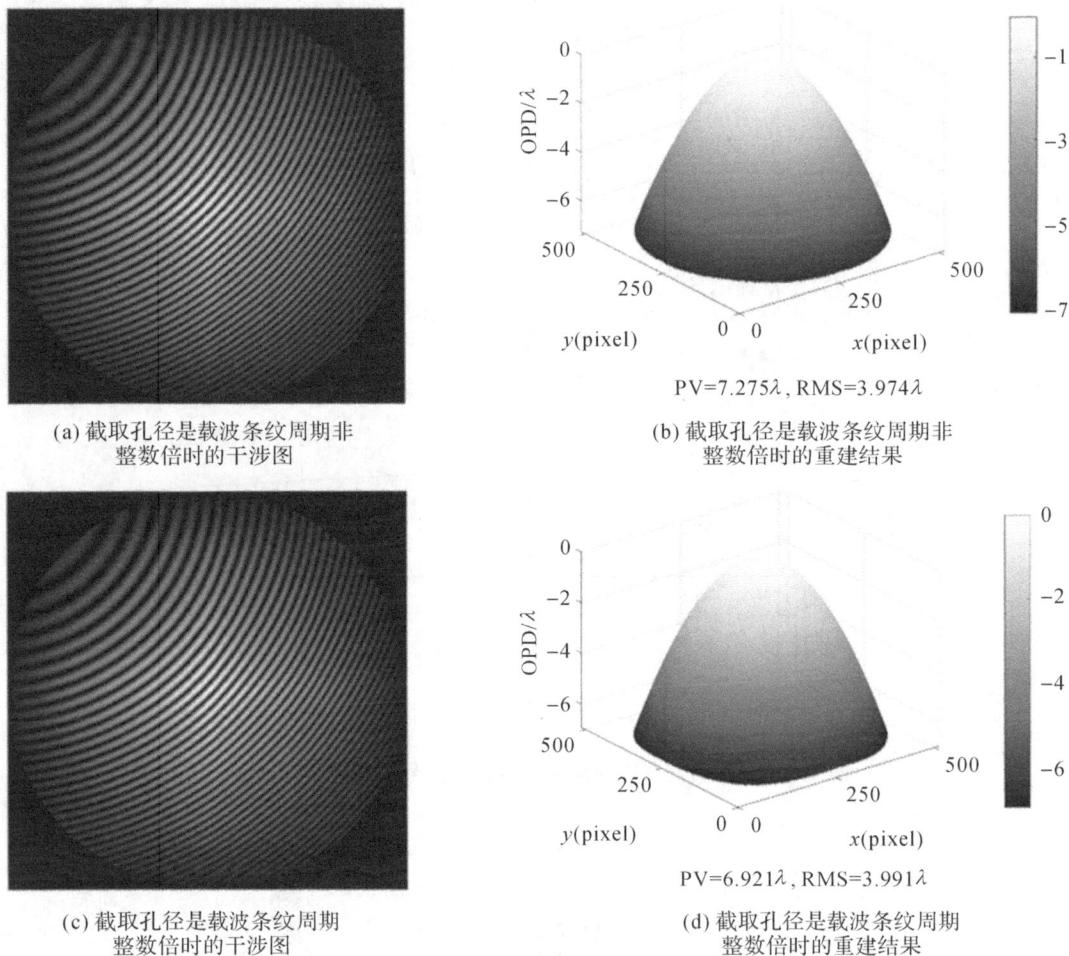

(a) 截取孔径是载波条纹周期非
整数倍时的干涉图

(b) 截取孔径是载波条纹周期非
整数倍时的重建结果

(c) 截取孔径是载波条纹周期
整数倍时的干涉图

(d) 截取孔径是载波条纹周期
整数倍时的重建结果

图 4-7　截取孔径是载波条纹非整数倍和整数倍的情况下仿真的干涉图及重构的波面

然而在实验中,往往无法精确地控制干涉条纹的数量,使得截取孔径大小恰好是载波周期的整数倍。为此,我们通常应用其他窗函数,来减少频率泄漏效应的影响。接下来将介绍其他窗函数的原理及使用方法。

**2. 窗函数**

如前文所述,由于频率泄漏效应的存在,直接解调出的波前存在较大误差。对于一般的信号,解决频率泄漏问题可以采取加大窗宽的方式来有效地抑制这一误差,这种方法虽然能够减弱频率泄漏效应,但会使计算工作量加大,且不可能无限增大窗宽。另外,对于干涉图来说,孔径是确定的,无法加大窗宽。针对这种情况,我们采用另一种有效的方法,即改变窗函数的形状,采用除矩形窗以外的其他窗函数。矩形窗函数由于其波形变化剧烈,因此频谱中高频成分衰减慢,造成严重的频率泄漏效应。实际中应用较多的窗函数有汉明窗、凯泽窗、高斯窗等。这些窗频谱的高频成分衰减迅速,将使泄漏情况得到改善。

各窗函数的幅频特性都有明显的主瓣和旁瓣,可以在不同程度上压低原始信号频谱的旁瓣,使频率泄漏效应较弱。而主瓣频率宽度以及旁瓣的幅值衰减特性决定了每个窗函数的特性和应用场合。因此,针对不同的信号,所采用的窗函数也会有所不同。窗函数的频谱中主瓣与旁瓣的幅值比越大,产生的频率泄漏就越小。窗函数的主瓣越宽,其频谱分辨率越差,难以区分相同幅值的临近频率。而窗函数的主瓣越窄,其频谱分辨率越好,但是此时抑制杂波的能力也下降。而且对于主瓣窄的窗函数,旁瓣的衰减率也较低。因此在选择窗函数的过程中,应灵活地根据需求,在精度和分辨率之间作一个折中。汉明窗具有较小的旁瓣值和较大的衰减程度,故虽然其主瓣较宽,但实际使用率很高。

汉明窗函数如图 4-8 所示,该窗的纵坐标进行了归一化,在孔径边缘处逐渐趋于零。其函数表达式为

$$h(x)=\begin{cases}0.54+0.46\cos\dfrac{2\pi\sqrt{x^2+y^2}}{D}, & (x^2+y^2)<D^2, \\ 0, & \text{其他}.\end{cases} \tag{4.18}$$

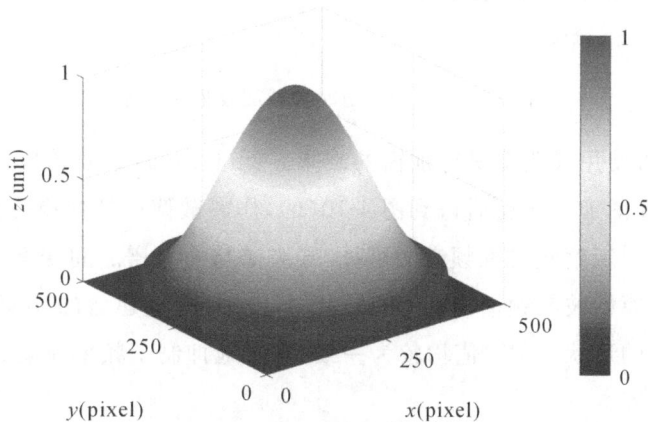

图 4-8 二维汉明窗

以图 4-9(a)中的球面波为待测波前,来比较加入不同窗函数对波面恢复的影响。首先,分析加入矩形窗的情况,对图(b)加矩形窗的干涉图作离散傅里叶变换,得到图(c)的二维频谱图。零级谱与一级谱周围由于主瓣和旁瓣的幅值比较大,产生了一定的环带,这

些环带环绕着傅里叶频谱,这使得零级谱、一级谱无法清晰分辨。对应地,在图 4-9(d)上可以看到由频率泄漏效应导致的局部失真。

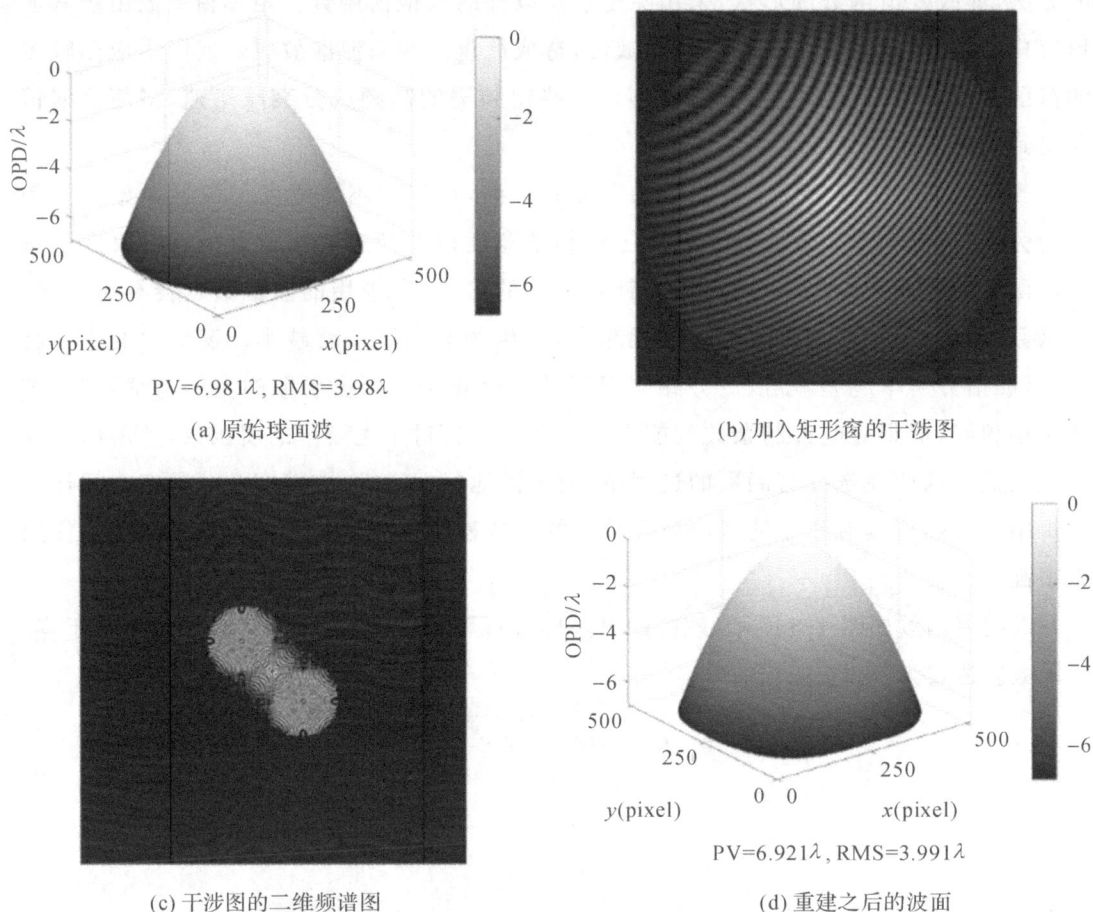

PV=6.981$\lambda$, RMS=3.98$\lambda$

(a) 原始球面波

(b) 加入矩形窗的干涉图

(c) 干涉图的二维频谱图

PV=6.921$\lambda$, RMS=3.991$\lambda$

(d) 重建之后的波面

图 4-9  加入矩形窗时的球面波重建过程

其次,对比分析使用汉明窗进行加窗的结果。图 4-10(a)是原始球面波,与图 4-9(a)一致,对其对应干涉图加汉明窗后得到图 4-10(b),作离散傅里叶变换后得到如图 4-10(c)所示的二维频谱图。观察此二维频谱图可见,零级谱与一级谱之间变得十分清晰,说明汉明窗的加入抑制了原始波前频谱中的旁瓣。图 4-10(d)是重建后的波面。最终得到的重构波面与原始波面的形状和 PV 值均较为一致,有效地抑制了频率泄漏。

PV=6.981λ,RMS=3.98λ

(a) 原始球面波

(b) 加入汉明窗的干涉图

(c) 干涉图的二维频谱图

PV=6.896λ,RMS=3.98λ

(d) 重建之后的波面

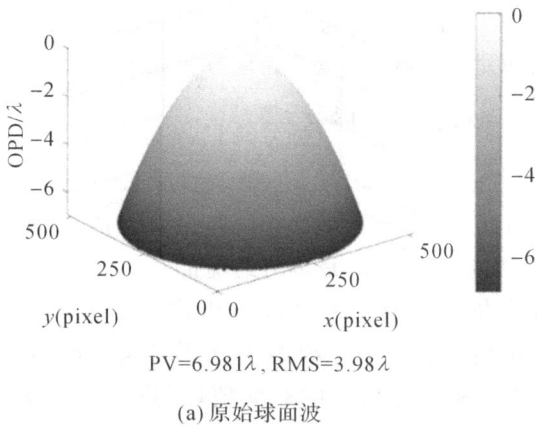

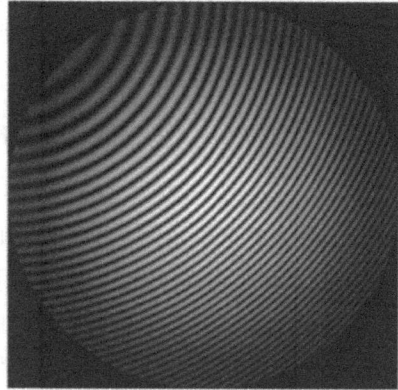

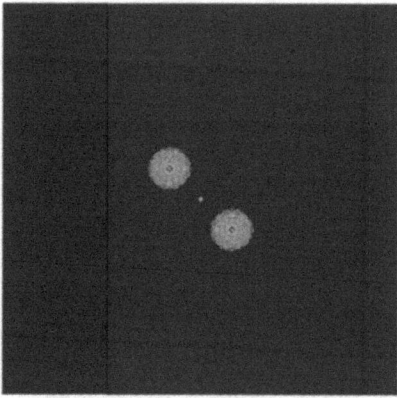

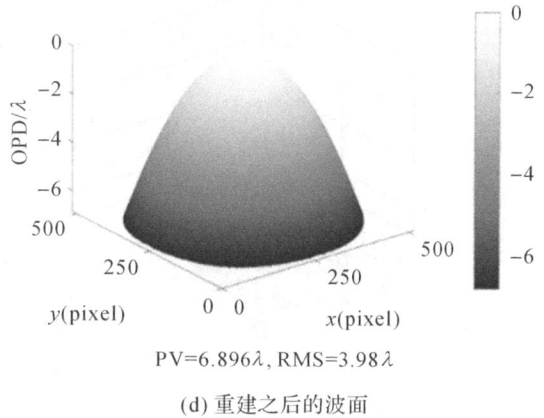

图 4-10　使用汉明窗后的球面波重建过程

## 4.1.3　残留倾斜

在上一部分,我们分析了傅里叶分析法解调过程中可能存在的频率泄漏,这部分我们继续分析残留倾斜造成的影响。从傅里叶分析法的基本原理可知,待测面的相位信息被包含在一级谱分量中。因此,为了获得准确的相位信息,必须保证干涉图对应的频谱图中零级谱分量与正负一级谱分量被充分分开,再使用带通滤波器提取出一级频谱,才能不引入零频分量的混叠。在实际操作中,需要在 PDIPS 中人为调整待测镜的位姿,引入比较大的倾斜,即提供较大的载波频率。在提取出一级频谱分量后,一般采用一级谱的峰值坐标作为载频的估计,并以此为依据将其移至频谱中心,即移除之前加入的空间载频,保留相位信息。再进行傅里叶逆变换,应用式(4.10)后,即可恢复待测波前的相位信息。

但是在实际实验中,由于波面重构过程均为离散傅里叶变换,受到抽样过程中采样点间隔的限制,从而使采样间隔不能像连续函数一样无限小。如果载频不在采样点上,而是处在两个采样点之间,就会使得采样得到的载波频率值不等于实际载波频率,从而无法将载波频率 $f_0$ 正好移至频谱中心。这个过程中就引入了前文提及的频率泄漏效应,同时还会产生本小节要讲述的残留倾斜误差。此时的傅里叶变换,真正的处理方程式为

$$2\pi\Delta f_{0x}x + 2\pi\Delta f_{0y}y - K\varphi(x,y) = -\tan^{-1}\left\{\frac{\text{Im}[g(x,y)]}{\text{Re}[g(x,y)]}\right\}, \quad (4.19)$$

式中,$\Delta f_{0x}$ 和 $\Delta f_{0y}$ 表示频域移至中心时的误差,$2\pi\Delta f_{0x} + 2\pi\Delta f_{0y}$ 是剩余斜率载波相位。也就是说,经过波面重构之后,在重构的波前额外地残留了空域中的倾斜。由于对载波频率的采样估计不准确而产生误差,使得空域中的残余倾斜几乎是不可避免的。

可以简单地使用波面拟合过程中消倾斜的办法来消除傅里叶分析法中空域的倾斜,但是这种办法产生的结果无法保留原始波前的倾斜量。想要解决这个问题,需要我们使用额外的辅助手段精确估计出傅里叶变换之前人为加入的载频值,再进行一级谱的平移。

将 MATLAB 中自带的 peaks 函数加入一定的倾斜量作为原始波前,如图 4-11(a)所示。对其加入载波后,得到如图 4-11(b)所示的干涉图。加窗、傅里叶分析法重建后

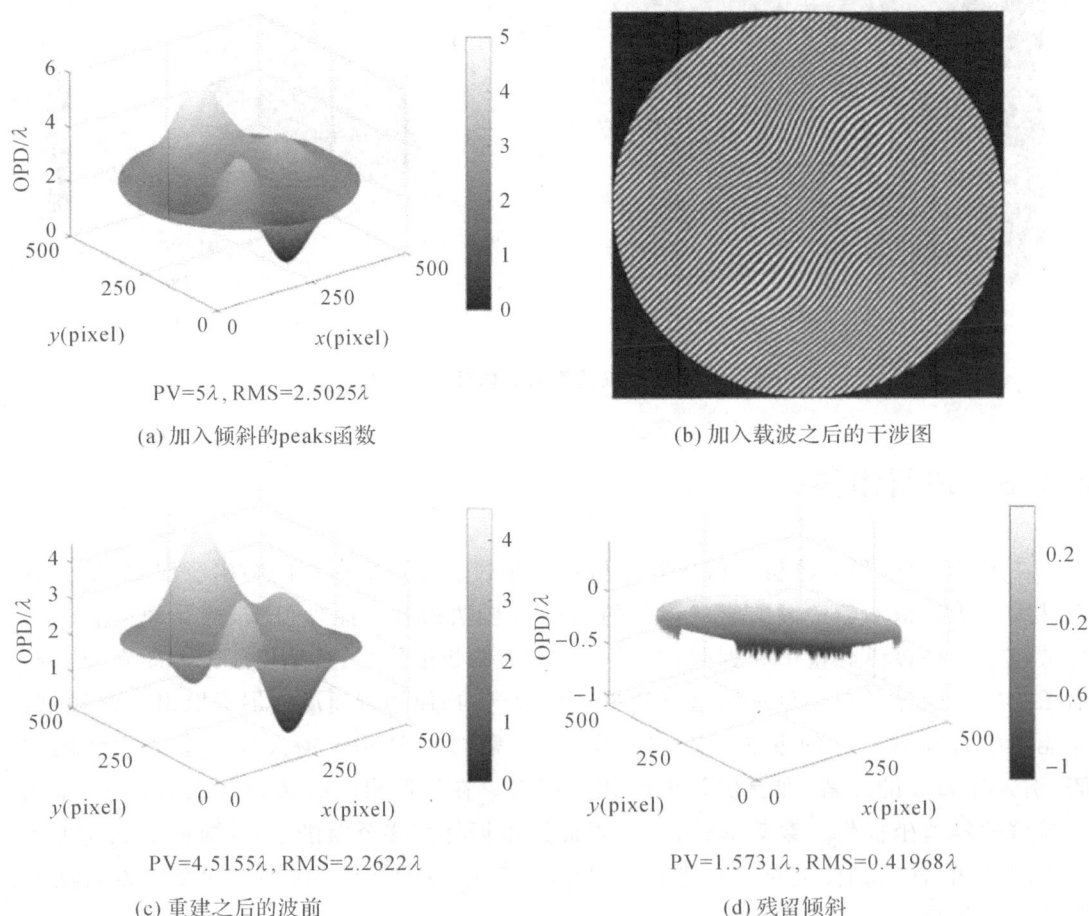

PV=5λ,RMS=2.5025λ

(a) 加入倾斜的peaks函数

(b) 加入载波之后的干涉图

PV=4.5155λ,RMS=2.2622λ

(c) 重建之后的波前

PV=1.5731λ,RMS=0.41968λ

(d) 残留倾斜

图 4-11　peaks 函数恢复过程及残留倾斜

的波面如图 4-11(c)所示,可以看出在移除载波的过程中,原始波前自带的倾斜也被一起去掉了。将图 4-11(a)未加倾斜时的 peaks 函数与图 4-11(c)中重建的波前相减,得到的残留倾斜如图 4-11(d)所示。说明恢复的波前自身仍然含有一定量的倾斜,这是由于载波移除过程受到抽样点间隔的影响,载波频率不能精确地移到中心位置,因此空域上遗留了一定量的倾斜。经过上面的分析可以发现,即使原函数没有倾斜,恢复的波面上依然会存在残留倾斜;而对于本身就含有倾斜的原始波面,最终解调出来的结果不仅会把其自身的倾斜消除掉,同时还会引入残留倾斜。所以,傅里叶分析法只能分析或者假设被测波面没有倾斜,并且在解调波面的最后步骤中进行消倾斜处理,将所有的倾斜直接消除掉。

## 4.1.4  单幅干涉图傅里叶分析实例

下面将以平面镜面形检测为例,来介绍傅里叶分析法的具体操作步骤。实验光路图如图 4-12(a)所示,利用商用干涉仪得到的待测面面形如图 4-12(b)所示,基本原理与前几章相同,不同之处主要在于解调方法。

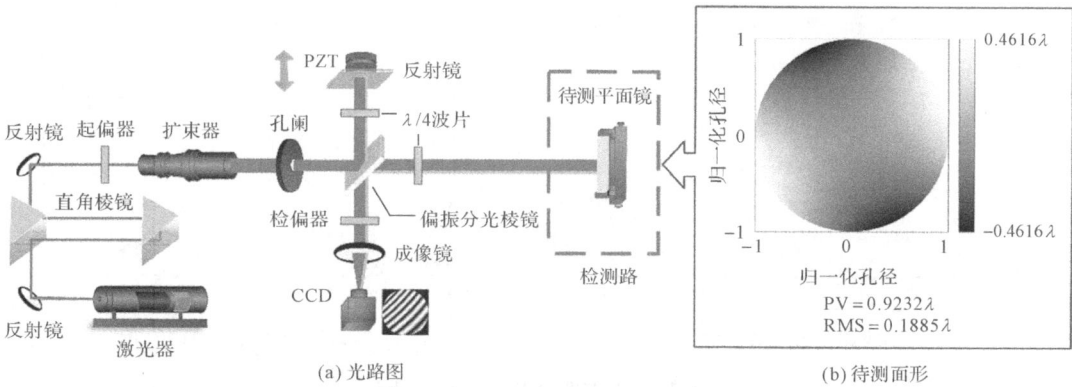

图 4-12  平面镜检测实例

利用图 4-12(a)所示的光路调节出带有载波的干涉图。若与前述的四步移相法一样只有 3~5 条直条纹,如图 4-13(a)所示。此时频域上的一级谱和零级谱将会交叠在一起,如图 4-13(c)所示。因此,我们建议在进行傅里叶分析时应将干涉条纹调至如图 4-13(b)所示,即加入足够高的倾斜分量,从而使零级谱与一级谱能够分开,如图 4-13(d)所示。

在得到干涉图的傅里叶频谱之后,取出正一级谱分量将其平移至零点之后,进行傅里叶逆变换、解调、解包裹、去残留倾斜等操作之后,得到如图 4-14 所示的重构波面。对比图 4-12(b)的原始波面和重构波面,可以发现两者的 PV 值差别很小,证明傅里叶分析法具有较高的解调精度。

(a) 3~5条直条纹

(b) 密集直条纹

(c) 零级谱与一级谱交叠

(d) 零级谱与一级谱分开

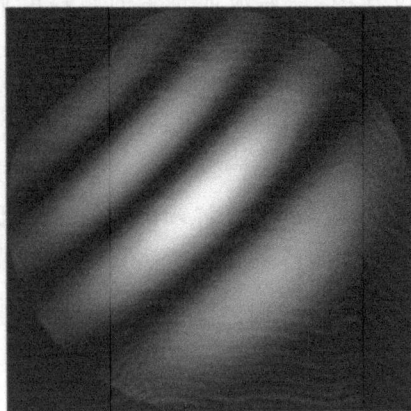

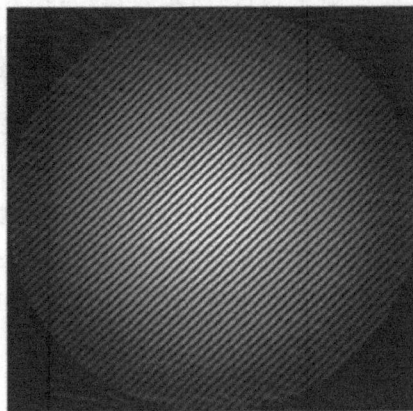

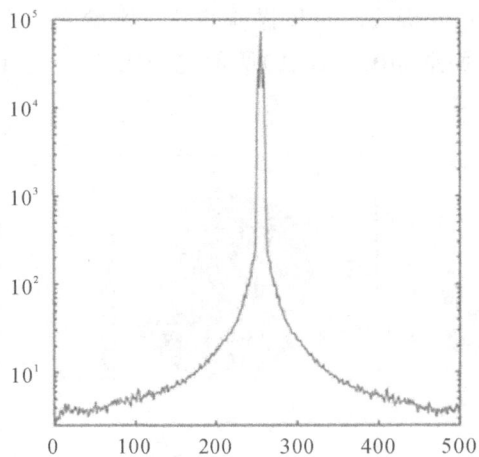

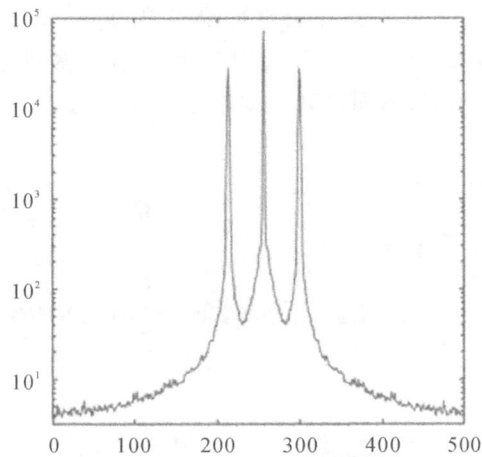

图 4-13　干涉图以及 $x$ 方向一级谱

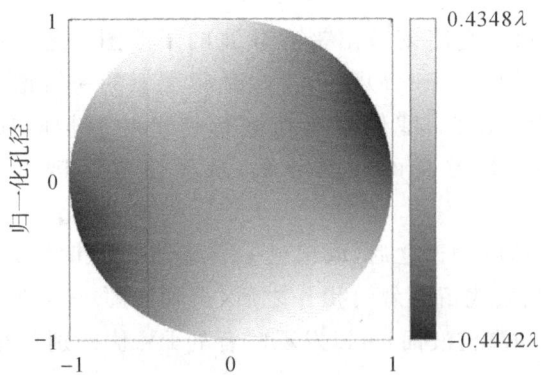

PV=0.8791$\lambda$

RMS=0.1872$\lambda$

图 4-14　利用傅里叶分析法重构的波面

# 4.2 二维正则化相位跟踪算法

由于干涉图整体具有余弦函数形式,而三角函数具有多值性,所以对单幅干涉图的解调具有不唯一性。上文之所以要对待测波前进行调制,是因为波前相位在没有经过任何调制时产生的干涉图难以恢复相位。

如果某种算法可以从单幅干涉图中完全自动地计算出相位,则其计算结果必须满足一定要求:

(1)重构的相位所产生的干涉图要与原始干涉图保持一致。

(2)重构的相位需要足够光滑。

因此,下文将介绍一种单幅干涉图直接恢复相位的技术即 RPT 技术,可以实现单幅且条纹闭合的干涉图相位恢复。

## 4.2.1 二维正则化相位跟踪算法概述

通常,一幅闭合条纹干涉图可以表示为

$$I(x,y) = a(x,y) + b(x,y)\cos[\varphi(x,y)] + n(x,y), \tag{4.20}$$

式中,$a(x,y)$ 为干涉图背景;$b(x,y)$ 为干涉图的调制度;$n(x,y)$ 为附加噪声;$\varphi(x,y)$ 为干涉图中待恢复的相位。对式(4.20)进行正则化等预处理,去除背景 $a(x,y)$ 并将调制项 $b(x,y)$ 归一化为1,可以得到

$$I_n(x,y) \approx \cos[\varphi(x,y)], \tag{4.21}$$

这样,恢复相位的问题变为从正则化的 $I_n(x,y)$ 中恢复 $\varphi(x,y)$ 的问题。

根据上文提出的假设:①被估计的相位场必须和干涉图吻合;②被估计的相位场光滑,可以提出以下约束函数

$$U_{x,y}(\varphi_0, \omega_x, \omega_y) = \sum_{(\varepsilon,\eta) \in (N_{x,y} \cap L)} \begin{cases} \{I_n(\varepsilon,\eta) - \cos[\varphi_e(x,y;\varepsilon,\eta)]\}^2 + \\ \{I_n(\varepsilon,\eta) - \cos[\varphi_e(x,y;\varepsilon,\eta) + \alpha]\}^2 + \\ \beta[\varphi_0(\varepsilon,\eta) - \varphi_e(x,y;\varepsilon,\eta)]^2 m(\varepsilon,\eta) \end{cases}, \tag{4.22}$$

式中,$L$ 为包含有效条纹数据的二维点阵;$N_{x,y}$ 为待测相位点 $(x,y)$ 的邻域;$U_{x,y}$ 为当前点 $(x,y)$ 相位信息建立的约束函数;$m(\varepsilon,\eta)$ 为一个标志场,如果邻域中点 $(\varepsilon,\eta)$ 的相位已经估计过,$m(\varepsilon,\eta)=1$,否则 $m(\varepsilon,\eta)=0$;$\beta$ 为控制探测相位平滑度的参数;$\alpha$ 为相移因子,取值范围一般为 $[0.1\pi, 0.3\pi]$;$\varphi_e(x,y;\varepsilon,\eta)$ 为线性相位模型,即

$$\varphi_e(x,y;\varepsilon,\eta) = \varphi_0 + \omega_x(x-\varepsilon) + \omega_y(y-\eta), \tag{4.23}$$

其中,$\varphi_0$ 为待求点 $(x,y)$ 的相位;$\omega_x$ 和 $\omega_y$ 分别为相位在该点处不同方向的变化率。

在式(4.22)中,第一、二项是为了在最小二乘法意义上使局部条纹模型同观察到的条纹强度保持一致,第三项是使整个相位场光滑连续的正则项。只需利用基于梯度下降的优化算法,逐点求使得每一点处 $(x,y)$ 的约束函数 $U_{x,y}$ 最小的 $\varphi_0$、$\omega_x$ 和 $\omega_y$,即可完成整幅干涉图的相位恢复。我们称这一方法为正则化相位跟踪(RPT)技术。

可以利用以下梯度递推公式,寻找 $U_{x,y}$ 在每一点 $(x,y)$ 相对于 $[\varphi_0,\omega_x,\omega_y]^T$ 最小,即

$$
\begin{cases}
\varphi_0^{k+1}=\varphi_0^k-\tau\,\dfrac{\partial U_{x,y}(\varphi_0,\omega_x,\omega_y)}{\partial\varphi_0}, \\[2mm]
\omega_x^{k+1}=\omega_x^k-\tau\,\dfrac{\partial U_{x,y}(\varphi_0,\omega_x,\omega_y)}{\partial\omega_x}, \\[2mm]
\omega_y^{k+1}=\omega_y^k-\tau\,\dfrac{\partial U_{x,y}(\varphi_0,\omega_x,\omega_y)}{\partial\omega_y},
\end{cases}
\tag{4.24}
$$

式中,$\tau$ 为固定或可变迭代步长;$k$ 为迭代次数。约束函数 $U_{x,y}(\varphi_0,\omega_x,\omega_y)$ 相对于 $[\varphi_0,\omega_x,\omega_y]^T$ 的各偏导数如下

$$
\frac{\partial U_{x,y}(\varphi_0,\omega_x,\omega_y)}{\partial\varphi_0}=
$$

$$
\sum_{(\varepsilon,\eta)\in(N_{x,y}\cap L)}\left\{
\begin{array}{l}
2\{I_n(\varepsilon,\eta)-\cos[\varphi_e(x,y;\varepsilon,\eta)]\}\sin[\varphi_e(x,y;\varepsilon,\eta)]+\\
2\{I_n(\varepsilon,\eta)-\cos[\varphi_e(x,y;\varepsilon,\eta)+\alpha]\}\sin[\varphi_e(x,y;\varepsilon,\eta)+\alpha]-\\
2\beta[\varphi_0(\varepsilon,\eta)-\varphi_e(x,y;\varepsilon,\eta)]m(\varepsilon,\eta)
\end{array}\right\},
\tag{4.25}
$$

$$
\frac{\partial U_{x,y}(\varphi_0,\omega_x,\omega_y)}{\partial\omega_x}=
$$

$$
\sum_{(\varepsilon,\eta)\in(N_{x,y}\cap L)}\left\{
\begin{array}{l}
2\{I_n(\varepsilon,\eta)-\cos[\varphi_e(x,y;\varepsilon,\eta)]\}\sin[\varphi_e(x,y;\varepsilon,\eta)](x-\varepsilon)+\\
2\{I_n(\varepsilon,\eta)-\cos[\varphi_e(x,y;\varepsilon,\eta)+\alpha]\}\sin[\varphi_e(x,y;\varepsilon,\eta)+\alpha](x-\varepsilon)-\\
2\beta[\varphi_0(\varepsilon,\eta)-\varphi_e(x,y;\varepsilon,\eta)]m(\varepsilon,\eta)(x-\varepsilon)
\end{array}\right\},
$$

$$
\tag{4.26}
$$

$$
\frac{\partial U_{x,y}(\varphi_0,\omega_x,\omega_y)}{\partial\omega_y}=
$$

$$
\sum_{(\varepsilon,\eta)\in(N_{x,y}\cap L)}\left\{
\begin{array}{l}
2\{I_n(\varepsilon,\eta)-\cos[\varphi_e(x,y;\varepsilon,\eta)]\}\sin[\varphi_e(x,y;\varepsilon,\eta)](y-\eta)+\\
2\{I_n(\varepsilon,\eta)-\cos[\varphi_e(x,y;\varepsilon,\eta)+\alpha]\}\sin[\varphi_e(x,y;\varepsilon,\eta)+\alpha](y-\eta)-\\
2\beta[\varphi_0(\varepsilon,\eta)-\varphi_e(x,y;\varepsilon,\eta)]m(\varepsilon,\eta)(y-\eta)
\end{array}\right\},
$$

$$
\tag{4.27}
$$

对于起始点 $(x_0,y_0)$,初始化 $[\varphi_0,\omega_x,\omega_y]=[0,0,0]$。若式(4.24)的变量可以收敛到某一个值,则存在稳定的 $[\varphi_0^k,\omega_x^k,\omega_y^k]$,使得约束函数 $U_{x_0,y_0}$ 取得最小值。此时标记 $m(x_0,y_0)=1$,$\varphi_0^k$ 即为该点的估计相位。按照预定义的点扫描路径顺序,对未处理的像素点进行依次处理,即可完成整幅干涉图的相位恢复。通常,对于单个像素点,10～20 步迭代即可以搜索到较好的最小解。

相移因子 $\alpha$ 可以帮助搜索正确的相位解信息,但同时会引入一定量的相位移动。因此,在利用 RPT 技术对干涉图进行第一次相位求解时,相移因子 $\alpha$ 的取值可以不为零,而在此之后,若要得到更高精度的相位恢复结果,可在第一次的结果上对干涉图进行第二次相位估计,此时相移因子 $\alpha$ 的取值为零。

## 4.2.2 干涉图正则化

利用 RPT 技术对某一干涉图进行空间域上的连续求解相位时,需要将该干涉图进行

正则化处理。所谓正则化处理，是将数据归一化到[−1,1]的数值之间，此阶段即实现式(4.20)到式(4.21)转换，如图 4-15 所示，只有经过正则化后的干涉图数据才能直接被应用于二维正则化解调技术中。图 4-15(a)是由 MATLAB 自带的 peaks 函数生成的复杂干涉图，灰度级在 60～200 之间，图 4-15(b)是经过正则化过程的干涉图，灰度级在 −1.0～1.0 之间。

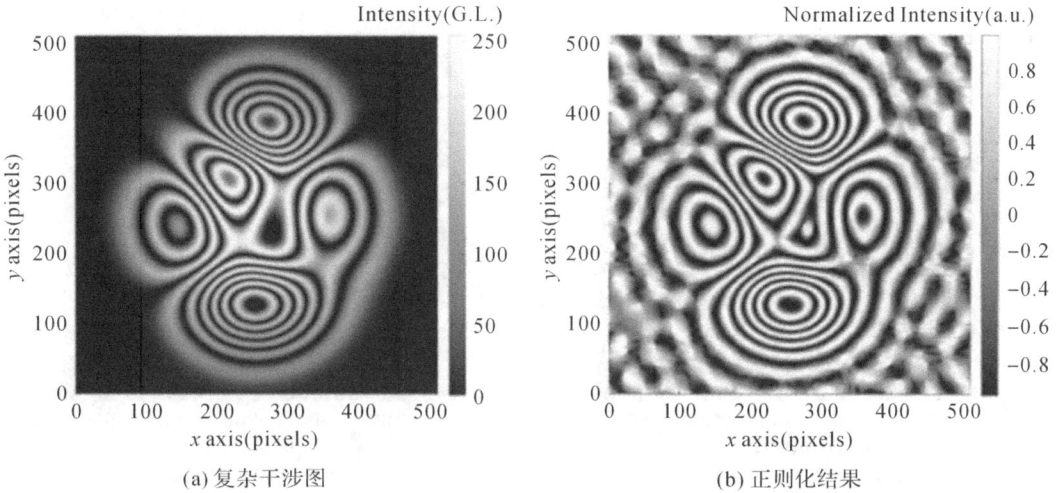

(a) 复杂干涉图　　　　　　　　　　(b) 正则化结果

图 4-15　正则化过程

在将干涉图进行傅里叶变换得到频域信息后，可设计两个不同方向的频域滤波器，如图 4-16 所示。以图 4-15(a)所示干涉图作为实验对象，对其二维傅里叶变换后得到的频谱数据分别进行两个方向的滤波，水平方向和竖直方向上的滤波器如图 4-16 所示。

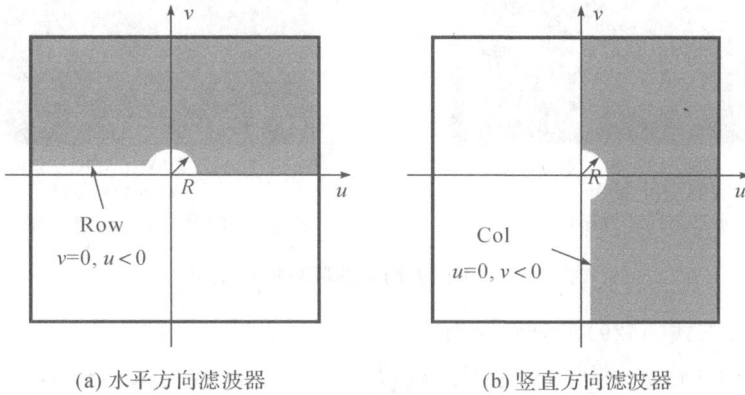

(a) 水平方向滤波器　　　　　　　　(b) 竖直方向滤波器

图 4-16　频域滤波器

为简单表述，可将图 4-16(a)、(b)对应的频域滤波器分别写为 $h_1(u,v)$ 与 $h_2(u,v)$，与之对应的空域表达式为 $H_1(x,y)$ 和 $H_2(x,y)$，则又可得到

$$I_1(x,y)=I(x,y)\otimes H_1(x,y), \tag{4.28}$$

$$I_2(x,y)=I(x,y)\otimes H_2(x,y), \tag{4.29}$$

式中,$I_1$ 和 $I_2$ 分别表示滤波后的图像;$\otimes$表示卷积,频域中则为矩阵乘法操作。

如图 4-16 所示,内径 $R$ 作为可调参数控制着低频部分的影响。在此基础上,分别选取水平方向上和竖直方向上一半的频率成分,得到的结果如图 4-17 所示。其中,相位信息分别表示为 $\varphi_1(x,y)$ 和 $\varphi_2(x,y)$,如图 4-17(a)、(b)所示;对应振幅谱分别表示为 $m_1(x,y)$ 和 $m_2(x,y)$,如图 4-17(c)、(d)所示。

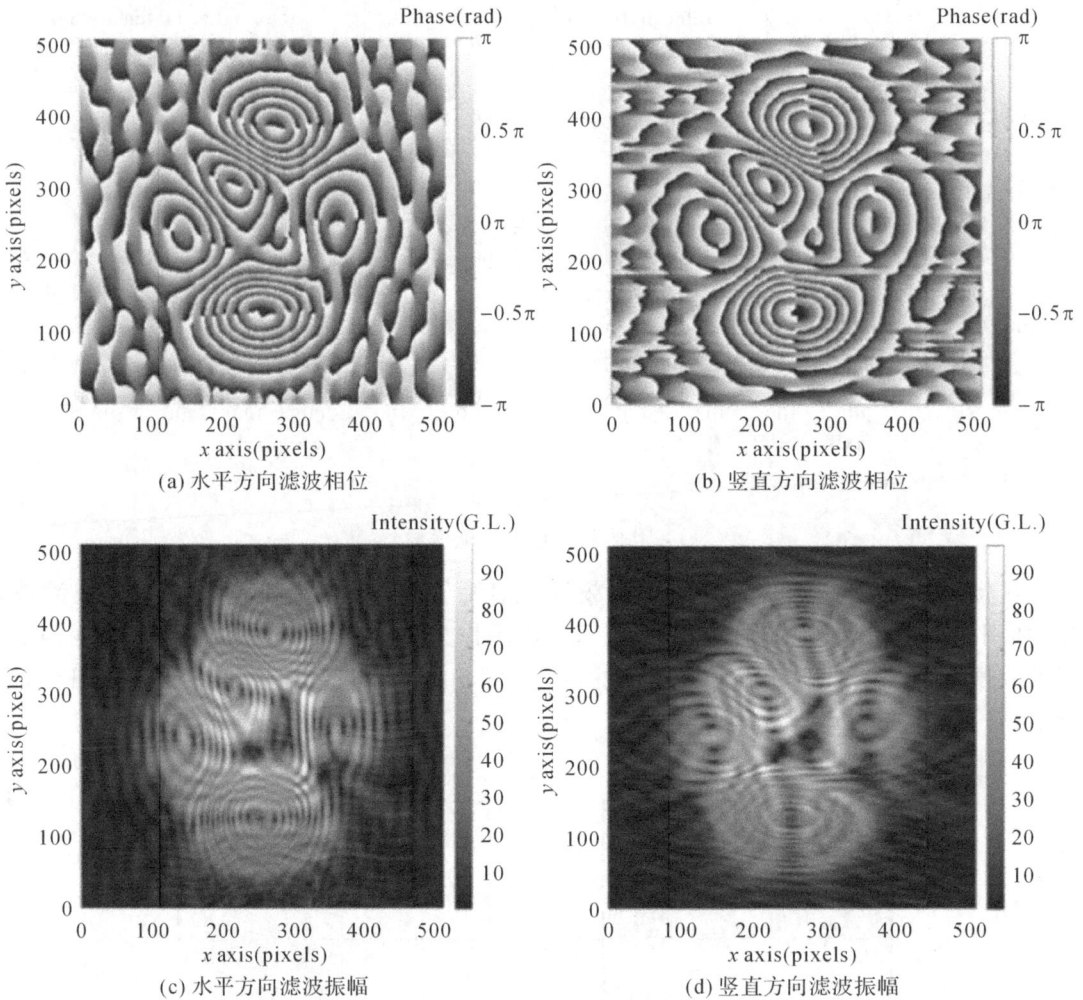

(a) 水平方向滤波相位  (b) 竖直方向滤波相位

(c) 水平方向滤波振幅  (d) 竖直方向滤波振幅

图 4-17  不同方向上的频域滤波结果

则式(4.28)与式(4.29)可分别写为

$$I_1(x,y)=I(x,y)\otimes H_1(x,y)=m_1(x,y)\exp[j\varphi_1(x,y)], \tag{4.30}$$

$$I_2(x,y)=I(x,y)\otimes H_1(x,y)=m_1(x,y)\exp[j\varphi_1(x,y)]. \tag{4.31}$$

在得到 $I_1$ 与 $I_2$ 的结果后,从该两幅图求解正则化图像数据的公式为

$$I_n(x,y)=\cos[\varphi(x,y)]\approx\frac{m_1\cos(\varphi_1)+m_2\cos(\varphi_2)}{m_1+m_2}, \tag{4.32}$$

式中,已省略部分坐标表示。得到的结果如图 4-15(b)所示。

正则化是将干涉图数据进行规范化的过程,通常从一个剖面进行观察,如图 4-18 所示。可以看到,正则化的实质是一个有效提取真实信号的过程,旨在提取光强场分布式(4.20)中的余弦部分即式(4.21)。

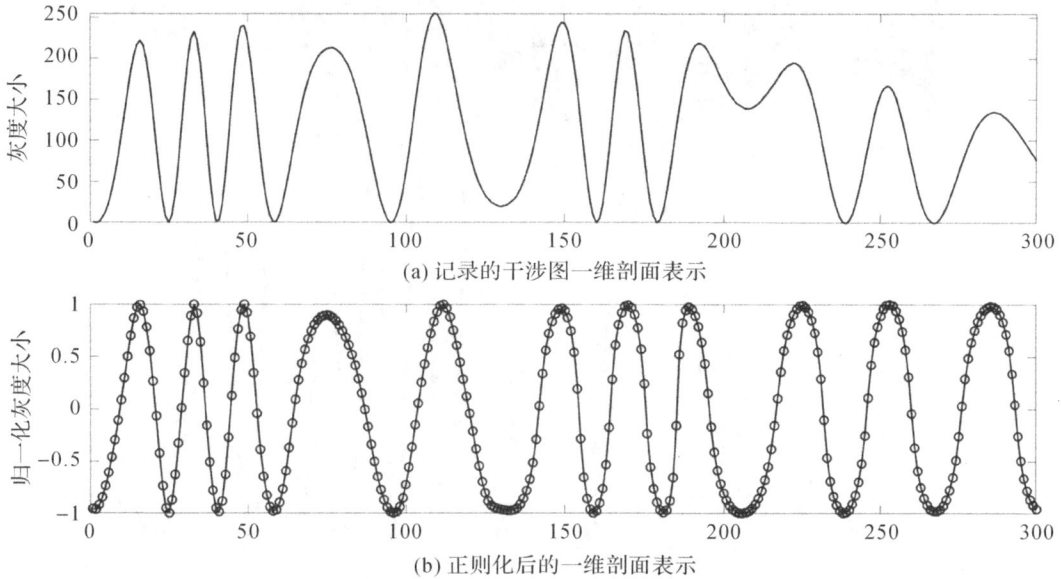

(a) 记录的干涉图一维剖面表示

(b) 正则化后的一维剖面表示

图 4-18　正则化过程的一维剖面表示

该正则化方法于 2001 年由 J. A. Quiroga 提出,除此之外,还有很多其他算法可以对干涉图进行正则化,它们有各自的优势和应用条件,感兴趣的读者可自行查阅相关文献。

## 4.2.3　二维正则化相位跟踪算法中的参数影响分析

在如前所述的干涉图正则化中,RPT 技术实现过程中有 $N_{x,y}$、$\alpha$、$\tau$ 以及 $\beta$ 等参数,尚未提及的还有决定理论精度的 $\varepsilon$,此参数表示两次迭代结果的差距阈值,小于该值则判定为收敛,大于该值则未收敛,判断条件为

$$\max(\,|\,\varphi_e^{k+1}-\varphi_e^k\,|\,,\,|\,\omega_x^{k+1}-\omega_x^k\,|\,,\,|\,\omega_y^{k+1}-\omega_y^k\,|\,)<\varepsilon. \qquad (4.33)$$

当设定一个较大的 $N_{x,y}$(一般指某点周围的像素范围)时,会有较多的邻域点纳入计算过程,增加了计算时间与最优解收敛过程。一般来说,改变了 $N_{x,y}$ 的值后,相应的步长 $\tau$ 和平滑因子 $\beta$ 也需要作出调整,因为可能会出现迭代过程不收敛的情况。

对于相移因子 $\alpha$ 来说,引入它是为了避免在设置初始解为 $[\varphi_e^0=0\quad \omega_x^0=0\quad \omega_y^0=0]$ 时,式(4.25)~式(4.27)的结果恒为零。当不引入 $\alpha$ 时,即 $\alpha=0$,求解极易陷入零点解。而适当的相移($\alpha$ 一般设在 $(0,\pi/2]$ 之间)可以增加收敛的概率。但这样做也会引起恢复的相位结果的失真,引入条纹移动,如图 4-19 所示。为了减少相移因子造成的失真,一般在第一次解调结果的基础上会将相移项去掉重新解调一次,但此时的初始解只以第一次的结果为参考。

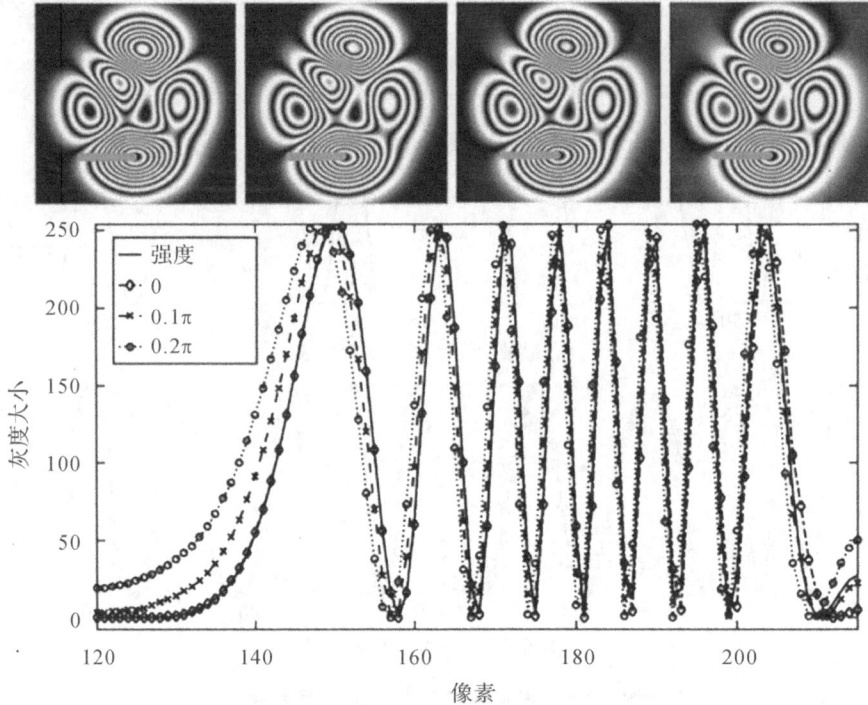

图 4-19　引入不同的相移因子表现为条纹移动，灰色线段为剖视区域

迭代步长 $\tau$ 的设定要考虑约束函数式(4.22)的值域范围，若取得过大，则会在迭代过程中陷入振荡，从而无法收敛到最优解；若取得较小，则会增加迭代步数，增加计算时间。此外，还需要考虑的是随着计算过程的进行，每个点周围已恢复相位的点数目发生变化，这时会影响优化函数的值大小。因此，如何在该过程中控制步长参数在合适的范围也是一个重要的考量方面。

平滑因子 $\beta$ 与迭代步长有相同的隐患考虑，即如何避免在解调过程中因当前点周围已解调点数量的突然变化造成局部不收敛。需要注意的一个地方在于，与移相法或者傅里叶分析法不同，二维 RPT 技术给出的相位结果是连续无包裹的，故不需要进一步的解包裹操作。而平滑因子会使该相位结果的连续性得以维持在一个较好的水平，其本质上也是在控制计算迭代过程中的收敛性。

由以上分析可以看出，在解调的过程中，当前点的邻域内已解调点的占比对当前点解调具有重要约束作用，也对以上参数设置有着决定意义。无论是参数设置还是最终的相位结果，在不同的点到点解调顺序下也会有较大的改变，这说明二维 RPT 技术的算法鲁棒性与移相法、傅里叶分析法相比有些许不足。

## 4.2.4　二维正则化相位跟踪算法中的扫描路径问题

前面提到，对于不同的逐点处理顺序来说，过程中每个点的邻域内已解调点的数目是不一样的，会影响参数的适配范围以及最终的相位结果。可以在利用正则化相位跟踪算法恢复单幅干涉图相位时选择不同的处理顺序,如图 4-20 所示,常见的路径扫描法有逐行扫描、阶梯扫描、方形扫描、Z 形扫描、晶体生长法、条纹跟随法等。在处理简单形状的干涉图时,按照简单的逐行扫描顺序和阶梯扫描顺序就能得到不错的结果。方形扫描法和晶体生长法的出发点设置在干涉图的封闭中心处,会有好的效果。其中,作为正则化相位跟随技术算法提出者的 M. Servin 本人提出的条纹跟随法(Fringe Follower,简称 FFRPT)具有较好的鲁棒性,并可用于处理大部分实际的复杂干涉条纹图。

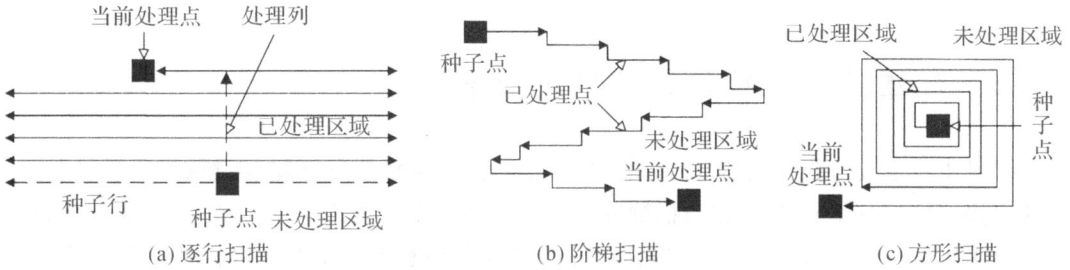

(a) 逐行扫描　　　　　　(b) 阶梯扫描　　　　　　(c) 方形扫描

图 4-20　常见解调路径图

　　FFRPT 的本质在于将像素点按照干涉级次进行排序,处于同一级次的条纹点优先进行计算。具体实现方法是,先将干涉图做二值化处理,再按照这些黑白分明的区域将属于同一个条纹带的点优先进行恢复,处理完一个条纹带后再去处理邻近条纹带的数据点。通过这种处理方法,FFRPT 相较于传统的 RPT 算法,具有较好的复杂条纹处理能力。对于复杂条纹,两种算法的解调误差对比如图 4-21 所示,图(a)是 MATLAB 中 peaks 函数仿真出的干涉图,图(b)是对应的相位三维分布。图(c)和图(e)分别是 RPT 与 FFRPT 算

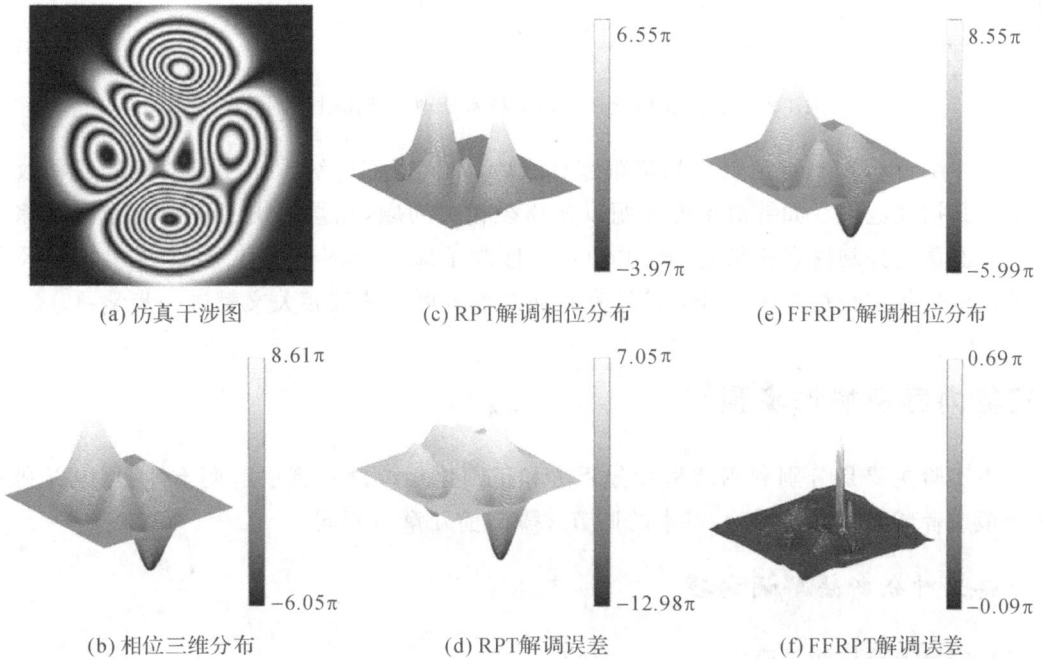

(a) 仿真干涉图　　　　　(c) RPT解调相位分布　　　　(e) FFRPT解调相位分布

(b) 相位三维分布　　　　(d) RPT解调误差　　　　　(f) FFRPT解调误差

图 4-21　FFRPT 与 RPT 解调结果对比

法解调的相位三维分布,图(d)和图(f)分别是两者的解调误差。从两者的对比可以直观地看出,对于具有复杂条纹的干涉图,FFRPT 的解调结果基本接近真实值,而 RPT 的解调结果出现了较大的偏差,无法得到准确的解调结果。因此 FFRPT 的应用更为广泛。

在干涉图中,处于同一级次的条纹对应的相位信息是接近的,按条纹级次划分计算的前后顺序,理论上即是最优策略;方形扫描法和晶体生长法本质上也是这一思想。相较之下,由于条纹的分布更好地反映了干涉图的相位变化信息,FFRPT 算法也因此具有更好的鲁棒性。

## 4.2.5 二维正则化相位跟踪算法示意

如图 4-22 所示,获取实际的干涉图后,先对干涉图进行预处理,将数据归一化到合适范围,同时设定 RPT 处理的点扫描顺序;按该顺序逐点恢复后得到一个带有稍微相移的结果;此时可进行二次求解,二次求解时将相移因子设置为零,迭代初始解设置为第一次求解时得到的结果,扫描顺序已经不再重要,可以按照简单顺序或者借助外部计算机硬件(如 GPU)进行并行处理,即可得到连续的高精度相位结果。

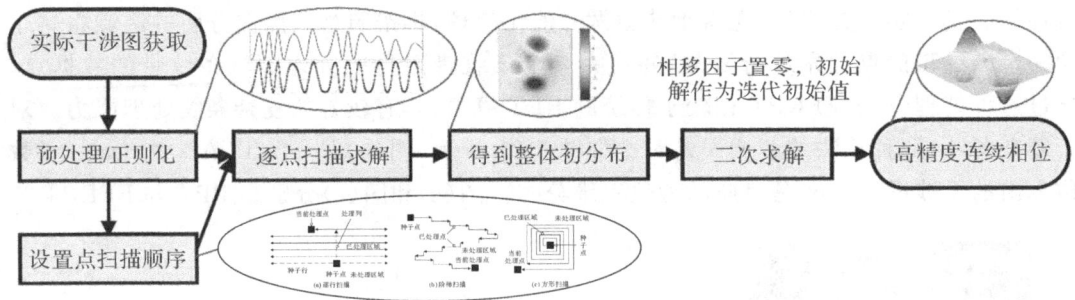

图 4-22 二维正则化相位跟踪技术处理干涉图过程示意图

在详细分析了二维正则化相位跟踪算法后,研究者们陆续提出了针对性的各种改良版本及其拓展应用。如针对精度问题以及路径相关问题,相继提出了正则化相位跟踪算法与二次黄金分割搜索相结合(RPT&GS),修改了原有的优化函数形式,提出了路径无关的正则化相位跟踪算法(PIRPT)。有兴趣的读者可以阅读相关文献进一步学习。

## 【实验内容及操作步骤】

本实验主要是分别利用傅里叶分析法和正则化相位跟踪算法解调干涉图,可以利用平面镜或者球面镜进行实验,基本的调节步骤与前几章节相同。

### 傅里叶分析法解调实验

#### 1. 安装调节待测平面镜

(1)待测平面镜干涉条纹的调节步骤可参照前面章节,使得参考路和检测路的光斑完全重合,出现干涉条纹即可,如图 4-23 所示。

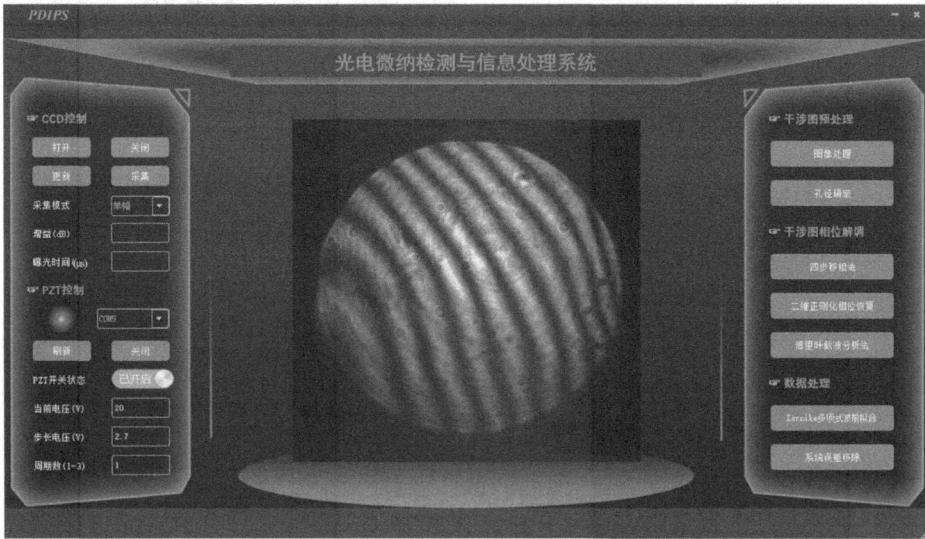

图 4-23　出现干涉条纹

(2)调节过程中若条纹对比度差,调节起偏器与检偏器角度来调节条纹对比度。转动微调旋钮,使得待测镜倾斜,调节出疏密合适的直条纹,如图 4-24 所示。

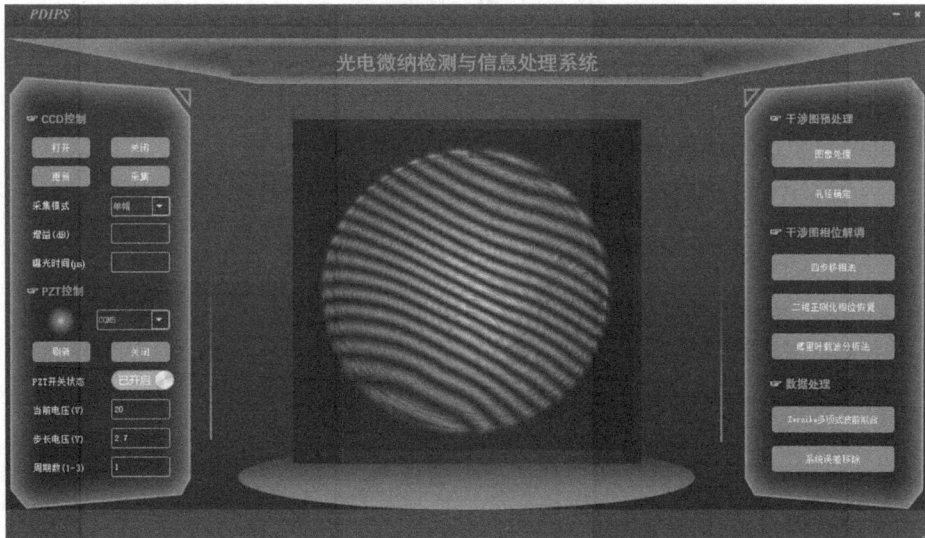

图 4-24　疏密度合适的干涉条纹

(3)点击采集模式旁的下拉选项栏,将其改为"平面",随后点击"采集"按钮,选择图片保存路径,开始进行移相干涉图的采集。

**2. 图像处理及孔径确定**

(1)在主窗口中点击"孔径确定"按钮进入孔径确定窗口,点击"选择干涉图"按钮,选择要处理的图片文件夹,软件将自动生成原始干涉图的调制度图像。

（2）确定有效干涉孔径。拖动"腐蚀"和"膨胀"条，当腐蚀膨胀图可以确定有效区域后，依次点击"边缘提取""自动确认"，将会在"确定的孔径图"中出现预览。如果此孔径选择得不理想，可在"边缘提取图"中，长按鼠标左键画圆，手动确认有效干涉孔径，若画得不理想，可以长按鼠标右键拖动现有孔径，或长按鼠标左键进行重新绘制，绘制成功后，点击"手动确定"按钮，得到最终确定的孔径。孔径确定结果如图 4-25 所示。

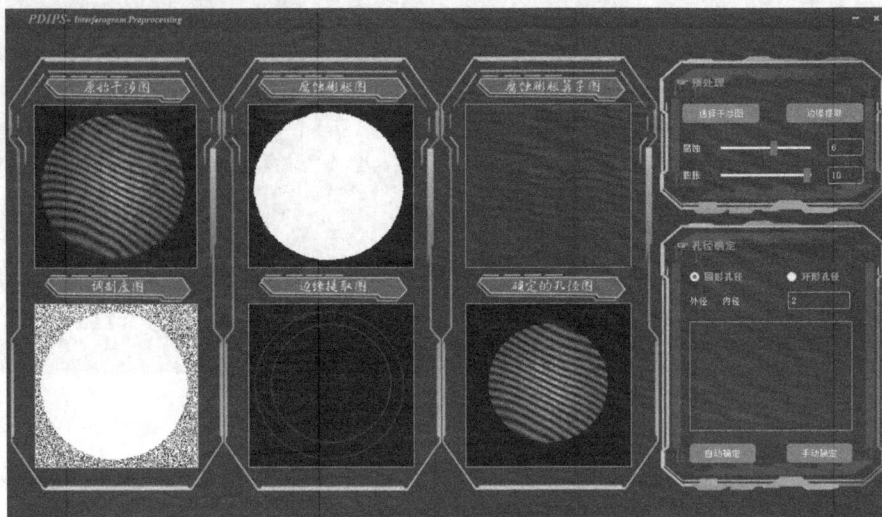

图 4-25　孔径确定结果

（3）孔径确定后软件将自动保存孔径位置，在进行干涉区域没有改变的多次实验时，可选择跳过该步骤。

**3. 傅里叶分析法干涉图解调**

（1）在主窗口中选择"傅里叶载波分析法"，点击"显示干涉图"按钮，点击"显示孔径"按钮，自动读取图像处理模块的孔径参数，如图 4-26 所示。

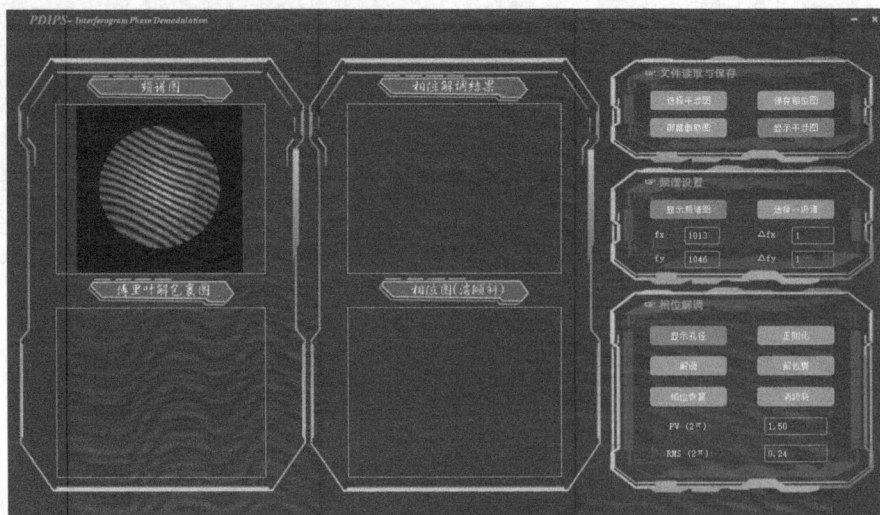

图 4-26　确定孔径的干涉图

（2）点击频谱设置中的"显示频谱图"按钮，软件将自动进行傅里叶变换，并显示频谱图。

（3）软件窗口中的"fx""fy"用于确定一级谱的中心，"Δfx""Δfy"用于确定一级谱的长宽。

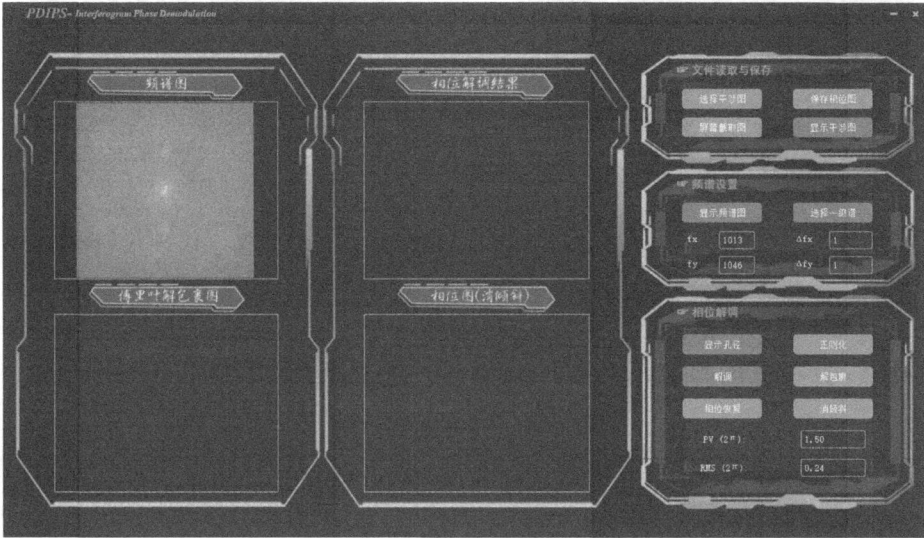

图 4-27　频谱分析图

（4）设置上述四个控件的值，确定一级谱。点击频谱设置中的"选择一级谱"以及相位解调中的"解调"按钮，软件将生成包裹相位，如图 4-28 所示。

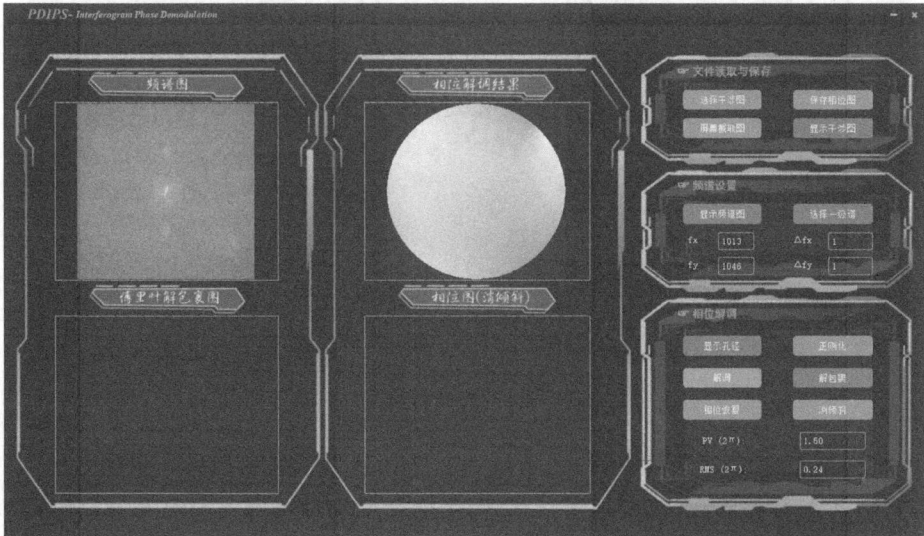

图 4-28　傅里叶解调图

（5）点击"解包裹"按钮，进行解包裹操作，结果如图 4-29 所示。

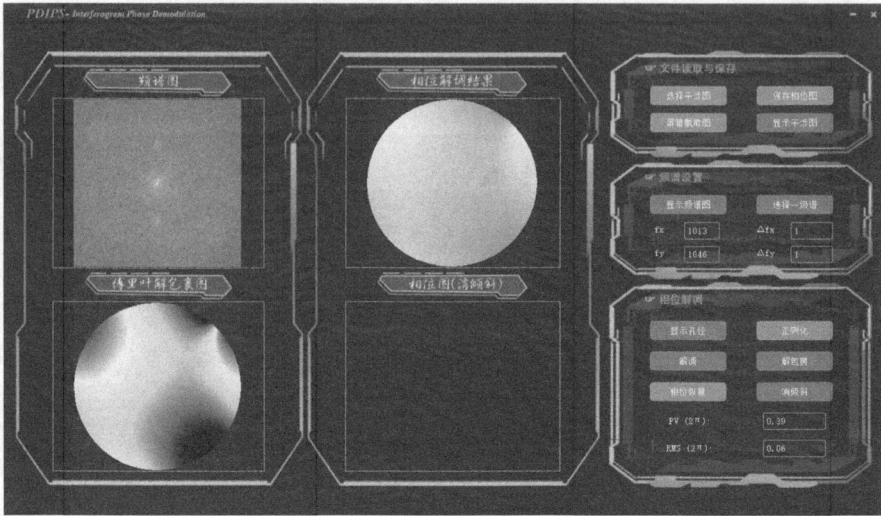

图 4-29　傅里叶解包裹图

（6）点击"消倾斜"按钮，进行去倾斜操作，如图 4-30 所示。如果是进行球面镜检测，则必须使用 Zernike 多项式去除离焦项。

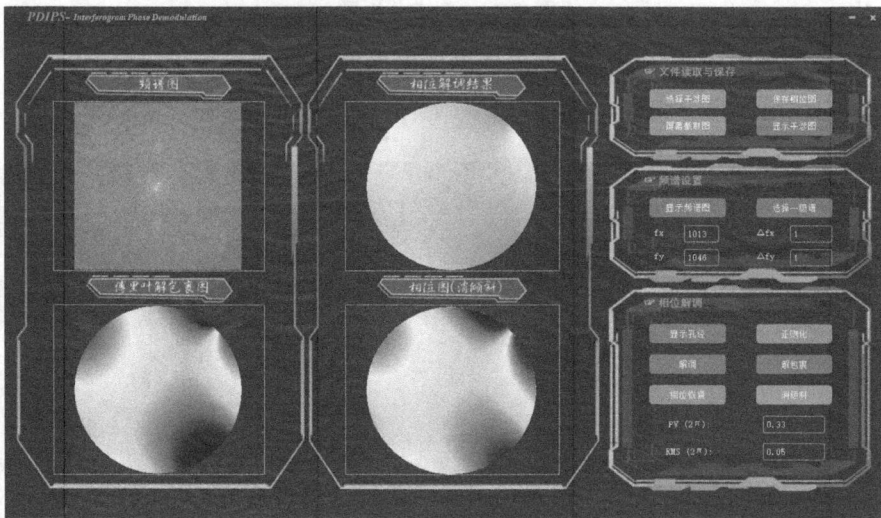

图 4-30　消倾斜结果

**4.分析因素对实验结果的影响**

（1）重新解调有关参数，改变取谱区域重新进行解调、去倾斜、Zernike 拟合等步骤，记录有关结果。

（2）调节出若干张条纹数量不同的干涉图，分别进行傅里叶分析，观察不同条纹数量的频谱之间的区别。记录有关结果，并进行有关分析。

**5. 安装消球差透镜并进行准直调整**

参照前面的调节步骤,确定消球差透镜调整到最佳位置后,取下平面镜。

**6. 安装凹球面镜,调整得到干涉图**

(1)参照前面章节的步骤,调节出环状条纹。通过三维调整,使得环状条纹逐渐变稀疏,直至环状条纹数减少到 0～1 条,如图 4-31 所示。需要注意的是,在调整过程中,要不断调整图像方向以使得环中心在干涉图中央。另外,前后调整旋钮需要注意回转误差的影响。

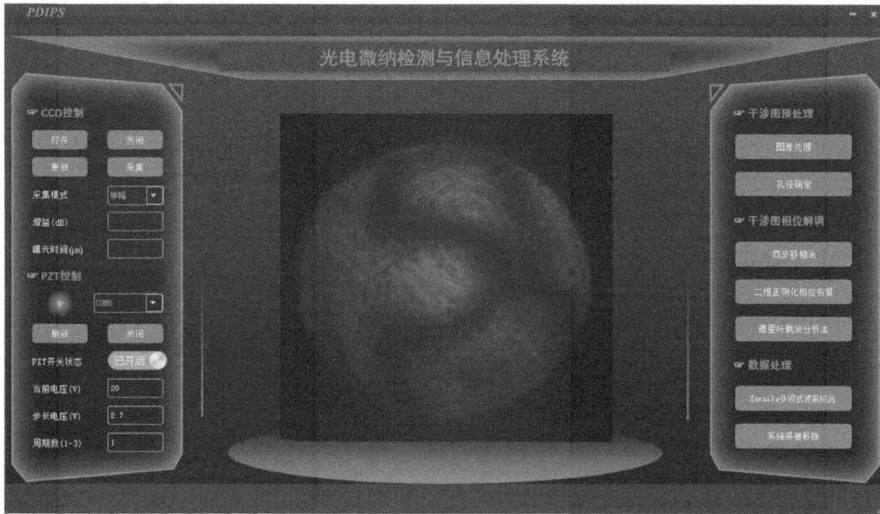

图 4-31　零条纹干涉图

(2)转动角度调整旋钮,调整凹球面镜角度,使得条纹变为较密集的直条纹,如图 4-32 所示。

图 4-32　密集直条纹干涉图

（3）后续按照之前的平面镜检测相同的实验步骤，依次进行孔径确定以及傅里叶分析等操作，得到待测面面形，需要重复 3 次实验。

### 正则化相位跟踪技术解调实验

#### 1. 安装平面镜（球面镜）

按照上述平面镜（球面镜）安装调节过程调出条纹疏密合适的直条纹（圆环条纹），并进行孔径确定，结果如图 4-33 所示。

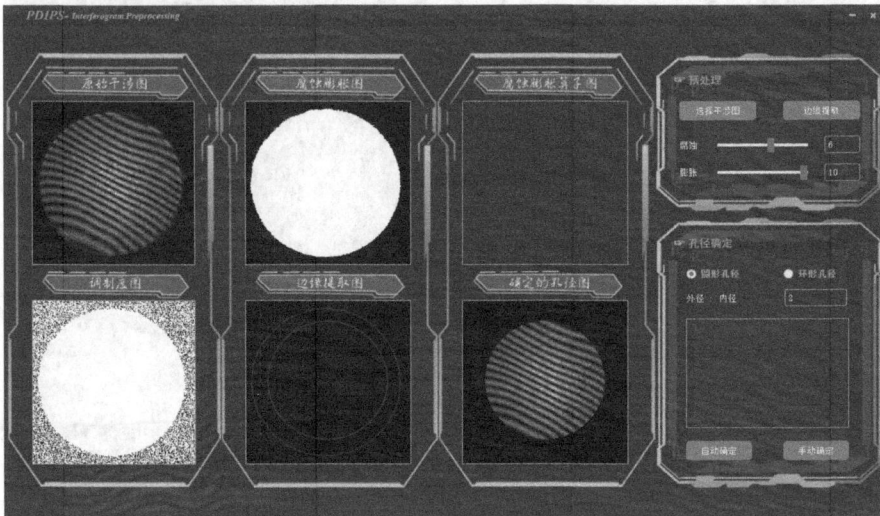

图 4-33　干涉图孔径确定结果

#### 2. 利用操作软件进行 RPT 解调

（1）在主窗口中选择"二维正则化相位恢复"子窗口，依次点击"显示干涉图""显示孔径"来读取"图像处理"模块所得到的孔径参数，如图 4-34 所示。

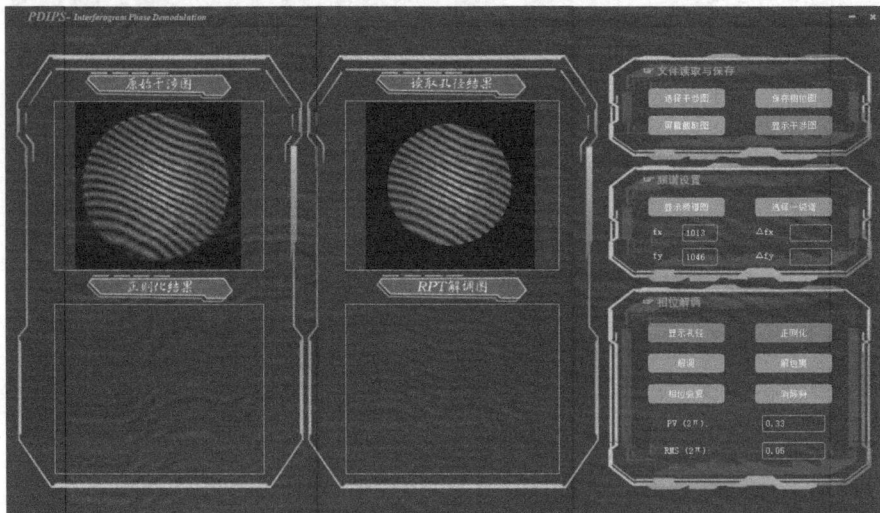

图 4-34　确定孔径干涉图

（2）依次点击"正则化""相位恢复"，得到解调结果，如图 4-35 所示。

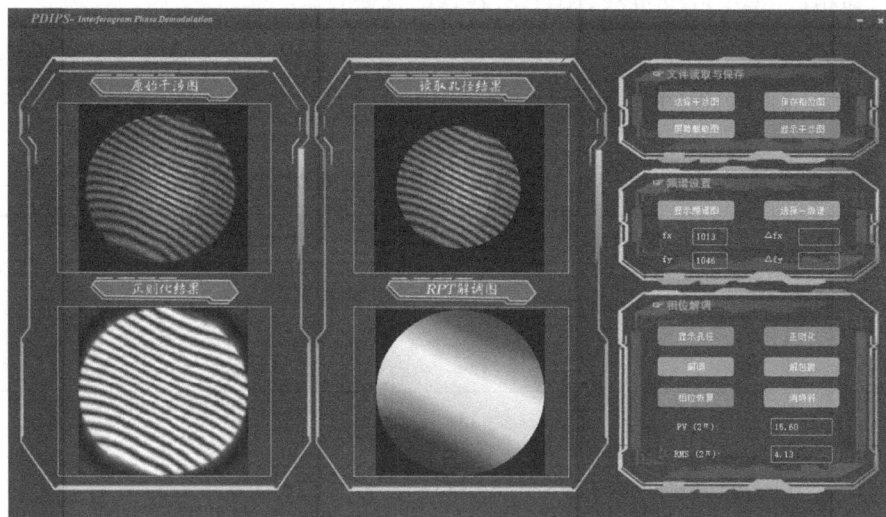

图 4-35　RPT 模块解调结果

（3）在"Zernike 多项式波前拟合"窗口下，点击文件读取与保存的下拉框，将其调整至"RPT"，随后依次点击"显示孔径""显示相位图"读取相位解调结果。点击"开始拟合"按钮，软件将生成拟合图像及拟合残差图。在软件界面右侧下方选取需要移除的 Zernike 多项式，点击"移除选中项"，获取待测面的面形，如图 4-36 所示。界面上可显示 Zernike 拟合数据与检测结果（PV 值及 RMS 值）。

图 4-36　Zernike 多项式拟合结果

**不同相位解调方法对比**

调节出一组平面镜（或球面镜）干涉图，首先用移相法进行解调。然后选择其中的某一张干涉图依次利用傅里叶分析法、RPT 法进行解调。将三次的实验结果进行比较分析,总结出移相法、傅里叶分析法、RPT 法各自的优缺点。

## 【实验记录及数据处理】

1.分析待测平面镜不同取谱区域对实验结果的影响。

| 实验次数 | 取谱图 | 面形图 | PV 值 | RMS 值 |
|---|---|---|---|---|
| 1 | | | | |
| 2 | | | | |
| 3 | | | | |

注:图像结果可使用截图保存。

2.分析待测平面镜不同干涉条纹数量对实验结果的影响。

| 实验次数 | 干涉图 | 面形图 | PV 值 | RMS 值 |
|---|---|---|---|---|
| 1 | | | | |
| 2 | | | | |
| 3 | | | | |

注:图像结果可使用截图保存。

3.对待测球面镜进行三次测量,利用傅里叶分析法进行解调并记录结果。

| 实验次数 | 面形图 | PV 值 | RMS 值 |
|---|---|---|---|
| 1 | | | |

| 实验次数 | 面形图 | PV 值 | RMS 值 |
|---|---|---|---|
| 2 | | | |
| 3 | | | |

注:图像结果可使用截图保存。

4.对待测平面镜进行三次测量,利用 RPT 法进行解调并记录结果。

| 实验次数 | 面形图 | PV 值 | RMS 值 |
|---|---|---|---|
| 1 | | | |
| 2 | | | |
| 3 | | | |

注:图像结果可使用截图保存。

5.对待测球面镜进行三次测量,利用 RPT 法进行解调并记录结果。

| 实验次数 | 面形图 | PV 值 | RMS 值 |
|---|---|---|---|
| 1 | | | |
| 2 | | | |
| 3 | | | |

注:图像结果可使用截图保存。

6.对同一组干涉图,采用移相法、傅里叶分析法、RPT法进行面形解调,对比计算结果。

| 解调方法 | 面形图 | PV 值 | RMS 值 |
|---|---|---|---|
| 移相法 | | | |
| 傅里叶分析法 | | | |
| RPT 法 | | | |

注:图像结果可使用截图保存。

## 【思考题】

1.查阅文献思考:还有哪些估计傅里叶调制过程中加入的载频大小的方法? 这些方法的精度如何?

2.在实际操作中傅里叶调制过程加入多少载频是合适的?

3.利用无像差点法检测抛物面时,是否可以使用傅里叶解调技术?

4.试自己写一个窗函数,并与前文提到的窗函数拟合波面效果进行比较。

5.请简述正则化相位跟踪算法的原理。

6.比较分析傅里叶分析法、正则化相位跟踪算法、四步移相法的处理结果,说出各自的优缺点。

7.查阅文献,比较不同的正则化过程的算法原理,并进行简单阐述。

8.查阅文献,尝试利用 MATLAB 实现正则化过程。

9.试解释正则化相位跟踪算法中各调节参数的作用,尝试自己编程实现简单 RPT。

10.查阅文献,调研对正则化相位跟踪算法进行的改进方法,并阐述与初始方法相比,这些方法有何改进之处?

## 【注意事项】

1.不能对着仪器说话、咳嗽等。严禁用手触摸元件光学面。

2.注意镜架旋钮的有效距离,如果偏离太多应先手动调整平面镜位置,之后再使用微调旋钮。

3.安装和更换光学元件时注意不要直接用手触碰光学表面。

4.注意入射到 CCD 探测器上的光强及 CCD 设置的曝光时间,防止损坏设备。

# 非球面光学性质及通用化检测

## 【实验目的】

1. 掌握非球面光学元件的基本概念及常用测量方法。
2. 了解非球面非零位干涉检测的原理与方法。
3. 使用检测球面的系统结构进行非球面非零位检测，了解非球面光学元件引入的光线偏折与球面光学元件的异同，掌握非零位干涉图的调整方法。
4. 理解计算机建模等新兴技术在光学干涉检测与计量中的应用。

## 【实验装置】

PDIPS、消球差透镜（焦距 75mm，通光孔径 30mm）、凹抛物面（参数见表 5-1）。

表 5-1　凹抛物面参数

| 参数 | 口径 | 顶点曲率半径 | 中心厚度 | 圆锥常数 | $F$ 数 | 另一面 |
|---|---|---|---|---|---|---|
| 数值 | 30mm | −90mm | 4mm | −1 | 1.5 | 磨毛 |

## 【实验原理】

非球面光学元件相比球面及平面光学元件能提供更大的设计自由度，可以更好地实现像差矫正，从而更容易满足光学设计对像差的要求。近年来，非球面加工及其设计技术发展迅速，相应地也对其表面质量的检测提出了更高的要求。干涉检测作为一种超高精度的检测手段，可实现对非球面光学元件表面面形波长量级偏差的检测，一般在元件加工最后阶段使用。非球面干涉检测技术的精度，将直接决定非球面光学元件能否应用于高精尖领域。在前述实验基础上，直接将 PDIPS 设计的球面检测光路中的待测面更换为非球面，可构建一种常见的非球面非零位检测光路，即部分补偿法。通过本实验，读者将了解非球面光学元件引入的光线偏折与球面光学元件的异同,体会复杂曲面非零位干涉检测法的优势与劣势,并探索计算机建模技术在干涉检测中的应用。

在第 5.1 节,将首先对非球面光学元件基础进行介绍。进而在第 5.2 节中,将介绍包括干涉法在内的常见非球面检测方法。在各种检测方法中,干涉检测法可实现最高的检测精度。其中,非零位法可以实现对非球面通用化及较高精度的检测,具体内容将在第 5.3 节中详述。本章的实验内容是将 PDIPS 球面检测光路应用于非球面检测。由于在检测路使用消球差透镜仅能部分补偿非球面的纵向法线像差,必然会在最终的干涉波前引入回程误差,使用计算机建模技术结合相关算法可以实现对回程误差的精确校正,从而提高检测精度。关于回程误差的分析及相关计算机建模算法将在 5.4 小节中给出。在 5.5 小节中,将介绍本实验所使用的光路,并分析实验过程中的典型干涉图及相关数据处理方法。

## 5.1 非球面光学基础

### 5.1.1 非球面光学元件简介

在很长一段时间内,平面和球面光学元件是服役于光学领域的主要成员。球面光学元件的使用带领人类走向了光学成像领域,并逐渐延伸至社会生活的各个方面,包括眼镜、显微镜、照相机等。在前面的章节中,我们介绍了球面镜的概念及其检测方法。然而,随着数字化社会的快速发展,航空、航天、电子、军事等领域对光学系统提出了更高的要求,如高像质、轻量化、结构紧凑等,使得仅采用平面和球面光学元件的系统在总体性能进一步提升中遇到瓶颈。相比于传统的球面光学表面,非球面具有更大的灵活性和自由度,能够减少光学系统的关键元件数量,有效校正多种像差,改善光学系统的成像质量。自 20 世纪 70 年代以来,军用设备中就开始逐渐使用高精度非球面光学元件。图 5-1(a)所示为应用非球面光学元件的美军 AN/PVS-14 夜视仪,其结构小巧、携带轻便。在空间科学方面,非球面广泛应用于望远镜和星载成像系统。图 5-1(b)所示为著名的哈勃太空望远镜(Hubble Space Telescope,HST),其主、次镜均为非球面。非球面光学元件在民用显示系统中同样拥有广泛的应用。如图 5-1(c)所示是华为 Mate 20 Pro 手机,其前置摄像

(a) 美军AN/PVS-14夜视仪　　　(b)哈勃太空望远镜　　　(c) 华为Mate 20 Pro手机

图 5-1　非球面的应用

头和后置摄像头均采用了非球面透镜组。此外,非球面光学元件在相机镜头、投影系统中也有着广泛的应用。随着非球面光学元件的蓬勃发展,可以预见,未来非球面镜将会应用到越来越多的领域。

广义而言,偏离球面形状的光学表面即为非球面。从理论上说,非球面可以由多个参数决定其面形,并能从中心到边缘连续发生变化。根据表面形状是否对称,可以将非球面分为四类,如表 5-2 所示。第一类是旋转对称非球面,包括二次曲面和高次非球面。其中,二次曲面在光学仪器中得到了广泛应用,具有特殊地位,其又可以分为具有一维无像差点的表面,如抛物面、双曲面等,以及其他表面,如圆锥面等。第二类非球面存在两个对称面,如圆柱面、复曲面等。第三类则为没有对称性的、高自由度的自由曲面。第四类为特殊的采用微阵列光刻技术制作的阵列表面,采用光的衍射原理实现改善像差、提高分辨率的目的,主要有衍射光栅、菲涅耳透镜(Fresnel Lens)和二元光学元件(Binary Optical Element,BOE)等。

表 5-2　非球面分类

| 具体类型 | 举例 |
|---|---|
| 旋转对称非球面 | 二次曲面、高次非球面 |
| 非旋转对称非球面 | 圆柱面、复曲面 |
| 无对称中心非球面 | 自由曲面 |
| 阵列表面 | 衍射光栅、菲涅耳透镜、二元光学元件等 |

## 5.1.2　非球面的数学表征

在实际应用中,使用最多和常见的非球面主要是旋转对称非球面,因此我们重点介绍这种非球面的数学表征方法。通常,旋转对称非球面使用幂多项式来表示,也称为偶次非球面,写成二次曲面附加旋转对称量的形式。设在右手坐标系中,非球面的顶点与原点重合,旋转轴为 $z$ 轴,则

$$z = \frac{c_0 (x^2 + y^2)^2}{1 + \sqrt{1 - (1+k)c_0^2 (x^2 + y^2)^2}} + \sum_{i=2}^{M} a_{2i} (x^2 + y^2)^i, \tag{5.1}$$

式中,$c_0 = 1/R_0$,其中 $R_0$ 为非球面顶点处曲率半径;$k$ 为圆锥常数;$M$ 为高次项的最高阶数,一般情况下 $M \leqslant 6$;$a_{2i}$ 为各次项的系数。等式右边第一项表示二次曲面,$k = 0$ 时为球面,$k > 0$ 是为扁椭球面,$-1 < k < 0$ 时为椭球面,$k = -1$ 时为抛物面,$k < -1$ 时为双曲面。不同形状的二次曲面有不同性质,可以根据实际应用情况进行选择,例如抛物面可以实现对无穷远处光线的无像差汇聚。

对于非旋转对称的非球面,同样可以幂多项式描述为基础,再附加非旋转对称多项式变量来表征。也有研究者提出用 Q 型正交多项式来进行非球面表征,方便非球面的设计与制造。当从对称非球面扩展到自由曲面时,可以直接通过离散矢高数据点来描述,也可

以在基础曲面上叠加由多项式或函数表示的形变量,甚至直接利用多项式或函数来表示,如 Zernike 多项式、高斯径向基函数、样条函数等。

## 5.1.3　非球面关键参数

### 1. 非球面度

在比较球面的法线方向上,非球面相对于比较球面的偏离量即非球面度。在实际加工与检测中,对比较球面有着不同的定义,因此非球面度的具体大小也有所区别,如图 5-2 所示。图 5-2(a)为非球面加工中常用的比较球及非球面度的定义方法,其中 $O$ 为非球面顶点,$O_{bfs}$ 为比较球球心,实线 $OP_a$ 为非球面旋转轮廓线,虚线 $OP_s$ 为通过非球面顶点与边缘点的最接近球面(即加工中所使用的比较球)的轮廓线。$P_a$ 与 $P_s$ 之间的长度 $\delta$ 即为非球面度,即

$$\delta = R - \sqrt{(R-z)^2 + y^2}, \tag{5.2}$$

式中,$(z, y)$ 为非球面上点的坐标;$R$ 表示非球面加工中比较球的半径。此时非球面度表示由球面加工成非球面时各位置处的去除量。

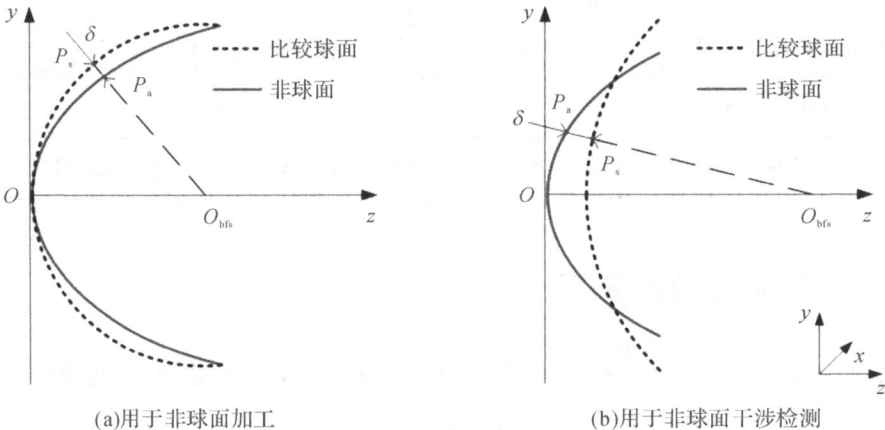

(a)用于非球面加工　　　　　　(b)用于非球面干涉检测

图 5-2　非球面度定义

图 5-2(b)为非球面检测中常用的最佳补偿球方式定义的非球面度,是基于总非球面度最小的原则来定义比较球面的。在最佳补偿球检测非球面时,非球面度与探测器的干涉条纹数密切相关,最大非球面度对应于最大干涉条纹数,此时最佳补偿球(即干涉检测中的比较球)不需要一定过非球面的顶点和边缘点,而只要其球心在非球面旋转轴上即可。与式(5.2)相似,检测时非球面度定义为

$$\delta = \sqrt{y^2 + (R + \Delta R - z)^2} - R, \tag{5.3}$$

式中,$\Delta R$ 为沿光轴 $z$ 方向的非球面与比较球面的半径之差;$R$ 为干涉检测中比较球的半径。

### 2. 纵向法线像差

因为非球面形状偏离球面,所以面上各个位置的法线角度不同且与光轴交于不同点,

即非球面具有类似于非公心光束的法线汇。类比几何光学中像差的概念,定义非球面纵向法线像差为非球面法线与光轴的交点同非球面顶点球球心之间的距离。如图 5-3 所示,设在 $yOz$ 平面内非球面上任意一点 $P(z_p, y_p)$,$C$ 为其法线与光轴的交点,$\Phi$ 为非球面法线与光轴的夹角,而非球面的顶点球球心位于点 $C_0$,$CC_0$ 即为非球面上 $P$ 点的纵向法线像差。用解析几何的方法不难求得:

$$\delta S_n = z_p + y_p \cot \Phi_p - R_0 = z_p + y_p \cdot \frac{\mathrm{d}y}{\mathrm{d}z}\bigg|_{z=z_p} - R_0, \tag{5.4}$$

式中,$R_0$ 为顶点球曲率半径;$\Phi_p$ 为 $P$ 点法线与光轴夹角,称为法向角。纵向法线像差是一个在非球面检测领域十分重要的概念,正是它的存在,使得非球面的检测不同于球面的检测。对于非球面上不同环带的点来说,其法线方向是不同的,纵向法线像差相差也很大。此外,非球面参数对纵向法线像差影响也很大。例如,计算口径 $D=100\text{mm}$、顶点球曲率半径 $R_0 = -240\text{mm}$ 元件的纵向法线像差,当①$k=0$,②$k=-1$,③$k=-3$,④$k=-3$ 且高次项 $a_2 = -1.5 \times 10^{-6}$、$a_4 = -7.0 \times 10^{-9}$、$a_6 = -6.0 \times 10^{-13}$、$a_8 = -2.5 \times 10^{-16}$、$a_{10} = -3.5 \times 10^{-19}$ 时,纵向法线像差随口径的分布如图 5-3(b)所示。其中在情况①下,元件形状为球面,法线汇聚于球心,不存在纵向法线像差,按定义其值始终为零。

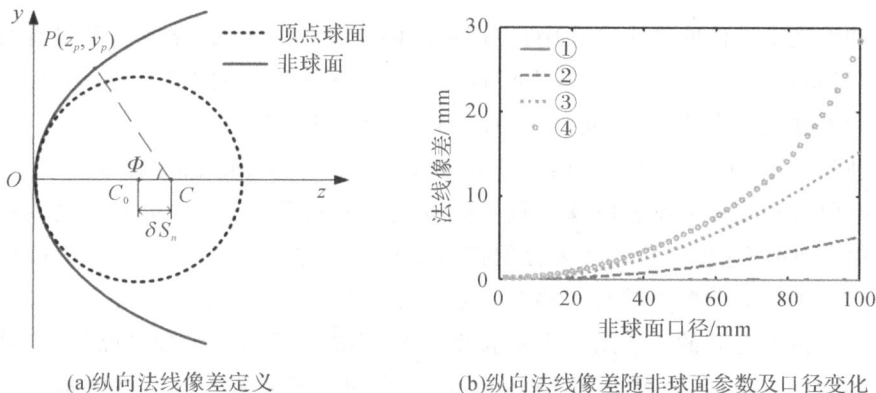

(a)纵向法线像差定义　　　　(b)纵向法线像差随非球面参数及口径变化

图 5-3　非球面纵向法线像差

### 3. R 数与 F 数

非球面的 R 数是指非球面顶点球曲率半径 $R_0$ 与口径 $D$ 之比,即

$$R/\# = R_0/D \tag{5.5}$$

非球面的 F 数是指非球面焦距 $f$ 与口径 $D$ 之比,即

$$F/\# = f/D \tag{5.6}$$

$F$ 数是评价非球面的一个重要参数。当非球面的口径和圆锥常数一定时,$F$ 数越小,则非球面偏离球面的程度越大,设计加工和检测的难度也越大。图 5-4 所示为口径 $D=100\text{mm}$、$F$ 数不同的抛物面相对最佳比较球的非球面度分布,其中比较球定义参考图 5-2(a)。

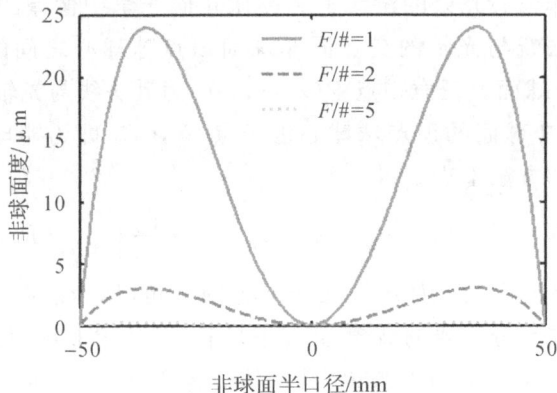

图 5-4 不同 $F$ 数的抛物面相对比较球面的非球面度分布

## 5.2 非球面面形检测方法

在非球面光学元件的加工方法中,应用最多的是去除加工法,该方法不仅有很高的加工精度,而且适用于大口径、深度非球面的加工。去除加工法的工艺主要可以分为研磨、粗抛光及精密抛光三个阶段,不同阶段检测方法也有所区别。

在研磨阶段,非球面与其理论面形偏差很大,一般使用接触式检测法对其面形进行初步检测。接触式检测法采用机械探头逐点扫描的方式检测非球面,不能一次性检测全口径的面形误差,因而速度较慢。代表性的接触式检测法主要是轮廓仪法和坐标测量机法。经过抛光之后的光学非球面镜对于检测的超高精度要求,以及在检测过程中必须兼顾测量精度与测量范围之间的矛盾对经典的接触式检测提出了巨大挑战。此外,接触式检测法容易损伤元件表面,已经无法满足抛光后进一步加工的要求。非接触式检测法主要有几何光线法和干涉法,具有非接触测量、高精度、高稳定性等特点,更加适用于抛光期非球面检测。其中,几何光线法主要是基于几何光学和光线追迹原理,例如刀口法、光阑法、哈特曼法、Shack-Hartmann 波前传感器和相位偏折测量法等,测量精度在一个波长至几微米之间,较多地适用于粗抛光期的非球面元件检测。而随着各领域对高精度、大口径、深度非球面等的需求扩大以及非球面超精密抛光技术的发展,干涉检测法成为非球面检测的热门检测技术。干涉检测法又可分为零位干涉和非零位干涉检测两类,是目前高精度非球面面形检测的主要方法。

### 5.2.1 接触式检测

接触式检测方法的研究历史较早,是一种较为成熟的非球面面形检测技术。它利用高精度控制系统控制探针的移动扫描整个非球面表面,获取全口径多个离散点的坐标数据,得到面形误差。其中,最快捷、经济、有效的手段就是轮廓仪。

如图 5-5(a)所示为美国 Arizona 大学光学中心研制的摆臂式轮廓仪,其检测口径为 1m 量级的大口径非球面时,检测精度高达 9nm RMS。同时,对于可用于天文望远镜的超大型非球面主镜,摆臂式轮廓仪也能得到较好的检测结果。在进行测量时,摆臂式轮廓仪首先沿水平方向摆动检测臂,带动探头扫描待测面的某个区域,如图 5-5(b)所示。之后使用下方转台带动待测面旋转,检测下一区域。最终根据多条路径上的检测结果,计算得到非球面的面形误差信息。

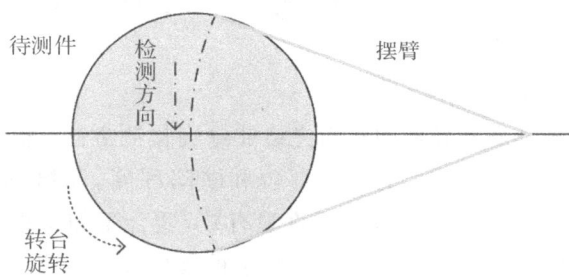

(a) 实物图            (b) 检测原理

图 5-5  摆臂式轮廓仪

摆臂式轮廓仪能够初步测量大口径非球面的面形坐标信息,但存在摆臂较大,机械加工、夹持困难,整体制作成本较高等缺点。一维线轮廓仪能够单独对非球面某一位置的横截面进行检测,如图 5-6(a)所示为 Taylor Hobson 线轮廓仪。虽然这种轮廓仪仅能检测单一非球面一条一维的线轮廓,但其精度相对于全口径扫描轮廓仪较高,且整体体积较小,机械探头采用垂直方式,可对口径较小的非球面实现较高精度的检测。此外,三坐标测量机也是一种常用的接触式检测仪器,如图 5-6(b)所示为蔡司桥式三坐标测量机。使用三坐标测量机逐点扫描整个非球面,即可实现全口径二维高度的测量。需要注意的是,轮廓仪与三坐标测量机得到的测量结果,均需要与非球面对应位置的标准形状相减,才能得到面形误差信息。

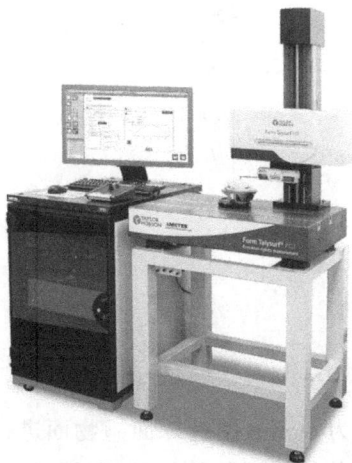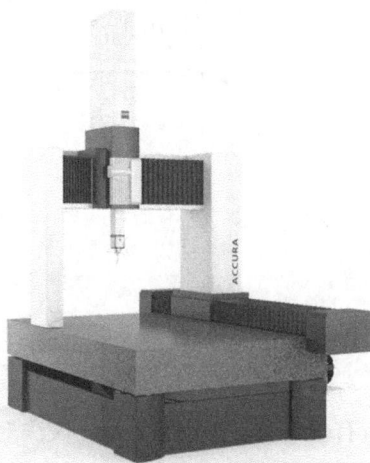

(a)Taylor Hobson线轮廓仪            (b)蔡司桥式三坐标测量机

图 5-6  轮廓仪及三坐标机

接触式检测在检测非球面面形过程中不需辅助装置和元件,操作简单,还可以同时测得非球面顶点球的曲率半径等信息。同时,也适用于大陡度非球面检测,因而目前在非球面加工初期的检测中应用较多。然而,由于其基于单点扫描机制,测量时间一般较长,测量精度也受到运动机构的影响,同时探针的接触也可能损伤元件表面,所以要得到更高精度的检测结果较为困难。

## 5.2.2 非接触式检测——几何光线法

### 1.阴影法

阴影法是经典的几何光线非球面检测方法,通过观察非球面阴影图的分布,凭经验主观判断待测非球面的缺陷部位和缺陷程度。阴影法的检测设备简单、成本低、检测速度快、灵敏度高,且检测现象直观有效,适合于加工现场的检测。具有悠久发展历史和应用历史的刀口法以及光阑法是其中最具代表性的方法。但传统阴影法无法实现定量检测,对阴影图的判读也依赖于经验积累,主观性强,不利于非球面元件的后续抛光加工,且刀口法和光阑法仅限于二次曲面的面形检测,诸多原因导致这类方法的应用受到很大的限制。

随着近年来计算机技术的快速发展,新研制的数字刀口仪使得传统定性检测的阴影法可用于定量检测,并成功应用于非球面面形检测。数字刀口仪检测系统如图 5-7 所示。数字刀口仪由光源、刀口、三维移动平台、CCD 相机图像及计算机采集处理系统构成。采用固定光源的设置方式,光源发出的光经过分光棱镜分光后照射到待测非球面元件表面,经待测非球面反射,再经过分光棱镜聚焦到点光源的共轭位置,刀口即在此共轭位置处进行切割。同时,CCD 位于刀口之后,用于接收刀口切割后形成的图像,通过图像处理、分析及反演算法,即可实现非球面面形的定量检测。当刀口切割光斑时,光斑位置不发生移动,更有利于 CCD 与计算机进行图像处理。

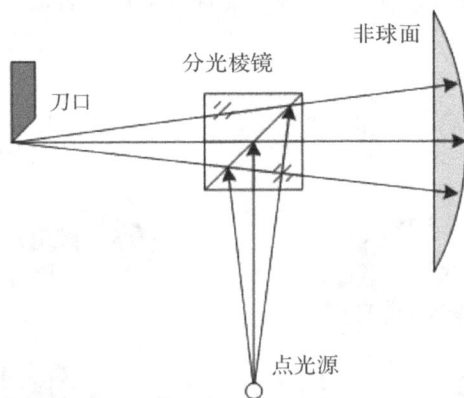

图 5-7 数字刀口仪检测系统

2011 年,有报道称,采用数字刀口仪法对一口径为 80mm 的近球面抛物面进行检测,获得了与干涉检测技术相当的检测灵敏度,且不需要其他辅助元件。然而,利用刀口法检测二次曲面时,需要测量大量环带光线的位置,面临耗时长且精确定位困难等实际工程问题。

### 2. 激光扫描法

激光扫描法是一种十分典型的几何光线检测法。该方法利用激光束对非球面进行逐点扫描，探测器接收由被测面反射的光线，根据光斑的不同位置拟合各点数据得到表面面形。针对不同类型的非球面可选择采用平移法、转动法和平移转动法进行测量，分别如图 5-8(a)、(b)、(c)所示。

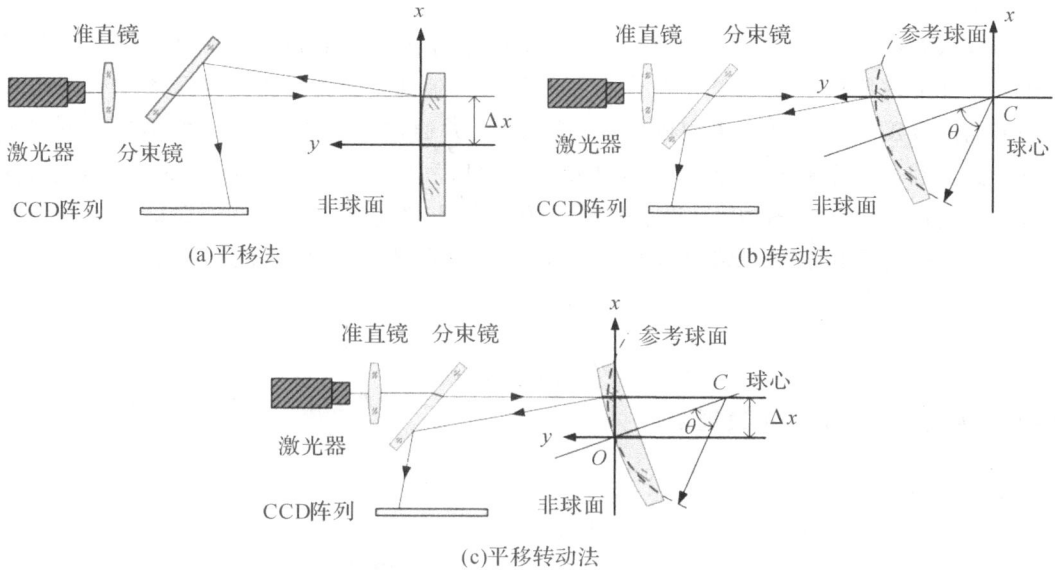

(a)平移法 (b)转动法

(c)平移转动法

图 5-8　激光扫描法原理

### 3. Ronchi 光栅检测法

Ronchi 光栅检测法具有制作简单、使用方便的特点。如图 5-9 所示，将一个 Ronchi 光栅(黑白占空比 1∶1 的光栅)放置在待测镜曲率中心附近，光源发出的光线经过光栅被待测镜反射，通过分析由此产生的光栅像与原光栅所产生的莫尔条纹的形状，即可得到待测面的面形误差。可以通过调节 Ronchi 光栅的频率从而调整检测灵敏度。当误差较大时，使用低频 Ronchi 光栅板，并且随着加工过程中非球面面形误差的减小，逐渐改用高频光栅，具有很大的动态测量范围。

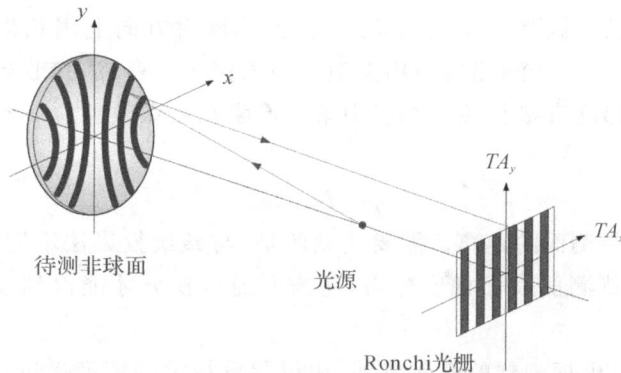

图 5-9　Ronchi 光栅测量系统光路

### 4. 相位测量法

相位测量法主要分为条纹投影法与相位偏折测量法。两种方法的原理有部分相似之处,但应用场景不同。其中,条纹投影法主要应用于漫反射表面测量,一般多用于非球面初加工阶段;相位偏折测量法则适用于镜面物体的测量,适用于非球面抛光阶段。值得一提的是,条纹投影和相位偏折测量法在测量过程中对辅助元件要求较低,且具有较大的动态测量范围。

条纹投影法的基本原理如图 5-10(a)所示,一般通过投影屏将某一调制正弦光栅条纹投影到待测非球面的表面。条纹被待测面的面形调制进而产生扭曲,变形条纹中就蕴含了待测面的高度分布信息。由相机接收变形条纹,并通过相位提取技术(如移相法及傅里叶分析法),获取每个像素上条纹的相位分布。最后利用相位与物体高度的数学关系,获取待测面的高度分布。图中,$A$ 为相机光心,$B$ 为投影仪光心。$D$ 为待测非球面上任意一点,$L_0$ 和 $d$ 分别是相机光心到参考面、投影屏光心的距离。则 $D$ 点的相位 $\varphi$ 与高度 $h$ 的关系为

$$h=\frac{L_0\varphi}{2\pi d/\Lambda},\tag{5.7}$$

式中,$\Lambda$ 为所投影的光栅条纹周期。

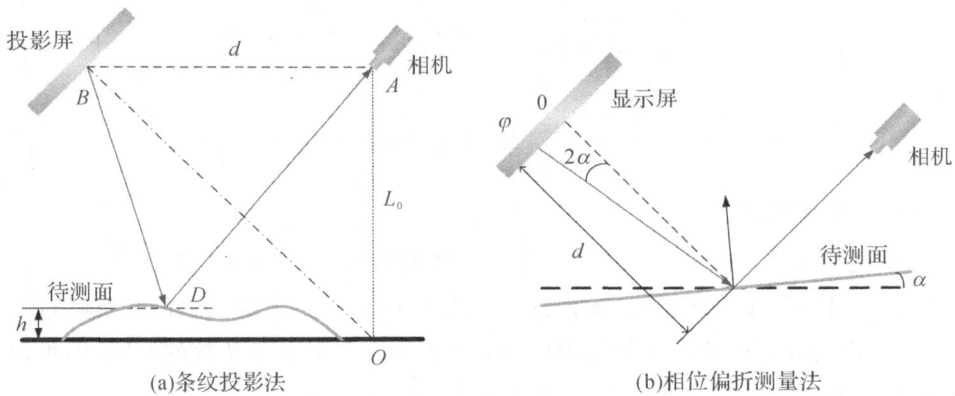

(a)条纹投影法　　　　　　　　　　(b)相位偏折测量法

图 5-10　相位测量法原理

相位偏折测量法的测量原理如图 5-10(b)所示。其基本思想是通过向精密抛光后的待测非球面投射某一调制正弦光栅条纹,在光的反射方向上用相机来接收该反射光栅条纹。在这种情况下,待测面的作用类似于一面镜子。所以,接收到的反射条纹的相位分布与待测面的梯度直接相关。相机中某一像素点处条纹相位 $\varphi$ 与反射点的局部斜率 $\alpha$ 的关系为

$$\varphi=d\tan2\alpha\tag{5.8}$$

式中,$d$ 为显示屏与待测面的距离。需要注意的是,与条纹投影法不同,相位偏折测量法通过计算得到的是待测面表面梯度分布,还需要通过积分才能得到表面的高度分布及面形。

随着计算机及光电探测器的高速发展,相位测量技术的精度也迅速提高。很多商业

产品陆续出现,例如德国 Gom 公司开发的便携式 Atos 系列三维扫描仪,首创参考点拼合技术并应用先进的摄影定位技术,实现在测量中完成自动拼接,提高了大型、大口径非球面的扫描精度。相位测量技术在一般工业非球面、自由曲面的面形检测中已得到广泛应用,研究人员开始利用其对光学非球面、自由曲面元件轮廓进行高精度检测。对于光学非球面和自由曲面,该技术不需要任何光学补偿及补偿器件,使得其检测精度不受限于补偿体系精度及系统精度。德国 3D-Shape 公司采用相位偏折测量法检测 3mm 渐进式眼镜片轮廓,精度可达 20nm,如图 5-11 所示。

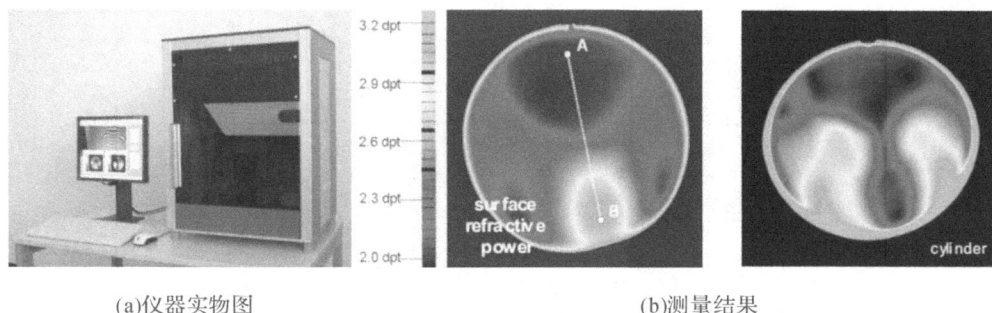

(a)仪器实物图　　　　　　　　　　　　(b)测量结果

图 5-11　相位偏折测量法检测渐进式眼镜片轮廓

### 5. Shack-Hartmann 波前探测法

Shack-Hartmann 波前探测技术是一种利用 Shack-Hartmann 波前传感器进行波前斜率测量的几何光线追迹方法。其中,Shack-Hartmann 波前传感器主要由微透镜阵列和位于微透镜焦距处的 CCD 探测器构成。Shack-Hartmann 波前传感器使用微透镜阵列将入射波前分割成许多子波前,平面波入射时像面上呈现的是均匀排列的光斑,如图 5-12(a)所示。当入射波前存在畸变时,则变形部分的子波前经对应微透镜后在像面的汇聚点将偏离理想像点,在全口径像面上形成非均匀光斑排列,如图 5-12(b)所示。探测待测波前的子波前光斑相对标定光斑的偏离量,即能测量各个子孔径内波前在 $x$ 和 $y$ 方向上的子波前斜率。利用波前复原算法,即可根据斜率数据重构出待测波前的相位信息。

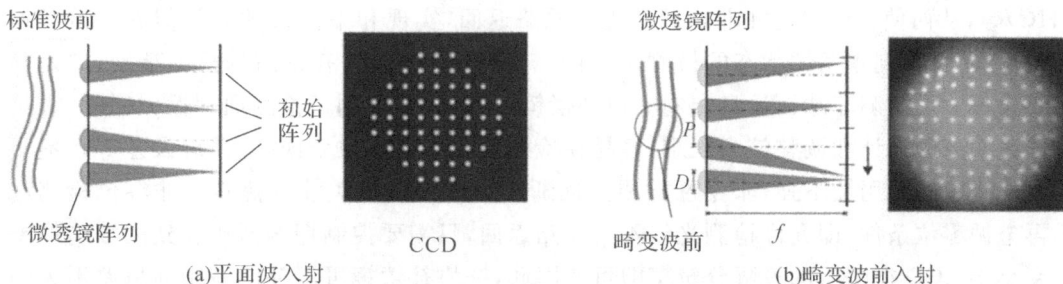

(a)平面波入射　　　　　　　　　　　　(b)畸变波前入射

图 5-12　Shack-Hartmann 波前传感器工作原理

以适当的光学系统结构使得标准平面波前经待测非球面透射或反射后,波前相位信息受到非球面面形调制,通过 Shack-Hartmann 波前传感器重构出受调制波前相位,即可反演出待测非球面的面形信息,如图 5-13 所示。20 世纪末,桑迪亚国家实验室率先采用 Shack-Hartmann 波前传感器来测量光学元件的面形误差;2002 年,P. D. Pulaski 等对微透镜阵列进行了面形检测;2005 年,美国罗切斯特大学将 Shack-Hartmann 波前传感器用于薄透镜和隐形眼镜等光学元件的测量;2012 年,W. Guo 等人提出了一种自适应光斑中心判定法,使得 Shack-Hartmann 波前传感器在自由曲面面形检测中的精度达到了 27nm RMS。

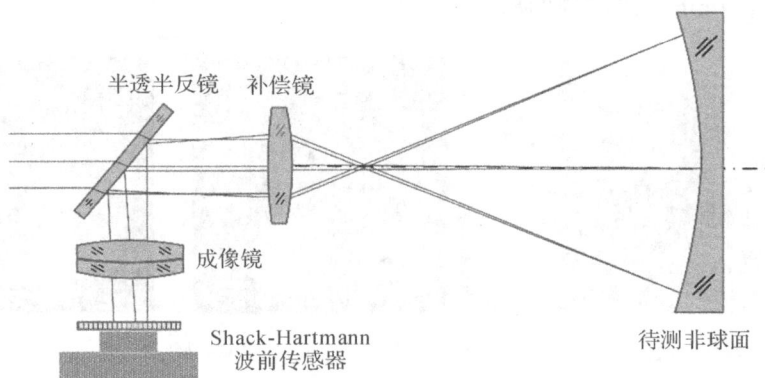

图 5-13　Shack-Hartmann 波前传感器非球面检测光路

由于 Shack-Hartmann 波前探测技术受到其透镜阵列个数的限制,导致其横向分辨率不高。另外,其动态范围受到微透镜尺寸的限制,在对大曲率半径表面检测时像面光斑偏离过大,甚至会超出 CCD 探测器的成像范围。

## 5.2.3　干涉检测技术

干涉检测技术是目前检测精度最高的光学元件(平面、球面、非球面等)面形检测手段。基于非球面的检测精度与检测通用性的权衡,干涉法检测非球面主要分为零位检测法、非零位检测法。零位检测法主要是采用可以完全补偿非球面法线像差的补偿器,如 Offner 补偿镜、Dall 补偿镜、计算全息补偿器(Computational Holographic Compensator, CHC)等,从而使得经过待测非球面的光线原路返回,实现和平面或球面类似的"零位"检测条件(即可得到零条纹状态的检测干涉图)。零位检测法具有较高的检测精度,但是其需要为每一块待测非球面量身定制零位补偿镜,从而大大限制了检测通用性。同时,零位补偿镜本身的设计和调整较为困难,容易在检测系统中引入位姿误差、系统误差等。鉴于零位检测法的通用性不强,非零位检测法逐渐成为研究人员关注的焦点。非零位检测法不再遵循零位条件,即允许检测光线不沿原路返回,只需要控制探测器接收到的波前像差斜率小于 CCD 探测器的极限分辨率即可。因此,一块补偿镜可以补偿一系列偏差不大的光学非球面,大大增加了检测动态范围。然而,由于偏离了零位条件,非零位检测法的检测结果中引入了回程误差,需采用特定的面形重构技术来消除。

# 5.3　非零位干涉检测技术

在本章的实验中,将 PDIPS 球面检测光路中的待测球面更换为非球面,来进行非球面检测,这也是最初进行非球面干涉检测的光路形式。消球差透镜产生的波前近似理想球面波,必然无法完全补偿非球面的纵向法线像差,故无法在探测器上调整得到零条纹干涉图,而且待测面的非球面度越大,则条纹越密集,是一种非零位干涉检测光路。非零位干涉检测法顾名思义,即不再完全补偿待测面的纵向法线像差,对像差补偿要求的降低,为提高非球面甚至自由曲面检测的通用性以及系统测量大口径、深度复杂曲面的能力提供了可能。但在这种情况下,干涉检测系统将不可避免地存在回程误差,即便非球面为标准形状且系统精确校准,在探测器上也无法得到零条纹干涉图。其干涉图样不直接反映待测面的面形误差信息,需要使用特定的算法进行回程误差校正。深度非球面回程误差的校正一直是限制非零位干涉检测法发展的重要因素,然而随着计算机运算能力的提高以及计算机建模等技术的发展,对回程误差的精确计算与校正变得较为容易,因此非零位干涉检测技术在近年来蓬勃发展。通常,检测系统的动态范围由检测波前的相位斜率决定,斜率越大,干涉条纹越密集。因此,非零位干涉检测方案基本都是围绕如何降低待测波前相位斜率或测得更高频率信息提出的。

非零位干涉法主要有亚奈奎斯特法、长波长法、双波长法、高密度探测器法、剪切干涉法、倾斜波前法、子孔径拼接法、部分补偿法等。在本小节,我们将首先对经典的长波长法及高密度探测器法进行讲解。接下来,我们将介绍近年来备受关注的几种检测技术,包括倾斜波前法、子孔径拼接法以及部分补偿法等。这些技术不仅能够确保面形检测的高精度,还具备向大口径和深度非球面检测领域拓展的能力。

## 5.3.1　长波长干涉法

根据光的干涉原理,单色光干涉亮纹/暗纹之间的光程差为波长的整数倍,即波长与干涉条纹数量成正比关系。因此,如果采用长波长的探测光源,如 $1.053\mu m$ 的 Nd:YAF 红外激光器、$1.064\mu m$ 的 Nd:YAG 红外激光器或 $10.4\mu m$ 的 $CO_2$ 激光器,则探测器所接收到的干涉条纹密度会得到有效降低,从而提高了干涉检测的动态范围。图 5-14 为采用不同波长的激光光源对同一个非球面进行检测所得结果,其中补偿镜采用一般的消球差透镜,产生球面参考波。可以明显看出,图(c)中的干涉条纹非常稀疏,便于探测器分辨,进而进行干涉图解调和面形信息提取。因此,随着检测光源的波长增加,其干涉条纹密度降低,能够测得的非球面范围变大。但是,长波长法在增加干涉仪的动态范围的同时,降低了系统的波前相位灵敏度和分辨率。同时由于检测装置需要工作在红外波段以上的长波长状态下,干涉仪系统需要有红外透射元件,如锗等,造成干涉仪整体造价过高,难以实现通用化检测。

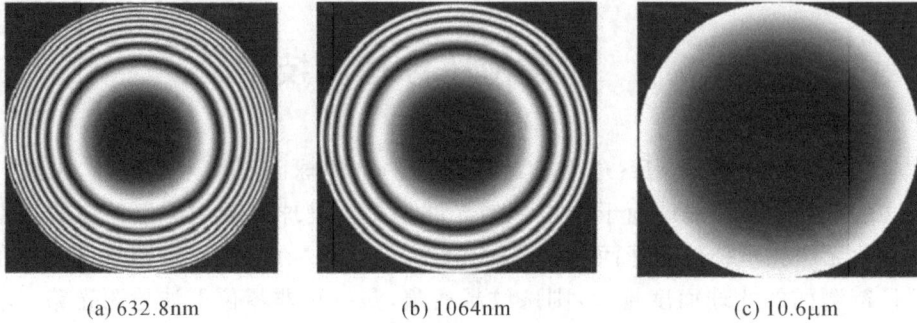

(a) 632.8nm        (b) 1064nm        (c) 10.6μm

图 5-14　不同波长干涉法干涉图

## 5.3.2　高密度探测器法

当采用探测器对干涉条纹进行分辨时,需满足奈奎斯特采样定理(Nyquist Sampling Theorem),即每条干涉条纹必须占用探测器至少两个像素值,以保证干涉条纹不发生混叠。但是,当干涉检测系统检测大相对口径、大非球面度的非球面时,其必然会产生高密度的干涉条纹,使得探测器无法分辨,从而影响干涉图解调和待测非球面的面形信息提取。高密度探测器法便是通过直接增加探测器密度的方法来增加干涉仪测量的动态范围。如图 5-15 所示,对于一幅相同的干涉图,随着探测器密度的增加,干涉条纹的横向分辨率提高,从而容易对边缘干涉条纹进行信息处理和波前重构。然而,高密度探测器往往造价较高,响应速度和信噪比也低于普通密度探测器。并且,当待测波前相位斜率过大时,待测波前在系统中传播而导致的误差将非常大,从而大大降低了仪器的检测精度。

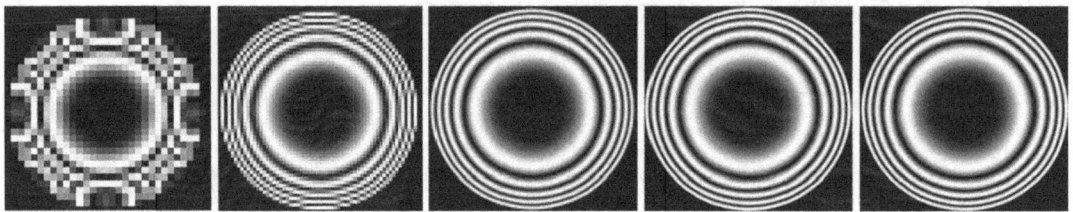

(a) 32像素×32像素　(b) 64像素×64像素　(c) 128像素×128像素　(d) 256像素×256像素　(e) 512像素×512像素

图 5-15　高密度探测器法

## 5.3.3　倾斜波前法

倾斜波前法的检测思想由德国斯图加特大学 W. Osten 团队提出,系统光路结构如图 5-16所示,其中图(a)~图(c)分别为其检测凸非球面、凹非球面及自由曲面的检测光路图。图中 L 为激光器光源,C 为准直镜,L0 为透镜,TS 为球面波补偿镜,SUT 为待测镜。在干涉光路引入点光源阵列(PSA),相当于引入多个轴外点源,产生倾斜角度不同的球面波匹配待测面的不同子区域,来降低各区域的干涉条纹密度。

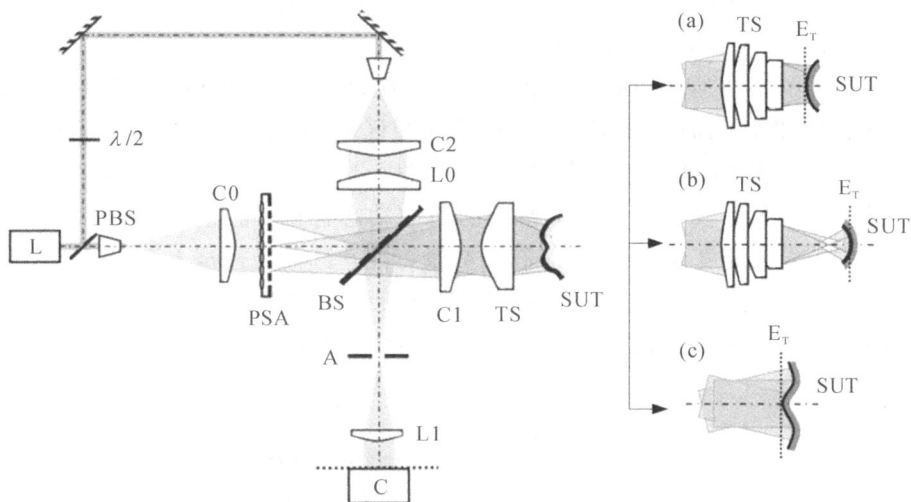

图 5-16　倾斜波前法检测系统光路结构

　　点源阵列包含微透镜阵列、针孔阵列,以及为避免相邻点源产生衍射图样重合的掩膜板。测量时,通过平移掩膜板控制相邻的四个点源顺序依次发光,如图 5-17(a)所示;探测器对应得到的干涉图示于图 5-17(b);通过相应的处理算法,即可拼接得到全口径待测面面形。倾斜波检测系统在检测时不需要平移或旋转待测面和系统元件,避免了定位和运动误差。但轴外点源将引入较大的系统误差,需针对每个点源进行误差标定,再通过波前恢复算法得到面形。2013 年,W. Osten 团队对一像散自由曲面进行测量,PV 值精度达 1/5 波长。

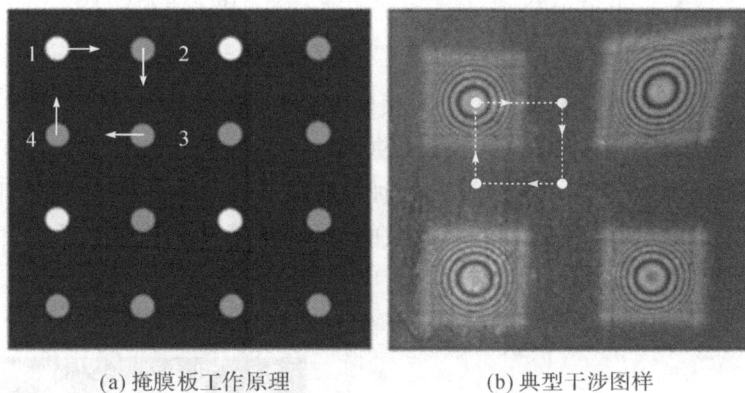

(a) 掩膜板工作原理　　　　　　　　(b) 典型干涉图样

图 5-17　掩膜板工作原理与典型干涉图样

## 5.3.4　子孔径拼接法

　　子孔径拼接法将待测面划分为若干个子孔径,对于局部区域来说,非球面度大大降低,每个子孔径返回的波前斜率都易于控制在探测器的动态范围内。分别用曲率半径不同的球面波对子孔径区域进行匹配,再利用拼接算法从各孔径干涉数据中重建出全口径面形,主要有圆形和环形子孔径拼接两种。

圆形子孔径拼接法通过控制待测面与干涉系统之间的相对位置,如垂轴和轴向平移以及绕轴旋转等,将待测面划分为若干圆形子孔径区域,如图 5-18(a)所示。相邻子孔径之间包含一定的重叠区以保证拼接算法的精度,图 5-18(b)为将非球面全口径划分为 9 个圆形子孔径的示意图。该方法拓宽了系统的横向动态范围,可测量非旋转对称非球面。但在检测大口径或大陡度非球面时,子孔径数量可能达到几十甚至上百个,导致测量时间长、数据处理复杂和误差积累等问题,且受机械工作台精度的限制,需辅以复杂的误差补偿算法。美国 QED 公司在此方面具有先进技术,我国众多大学与研究所也开展了深入研究。

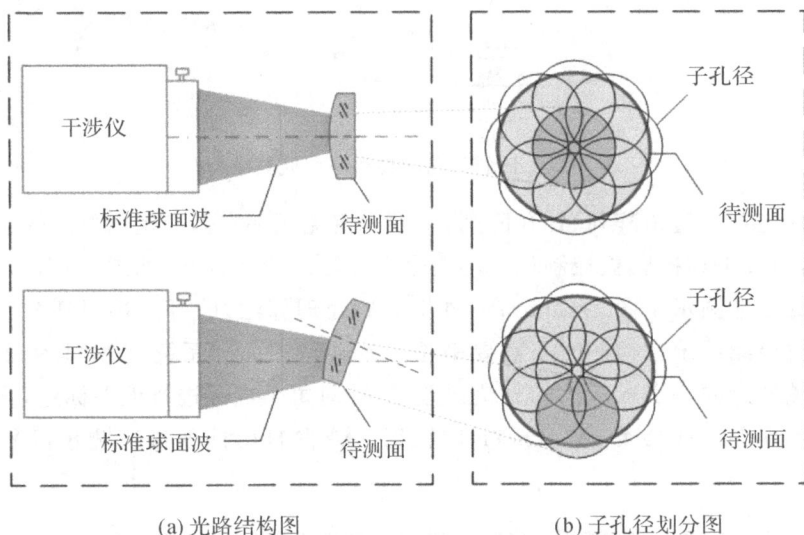

(a) 光路结构图  (b) 子孔径划分图

图 5-18  圆形子孔径拼接法

环形子孔径拼接法在检测时只需干涉系统与待测面之间产生轴向相对位移,以不同曲率的球面波匹配非球面的不同环带区域,使该环带返回的干涉波前条纹可被探测器分辨,光路结构如图 5-19(a)所示;环形子孔径划分如图 5-19(b)所示,相邻子孔径之间是否需要包含重叠区视拼接算法而定。需要注意的是,环形子孔径拼接法只适用于测量旋转对称的非球面。

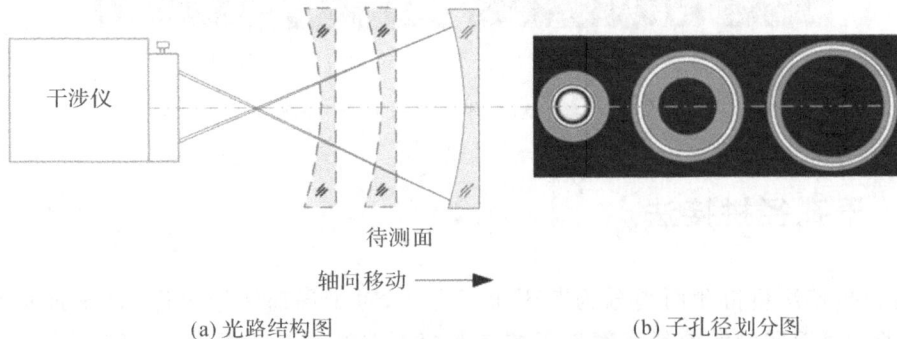

(a) 光路结构图  (b) 子孔径划分图

图 5-19  环形子孔径拼接法

环形子孔径拼接法对机械平台和控制系统的要求较圆形子孔径要低,但环带的半径误差和偏心误差都会影响测量精度。美国 zygo 公司利用环形子孔径扫描拼接的方式进行非球面检测。我国许多单位也对该技术开展研究,取得了较好的检测效果;其中浙江大学利用环形子孔径拼接法对非球面进行非零位测量,大大减少了子孔径数量,提高了检测效率。

### 5.3.5　部分补偿法

部分补偿法通过采用部分补偿镜(Partial Null Lens,PNL)并辅以计算机建模,可以实现对大口径、深度非球面的高精度、通用化测量。图 5-20 为基于特外曼-格林干涉系统的部分补偿法非球面检测光路,透过分束镜的平面波经过 PNL 形成非球面波,由待测非球面反射后携带其面形误差信息再次透过 PNL 形成检测波。检测波与参考波在分束镜处相遇产生干涉,干涉条纹由成像镜成像于探测器像面上。与零位检测法不同,补偿镜只需要补偿待测非球面的大部分法线像差,使待测波前的相位斜率处于探测器可分辨范围之内即可,但这样会在检测中引入回程误差。

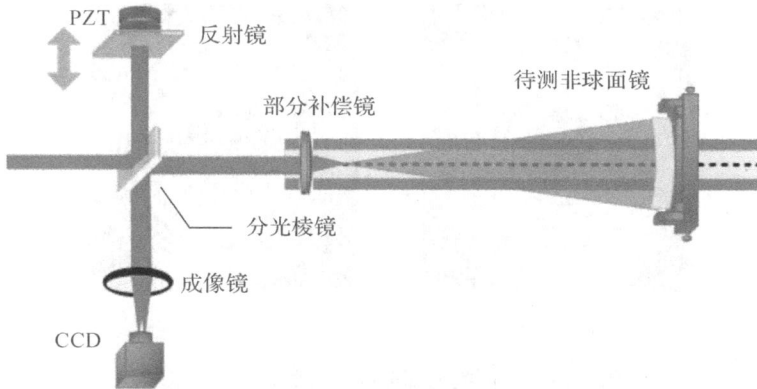

图 5-20　基于特外曼-格林系统的部分补偿法非球面检测光路

因为回程误差的存在,利用部分补偿法得到的干涉信息并不直接反映非球面的面形形状,因此不能简单地按照"二倍关系"对干涉条纹进行处理。为了从干涉条纹中准确去除回程误差的干扰从而获得待测非球面的真正面形,必须结合相关算法,从实际探测到的干涉信息中去除固有回程误差,最终重建出待测非球面的面形。

## 5.4　部分补偿法

使用 PDIPS 可以对非球面进行非零位检测,其原理就是部分补偿法。本小节将从部分补偿镜选择以及回程误差校正算法两方面对部分补偿法进行详细的介绍,便于读者更加深入、全面地理解实验原理。

## 5.4.1 部分补偿镜(PNL)选择

根据 PNL 的工作原理,无论入射到待测非球面上的是球面波还是非球面波,只要由待测面返回的检测波前与参考波前干涉能够得到可被探测器分辨的干涉条纹,就符合部分补偿干涉检测的条件。作为最常用的波形之一,球面波被广泛应用于干涉检测技术中。在平行光路中,利用消球差透镜组即可将平面波转换为球面波,且消球差透镜作为标准镜长期用于 zygo 球面干涉仪以及很多其他光学系统里,设计和制造技术已经十分成熟。但是,消球差透镜组一般由多片透镜构成,其设计成本较高,同时球面波不一定能够对非球面提供最佳的补偿效果。在特外曼-格林干涉仪中,采用传统的消球差透镜产生球面波对非球面进行检测,探测器上得到干涉图如图 5-21(a)所示。可以看到其干涉边缘位置条纹十分密集,难以解调。因此,使用消球差透镜作为部分补偿镜来进行非球面检测,一般常用于小口径浅度非球面。值得注意的是,由于在干涉图中心位置很容易得到条纹稀疏的近似零位条件的干涉图并且球面波易于进行解析计算,这种补偿方式常用于圆形子孔径拼接法检测非球面。

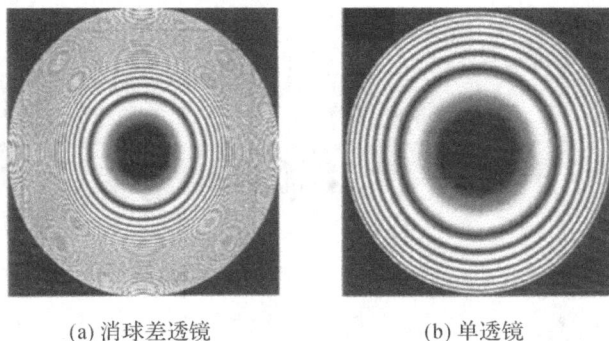

(a) 消球差透镜　　　　　　　　(b) 单透镜

图 5-21　不同类型部分补偿镜的检测干涉图

考虑到部分补偿检测的特点以及检测通用性的需求,部分补偿干涉系统采用非球面形状的入射波前将更加具有实用性和可行性。由于非球面波只需要对待测非球面的法线像差实现部分补偿,PNL 通常设计为单透镜,且单透镜的两个表面均采用球面形状。也因此,PNL 的设计和加工相较于消球差透镜组更为简单,同样可以对一定参数范围内的非球面进行高精度测量,并在一定程度上提高了非球面检测技术的通用性,扩大了其检测的动态范围。图 5-21(b)为采用单透镜 PNL 产生非球面波对图(a)同一非球面进行测量的结果。可以发现,采用单透镜作部分补偿镜时,其条纹密度得到进一步的降低,提高了非球面检测的动态范围。因为本实验中使用的待测非球面口径较小,而且非球面度不大,使用双胶合式的消像差透镜也可以取得比较好的效果。

## 5.4.2 回程误差矫正算法

在非零位干涉系统中,待测非球面的纵向法线像差无法被全部补偿,光线并非沿待测面的法线方向入射,即参考波前与待测面的理论形状不完全一致。这将导致由待测面反射的光线不沿原入射光路返回,反射光与相应的入射光分别经过系统中元件的不同位置。因此即使在待测面没有面形误差的情况下,检测光与参考光仍存在额外光程差且无法产生"零位"干涉,这部分光程差称为回程误差。回程误差是非零位干涉检测系统的系统误差,属于干涉系统的固有属性。

除了非零位干涉检测系统所固有的回程误差外,实际待测非球面的面形误差也会在检测结果中引入回程误差。非零位非球面干涉检测系统的光线追迹如图 5-22 所示,入射光传播至未知面形的待测面上,并返回携带有待测面面形信息的检测光。此时,入射光波前上某一位置的光线 $a$ 并未传播至待测面标称形状 $M_1$ 处从而按照预定路线 $b$ 返回,而是受未知面形误差的影响传播至面形位置 $M_2$ 处从而按照路线 $c$ 返回。可以发现,非零位干涉系统的固有回程误差导致反射光波前方向偏离至 $b$,未知面形引起的不可预知回程误差使得返回波前方向进一步偏离至 $c$ 处。同时,不同位置处返回的检测光的偏离程度均不相同,且传播路径无法采用光线追迹手段进行跟踪。当待测面的面形误差较大,存在部分大陡度面形斜率时,返回检测光 $c$ 相对理论值 $b$ 的偏离程度就越大,从而引入了更多的不可预知回程误差。

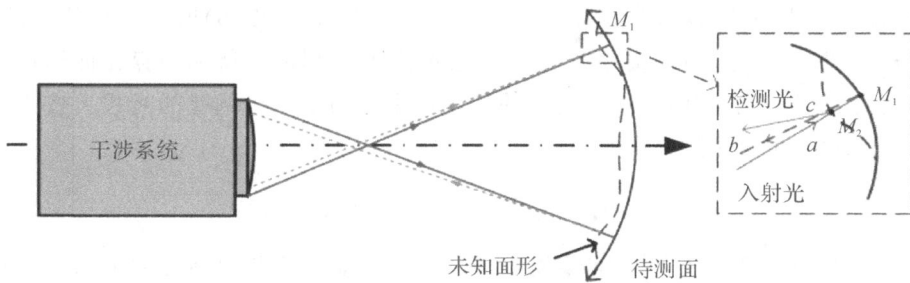

图 5-22　非零位检测中的回程误差

在不考虑其他系统误差的情况下,实际探测器所接收到的波前信息 $W_{det}$(即检测光与参考光的光程差)为待测非球面面形和回程误差共同作用的隐函数,数学模型可表示为

$$W_{det} = f(S_{asp} + \varepsilon_{retrace} + \Delta S_{retrace}),\qquad(5.9)$$

式中,$S_{asp}$ 为待测面的面形;$\varepsilon_{retrace}$ 为非零位干涉系统的固有回程误差;$\Delta S_{retrace}$ 为待测面面形引入的不可预知回程误差。

通常,部分补偿法需要配合计算机建模技术和回程误差校正技术来消除或减少回程误差的影响,从而提高检测精度。对于干涉仪结构参数未知的"黑盒"系统,常用几何推导(Geometric Deviation Based on Interferometry,GDI)法进行回程误差校正;对于已知干涉仪结构参数的"白盒"系统,通过系统建模和单次或多次光线追迹实现误差校正,如初级校正法、理论参考波前(Theoretical Reference Wavefront,TRW)法、逆向迭代优化(Reverse Optimization Reconstruction,ROR)法以及逆向光线追迹法等。

### 1. 几何推导(GDI)法

在零位检测中,入射到待测面的波前与其理论形状完全一致,如图 5-23(a)所示。在入射波与待测面形状完全匹配的位置,由待测面反射的检测波与参考波之间的光程差为零;而在待测面存在面形误差的位置,如 $P$ 点,面形误差在入射波检测过程中传播了两次,形成检测波与参考波之间的非零光程差 $W_{det}(x,y)$,为面形误差的两倍。因此,面形分布可由 $W_{det}(x,y)/2$ 求得,也就是干涉检测中用于重构面形的"二倍关系"原理。

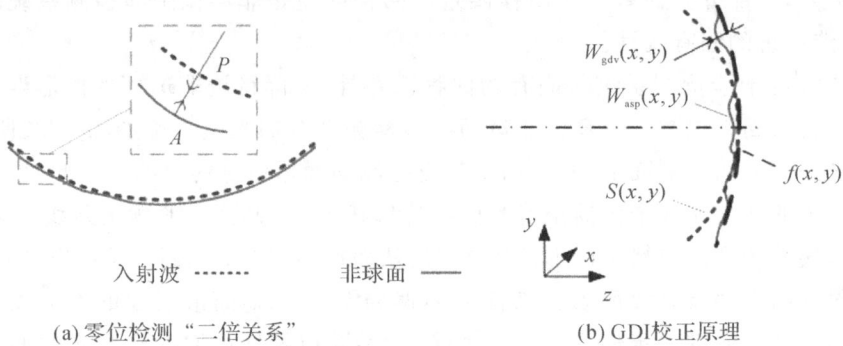

图 5-23  零位检测中的"二倍关系"及 GDI 校正原理

在部分补偿法的非零位干涉检测系统中,由于补偿镜仅补偿了待测非球面一部分纵向法线像差,因此入射波前与待测面之间的偏差除了待测面的面形误差以外,还包含其与待测面标称面形之间的形状偏差(即固有回程误差),如图 5-23(b)所示。故传统的"二倍关系"重构公式已不再适用。按照上述干涉检测原理,反射波在待测面存在面形误差以及待测面标称面形与入射波形状存在偏离的位置都多经历了 2 倍偏差的光程。按干涉检测原理推得,此时待测面的面形误差为

$$S_{asp}(x,y) \approx \frac{1}{2}W_{det}(x,y) - W_{gdv}(x,y),  \tag{5.10}$$

式中,$W_{det}(x,y)$ 为探测器得到的非零光程;$W_{gdv}(x,y)$ 表示待测面标称面形与入射波前形状沿待测面法线方向的几何偏差量;$S_{asp}(x,y)$ 表示待测面的实际面形误差。只要获得了 $W_{gdv}(x,y)$ 的具体大小,便可从上式中去除固有回程误差的影响,得到非球面的面形误差信息。

为方便计算 $W_{gdv}(x,y)$,通常采用球面波作为入射波前,因此 GDI 法也多用于以球面波为入射波的子孔径拼接检测当中。设入射球面波和待测面的标称形状分别为 $N(x,y)$ 和 $f(x,y)$,式(5.10)可写为

$$S_{asp}(x,y) \approx \frac{1}{2}W_{det}(x,y) - [f(x,y) - N(x,y)] \cdot \cos\Phi(x,y),  \tag{5.11}$$

式中,$\Phi(x,y)$ 表示非球面的法向角;$[f(x,y) - N(x,y)] \cdot \cos\Phi(x,y)$ 表示参考球面波与待测面标称面形在非球面法线方向上的偏离。对于选择非球面波前作为入射检测波前的情况,计算则要复杂得多。

采用 GDI 法重构待测面面形时,除非球面的标称面形外,还需要预先知道入射检测波的参数。由对 $W_{gdv}(x,y)$ 的计算方式可知,入射光线与非球面法线方向越接近,GDI 的校正结果越准确。严格意义来说,GDI 校正算法只近似校正了一部分固有回程误差,无法矫正不可预知回程误差。当系统的非零位程度较大(探测器像面的波前最大斜率值较大)时,其对回程误差的校正不充分问题将更加凸显。

**2. 理论参考波前(TRW)法**

回程误差的大小和分布除了与待测面和参考波之间的形状偏差有关外,还与系统结构密切相关。因此,借助计算机系统模型的建立,详细掌握光线的传播路径,从而对回程误差作出进一步校正,这就是光线追迹重构的思想,又称为理论参考波前(TRW)法。

该算法的第一步,即是在光线追迹软件中建立与实际干涉检测系统结构参数一致的仿真系统模型,待测面以标称面形代替实际含有面形误差的表面,如图 5-24 所示。第二步,对仿真系统模型进行光线追迹,像面处得到的参考波 $W'_{\text{ref}}$ 和检测波 $W'_{\text{test}}$ 的光程差 $W'_{\text{det}}$,称为待测非球面的理论波前。因为仿真模型与实际系统除待测面面形外其他参数都一致,故 $W'_{\text{det}}$ 显然已经包含了非零位系统的回程误差。同样地,在实际干涉检测系统中,在探测器处接收到参考波前 $W_{\text{ref}}$ 和检测波前 $W_{\text{test}}$,两者干涉得到实际干涉波前 $W_{\text{det}}$。实际波前除了含有固有回程误差以外,还含有实际待测非球面的面形误差。

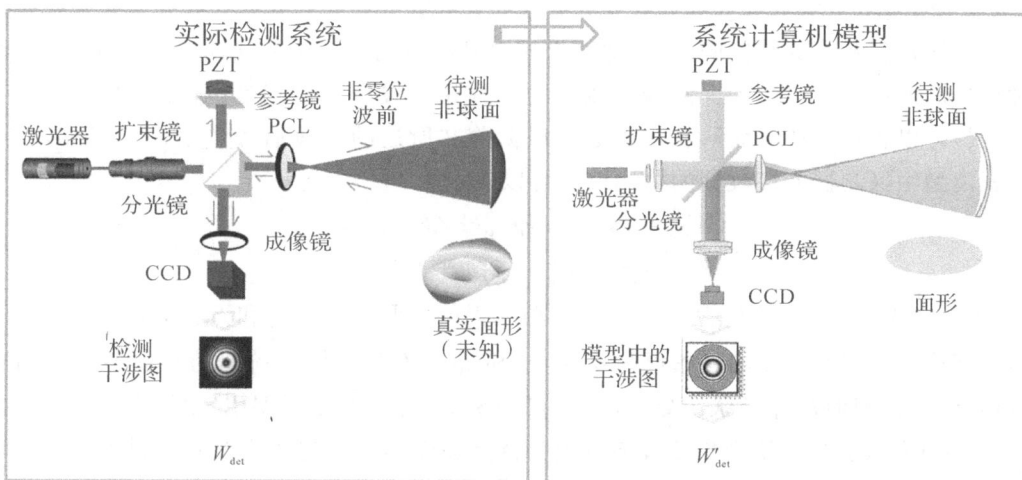

图 5-24 理论参考波前法原理

对理论波前和实际波前进行差分处理,可以得到

$$\Delta W_{\text{det}} = W_{\text{det}} - W'_{\text{det}} = W_{\text{test}} - W'_{\text{test}} - (W_{\text{ref}} - W'_{\text{ref}}) = W_{\text{test}} - W'_{\text{test}}. \qquad (5.12)$$

通过标定系统误差等方式,可以认为理论系统中的参考波波前建模与实际系统完全一致,即 $W_{\text{ref}} = W'_{\text{ref}}$。若实际待测非球面存在面形误差,即 $W_{\text{test}} \neq W'_{\text{test}}$,则差分式 $\Delta W_{\text{det}} \neq 0$,表明该值是由实际非球面的面形误差所引起的。由于检测波已经在非球面上经历了一次反射,故非球面的面形误差 $S_{\text{asp}}$ 为

$$S_{\text{asp}} = \frac{1}{2} \Delta W_{\text{det}} = \frac{1}{2}(W_{\text{test}} - W'_{\text{test}}). \qquad (5.13)$$

需要注意的是,虽然 TRW 法能够很好地标定非零位检测中的固有回程误差,但是无法有效解决不可预知回程误差的问题。当待测非球面面形误差增大时,从待测面反射回的光线将进一步偏离标称形状的反射光线,从而使得 TRW 法的精度下降。为解决这一问题,需要精度更高的算法,即逆向迭代优化法。

### 3. 逆向迭代优化(ROR)法

对非零位干涉检测系统中的不可预知回程误差进行校正,是实现非球面高精度检测的关键,特别是对于深度非球面甚至是自由曲面,在探测器波前结果中包含大量的不可预知回程误差。由于回程误差是系统结构参数的函数,因此,进一步对不可预知回程误差进行校正更加需要借助计算机模型。为此,基于计算机建模提出了逆向迭代优化(ROR)法,对两部分回程误差均进行校正并重构出待测面的面形误差信息。

与 TRW 法相似,ROR 法也结合了实际非零位干涉检测系统和计算机模型,需要根据干涉系统的元器件结构参数,在光线追迹软件中建立同等系统模型。ROR 法的基本思想是:不断地迭代改变系统模型中待测面的面形误差来使得计算机模型接收到的自由曲面波前接近实际系统 CCD 探测器接收到的待测波前,当计算机模型的波前信息与实际检测系统的波前信息一致时,可认为此时系统模型中待测面的面形误差即为实际检测系统的真实面形误差。

若干涉检测系统的结构固定,则像面上接收到的波前分布由待测面的形状所决定,即一种待测面形状唯一对应了探测器上接收的一种相干波前。也就是说,像面处波前分布(干涉图)可以表示为待测面形状的函数。根据前文所述的光线追迹理论,实际检测系统及仿真模型中探测器所接收到的检测波前可以表示为

$$\begin{cases} W_{\mathrm{det}} = f(S_{\mathrm{asp}} + \varepsilon_{\mathrm{retrace}} + \Delta S_{\mathrm{retrace}}), \\ W_{\mathrm{det}}^* = f^*(S_{\mathrm{asp}}^* + \varepsilon_{\mathrm{retrace}}^* + \Delta S_{\mathrm{retrace}}^*), \end{cases} \tag{5.14}$$

式中,$W_{\mathrm{det}}$ 和 $W_{\mathrm{det}}^*$ 分别为实际系统与仿真模型获得的检测波前;$S_{\mathrm{asp}}$ 和 $S_{\mathrm{asp}}^*$ 分别为实际面形误差和理论面形误差,$S_{\mathrm{asp}}$ 的初始值为零;$\varepsilon_{\mathrm{retrace}}$ 和 $\varepsilon_{\mathrm{retrace}}^*$ 对应实际系统与仿真模型中的固有回程误差,由待测面标称形状决定;$\Delta S_{\mathrm{retrace}}$ 和 $\Delta S_{\mathrm{retrace}}^*$ 则为面形误差引入的不可预知回程误差;$f(\cdot)$ 表示实际系统中检测波前可视为待测面面形信息与回程误差共同作用的隐函数,$f^*(\cdot)$ 则为仿真模型中的对应隐函数。则待求解的面形误差可以表示为

$$\begin{cases} S_{\mathrm{asp}} = f^{-1}(W_{\mathrm{det}}) - \Delta S_{\mathrm{retrace}} - \varepsilon_{\mathrm{retrace}}, \\ S_{\mathrm{asp}}^* = f^{*-1}(W_{\mathrm{det}}^*) - \Delta S_{\mathrm{retrace}}^* - \varepsilon_{\mathrm{retrace}}^*. \end{cases} \tag{5.15}$$

基于式(5.15),可以建立 ROR 算法中模型与实际系统中待测面面形的评价函数,监控当前波前误差大小和下一时刻的迭代步长和方向,即

$$\begin{aligned} O &= (S_{\mathrm{asp}} - S_{\mathrm{asp}}^*)^2 \\ &= [(f^{-1}(W_{\mathrm{det}}) - \Delta S_{\mathrm{retrace}} - \varepsilon_{\mathrm{retrace}}) - (f^{*-1}(W_{\mathrm{det}}^*) - \Delta S_{\mathrm{retrace}}^* - \varepsilon_{\mathrm{retrace}}^*)]^2 \\ &= \min. \end{aligned} \tag{5.16}$$

若仿真系统按照实际系统进行准确建模,则仿真模型与实际系统中的函数关系相同。而当模型中待测面标称形状与面形误差皆与实际系统相似时,两者之间的回程误差也完全相同,则式(5.16)可以简化为

$$\begin{aligned} O &= (S_{\mathrm{asp}} - S_{\mathrm{asp}}^*)^2 \\ &= [f^{-1}(W_{\mathrm{det}}) - f^{*-1}(W_{\mathrm{det}}^*)]^2 \\ &= \min. \end{aligned} \tag{5.17}$$

也就是说,通过系统建模的方式进行面形迭代优化的过程,不需要依赖特定的回程误差校

正算法,回程误差计算在光线追迹过程中已经包含。

ROR 算法的流程如图 5-25 所示。起初,计算机模型中的待测面模型为理想面形,面形误差 $S_{asp}^*$ 为零,此时模型像面获得的检测波前 $W_{det}^*$ 与实际 CCD 探测器获得的波前 $W_{det}$ 存在较大差距。当我们不断迭代改变模型的面形误差 $S_{asp}^*$ 时,像面处的波前 $W_{det}^*$ 随之不断改变。若存在某个时刻优化函数满足一定极小阈值的设定,则此刻的模型面形误差 $S_{asp}^*$ 即为真实面形误差 $S_{asp}$。

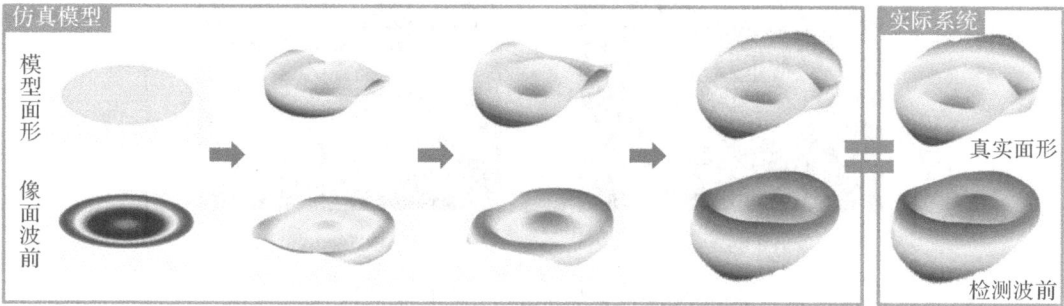

图 5-25　ROR 算法迭代过程

ROR 算法的原理实现具有两个关键点:一方面是 ROR 算法精度受仿真建模精度的影响较大。ROR 算法采用实际系统配合仿真建模的方式,迭代改变模型面形来不断尝试接近真实面形误差,若建模精度较低,模型像面波前的获取存在较大的误差。另一方面,波前及待测面面形表征方式是 ROR 算法的重要考虑因素。若采用三次样条插值表征等离散点拟合的波前表征方式,一是表征数据量太大,影响迭代过程和算法效率,二是像面波前与实际波前之间的比较也较为困难,且波前拟合存在较大误差。基于此种考虑,ROR 算法采用 Zernike 多项式来表征面形误差和探测器的检测波前。Zernike 多项式表征通常只取前 15 项或前 37 项,极大减少了迭代计算过程中的数据量,且 Zernike 多项式表征在进行波面拟合和波前比较时,只需要比较两者的 Zernike 多项式系数即可。当两处波前的 Zernike 系数一致时,则可视为两处波前相同,因此最终优化函数中待测波前也可由 Zernike 多项式系数代替。此外,模型中待测面的表征也可以使用 Zernike 多项式,从而降低迭代过程中计算的复杂度。一般来说,在经过研磨与精密抛光后,使用 Zernike 多项式拟合可以满足面形检测的精度要求。

**4. 三种回程误差校正算法对检测结果的影响**

GDI、TRW 和 ROR 算法用于非零位检测回程误差校正时,所得面形误差的重构精度受到干涉图的条纹密度(干涉波前斜率)和实际待测面面形误差大小的影响。而采用非球面波代替球面波作为待测面的入射波前,并以 TRW 和 ROR 算法进行回程误差校正,可以有效降低干涉波前斜率和扩大系统测量范围。在系统所接收到的干涉图最大条纹密度不同的情况下,下面分别以 GDI、TRW 和 ROR 算法校正波前回程误差,对比重构面形,说明三种算法对检测结果的影响,验证其适用范围。

1)球面波入射待测非球面

以消球差透镜作为部分补偿透镜,将平行光转换为标准球面波入射到口径为

158mm、顶点曲率半径为818.952mm的抛物面(1♯非球面)上。结合该非球面的参数,分别采用曲率半径为821.3mm和821.8mm的球面波作为入射波前,采集得到条纹密度分别为$0.06\lambda/pixel$和$0.10\lambda/pixel$的干涉图,如图5-26(a)和图5-26(b)所示。其中,图5-26(a)为所能得到的干涉条纹密度较小的状态。

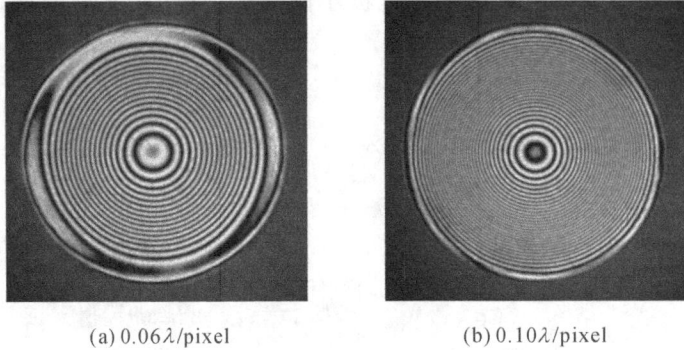

(a) $0.06\lambda/pixel$　　　　(b) $0.10\lambda/pixel$

图5-26　球面波入射1♯非球面时所得不同条纹密度干涉图

将这两种情况下通过多幅相移干涉图恢复得到的干涉波前设为A波前和B波前,以GDI、TRW和ROR算法分别对这两个波前进行回程误差校正,得到面形误差的重构结果如图5-27(a)~(f)所示。其中,图5-27(g)为利用zygo干涉仪采用零位法检测相同的非球面得到的面形误差。可以看出,当待测非球面的面形误差RMS值约为$0.09\lambda$时,在探测器所得干涉条纹密度为$0.06\lambda/pixel$的情况下,经GDI算法校正波前回程误差后,重构面形中仍留有较大的剩余回程误差,如图5-27(a)所示,结果难以正确反映真实的面形误差分布;而随着干涉条纹密度的增加,重构面形误差将更加偏离零位检测的结果,如图5-27(b)所示。采用TRW和ROR算法所重构的面形误差结果如图5-27(c)~(f)所示,可见与零位检测结果较为匹配,均能够反映面形误差的分布特征。

表5-3列出了上述测量结果的PV值和RMS值。其中,TRW和ROR算法在两种干涉条纹密度($0.06\lambda/pixel$和$0.10\lambda/pixel$)的检测情况下,对RMS值约为$0.09\lambda$的面形误差重构结果较稳定,与零位法所得结果的偏差小于$1/50\lambda$;GDI算法的测量结果随条纹密度的增加而增大,说明条纹密度越大,经GDI算法校正回程误差后的剩余回程误差也越大。

表5-3　球面波入射1♯非球面的检测结果

| 最大条纹密度 | 校正算法 | PV($\lambda$) | RMS($\lambda$) |
|---|---|---|---|
| $0.06\lambda/pixel$ | GDI | 0.5843 | 0.1093 |
| | TRW | 0.5342 | 0.0743 |
| | ROR | 0.5096 | 0.0889 |
| $0.10\lambda/pixel$ | GDI | 0.6923 | 0.1452 |
| | TRW | 0.5292 | 0.0716 |
| | ROR | 0.5171 | 0.0878 |
| — | 零位 | 0.5170 | 0.0910 |

波前A　　　　　　　　　　　　波前B

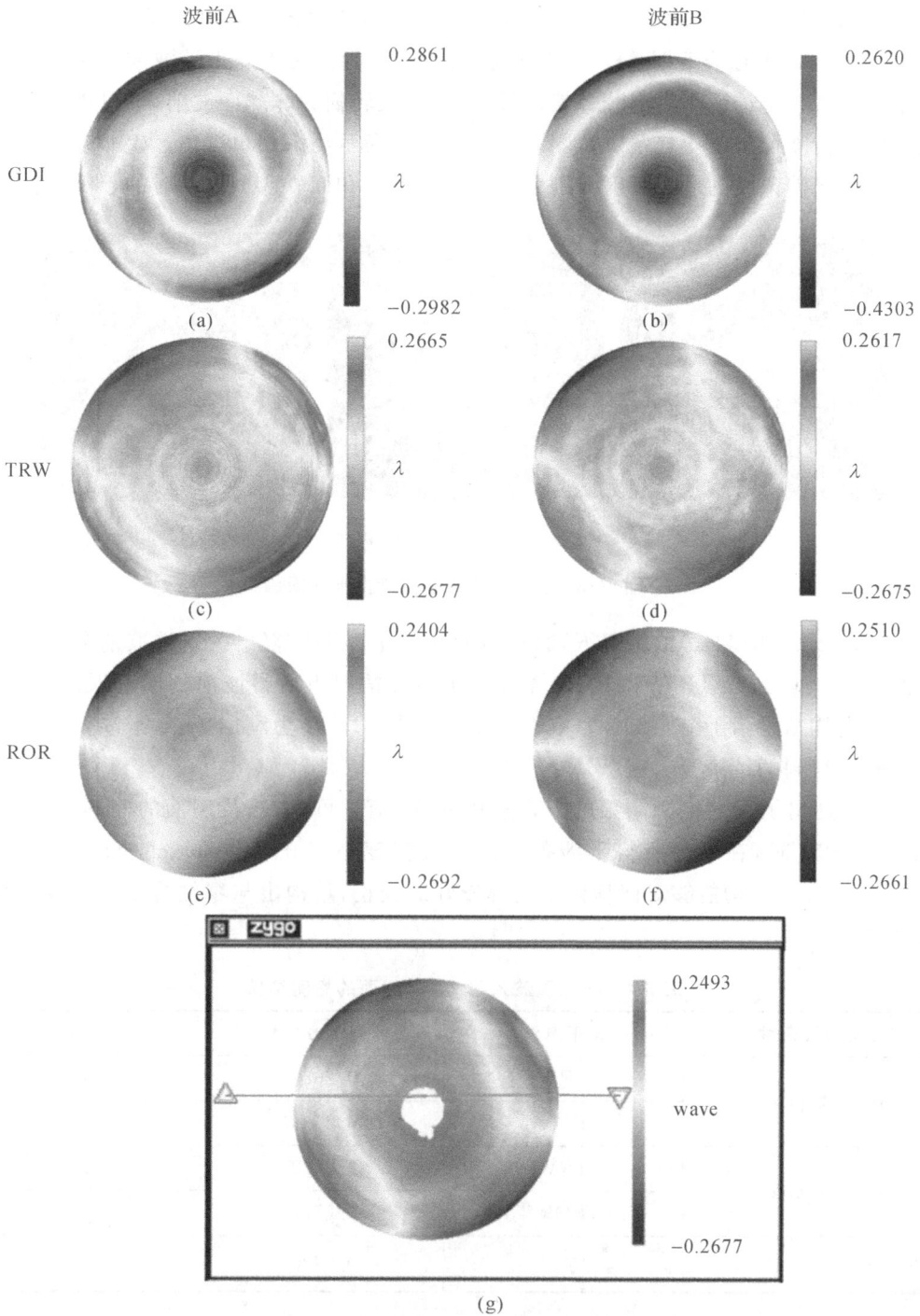

图 5-27　球面波入射 1♯ 非球面的检测结果

2）非球面波入射待测非球面

非球面波能够更好地匹配待测非球面的形状，有效降低干涉波前斜率和条纹密度，进而扩大检测范围、提高测量精度。当球面波入射到口径为 100mm、顶点曲率半径为 240mm 的抛物面（2♯非球面）时，得到的全口径干涉条纹密度超出采样定理的限定，如图 5-28(a)所示，此时若不划分子孔径分别进行测量，则无法恢复干涉波前并进行面形误差求解。而若以单透镜作为部分补偿透镜，将平面波转换为非球面波前，则可以在全口径范围内得到清晰可辨的均匀条纹。图 5-28(b)和(c)所示为采用单透镜产生非球面波入射 2♯非球面，干涉条纹的最大密度分别为 0.025λ/pixel 和 0.045λ/pixel 时的干涉图。

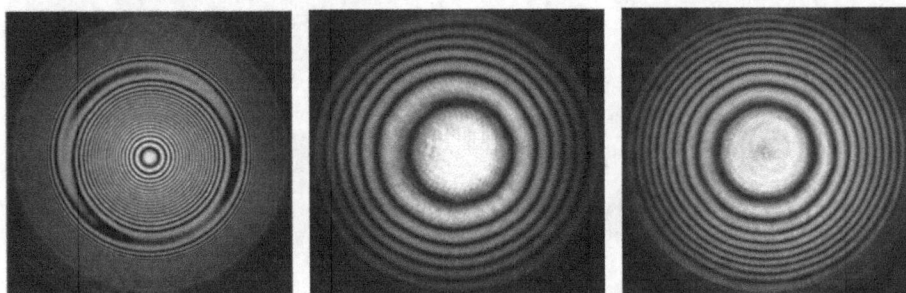

(a) 球面波入射　　　　(b) 非球面波入射0.025λ/pixel　　(c) 非球面波入射0.045λ/pixel

图 5-28　检测 2♯非球面所得干涉图

设在图 5-28(b)和(c)的情况下，通过多幅相移干涉图恢复出的干涉波前分别为波前 C 和波前 D。此时，以 TRW 和 ROR 算法校正两种情况下所得波前的回程误差，得到面形误差的重构结果示于图 5-29(a)~(d)。其中，图 5-29(e)为利用 zygo 干涉仪采用零位法进行检测得到的结果。

表 5-4 列出了上述检测结果的 PV 值和 RMS 值。可见，当待测面的面形误差 RMS 值约为 0.035λ 时，在系统所得干涉条纹的最大密度小于 0.045λ/pixel 的情况下，采用 TRW 和 ROR 算法均能够对回程误差实现较好的校正，重构出与零位检测结果较吻合的面形误差。

表 5-4　非球面波入射 2♯非球面的检测结果

| 最大条纹密度 | 校正算法 | PV(λ) | RMS(λ) |
| --- | --- | --- | --- |
| 0.025λ/pixel | TRW | 0.2669 | 0.0379 |
| | ROR | 0.2782 | 0.0331 |
| 0.045λ/pixel | TRW | 0.2922 | 0.0304 |
| | ROR | 0.2777 | 0.0364 |
| — | 零位 | 0.2720 | 0.0350 |

综上所述，当条纹密度较大时，GDI 算法的校正结果已含有较大的剩余回程误差，且随着条纹密度的增加而增大；TRW 和 ROR 算法则保持较稳定的校正能力，能够得到与零位检测结果吻合的面形误差。而采用非球面波前作为入射波对非球面进行检测，并配合 TRW 和 ROR 算法对回程误差进行校正，其补偿能力和检测范围较采用球面波而言有

较明显的提升。需要特别说明的是，当待测面的面形误差急剧增大时，ROR 算法的校正能力比 TRW 算法更为出色。

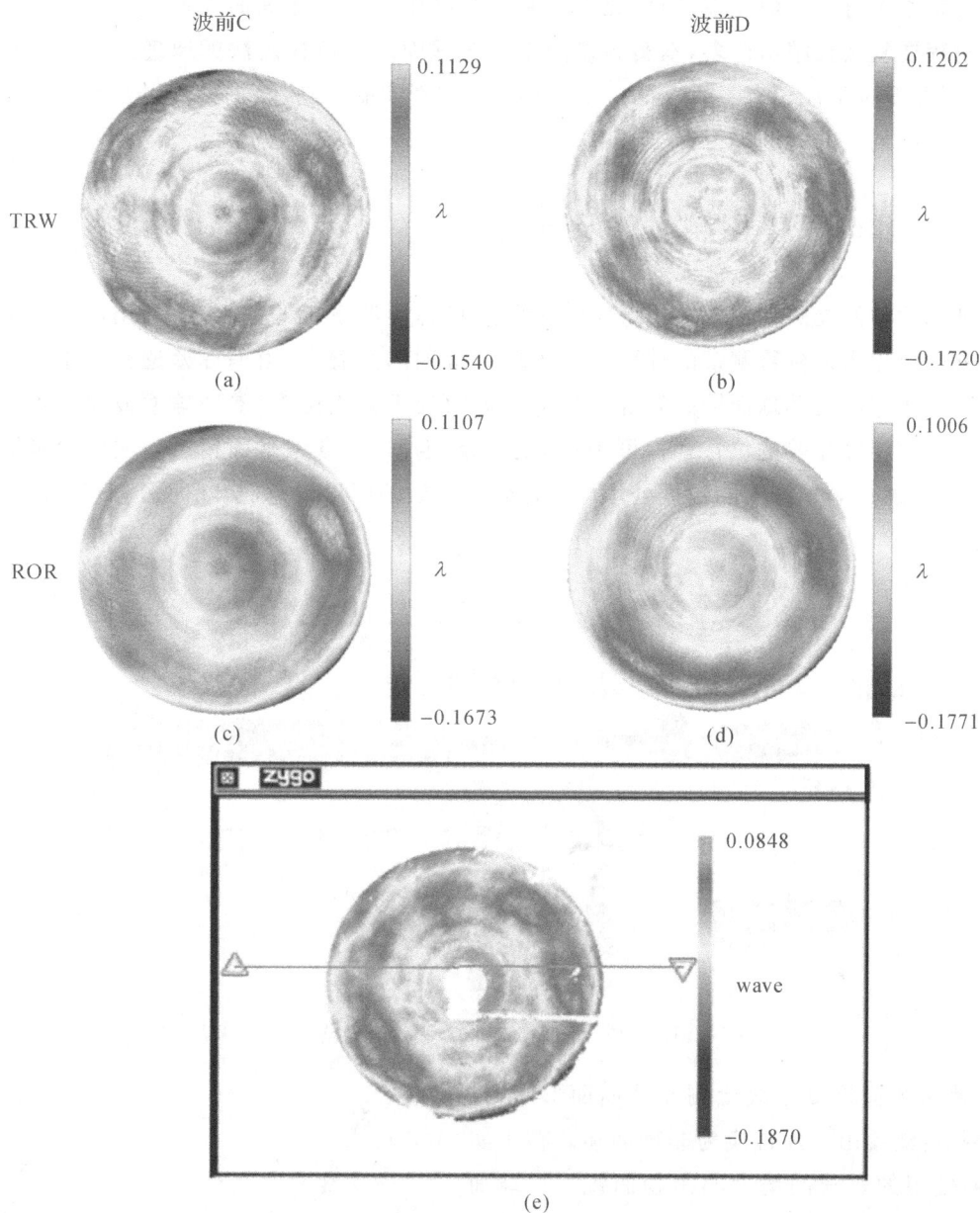

图 5-29　非球面波入射 2♯非球面的检测结果

## 5.5　球面检测系统非球面检测实验

基于部分补偿法的原理，使用 PDIPS 球面检测系统可以对非球面进行非零位检测。

在检测时,使用消球差透镜产生球面波对非球面法线像差进行部分补偿,再基于几何原理去除回程误差,得到非球面面形。需要注意的是,由于受实验器件限制,部分测量及数据处理过程中进行了近似处理,因此无法得到十分准确的待测非球面面形。实际的非零位检测过程要复杂且精密得多,本实验仅用于对非球面非零位检测法的原理进行理解与实践,并对非零位干涉图有更直观的认识。接下来将对实验光路、数据处理以及实验中干涉图调整可能遇到的问题进行详细讲解。

## 5.5.1 非球面镜检测光路及原理

非球面检测光路如图 5-30 所示,在特外曼-格林干涉系统的基础上,利用消球差透镜让检测路产生入射到待测镜的球面波。在球面检测的实验中,由消球差透镜产生的球面波可直接用以匹配凹球面镜的轮廓。当待测球面处于共焦位置(参考球面波曲率半径与待测面曲率半径相等的位置)时,可使得波前原路返回,与参考平面镜反射回的参考波前发生干涉,通过对干涉图的数据处理即可得到待测面的面形误差(实际面形与理论面形的差值)。

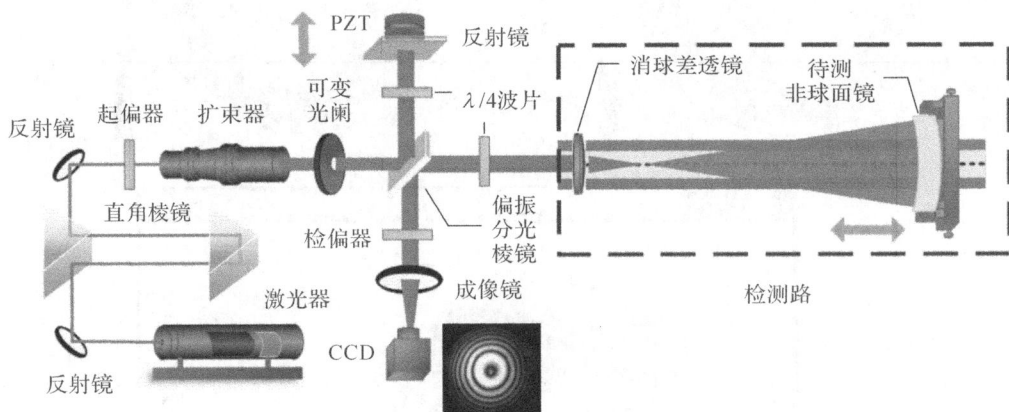

图 5-30 非球面镜非零位检测光路

使用球面检测系统检测非球面面形时,仅需要把待测镜由球面镜换为非球面镜。在本实验中,使用的非球面镜为凹抛物面镜。与球面检测不同的是,由消球差透镜产生的球面波无法匹配非球面镜的轮廓。在图 5-31 中,$W_1$ 表示由消球差透镜产生的球面波,$W_2$ 表示待测镜,当待测镜为球面镜时,球面波可完全匹配球面镜轮廓,如图(a)所示;当待测镜为非球面镜时,即使待测非球面处于共焦位置,波前也无法

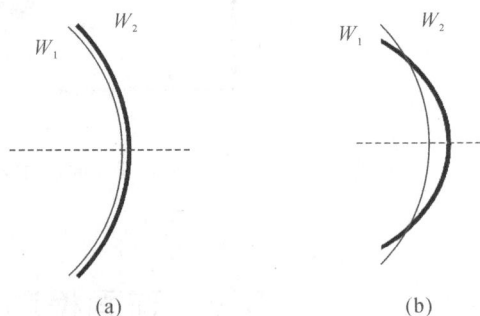

图 5-31 波面

原路返回,如图(b)所示。所以,干涉条纹中除了包含非球面面形信息,还包含了非球面与球面波之间产生的回程误差。在非球面的非零位检测中,使用部分补偿镜的目的就是补偿待测非球面的大部分法线像差,然后借助计算机进行校正算法处理,从实际探测到的干涉信息中去除固有回程误差,最终重建出待测面的面形。由于 PDIPS 中导轨定位精度有限、实验台周围环境变化较大,难以进行精确系统建模,本实验未采用 ROR 及 TRW 法,而使用 GDI 法的思想对一直径为 30mm、顶点曲率半径为 90mm 的凹抛物面进行测量。在得到非零位干涉图对应的相位后,使用 Zernike 多项式拟合方法对测量结果进行处理,移除位姿误差项与球差项(Zernike 多项式第 11 项),近似地修正了入射球面波与抛物面面形不匹配引入的固有回程误差,从而得到待测非球面的面形。

## 5.5.2　干涉图分析

### 1. 顶点球与最佳球

在干涉图调整过程中,需要注意的是,由于非球面存在纵向法线像差,故无法调整得到零条纹的干涉图,而只能得到环状条纹。当前后移动非球面的位置,由消球差透镜产生的发散波前恰好符合最佳球面位置时,即可得到干涉图条纹最少时的干涉图。图 5-32 展示了待测非球面由顶点球位置逐渐移动到最佳球位置的过程中干涉条纹的变化,在仿真中,我们使用焦距为 75mm 的消球差透镜作为部分补偿镜,而待测镜则选用与实验非球面一致的顶点曲率半径为 90mm 的抛物面,选择与实验基本相似的待测区域,口径为 20mm。可以看出,顶点球位置的干涉条纹密集,边缘部位甚至可能超出相机空间采样频率,不利于后续的处理;而最佳球位置处的干涉条纹数量较少、较为稀疏,利于后续的移项、解包裹等处理。

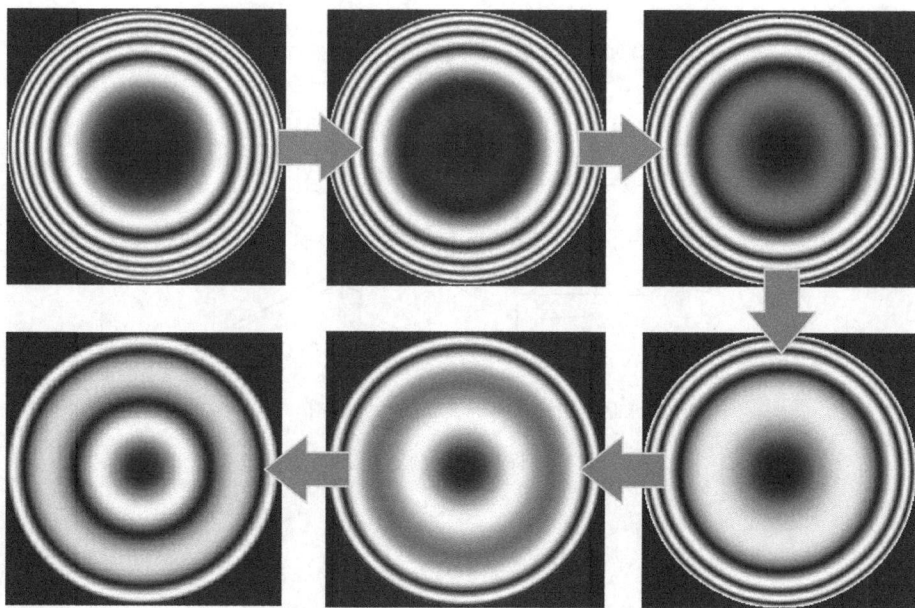

图 5-32　顶点球向最佳球移动过程

**2. 常见调整误差**

实际实验中,可能难以调整出最佳球处的干涉图,因为在对非球面镜进行位姿调整的过程中,难免产生离焦、倾斜、偏心等调整误差。图 5-33 给出了调整过程中存在离焦和倾斜时的波面与光路图;波面图中实线 $W_2$ 表示待测非球面形状,虚线 $W_1$ 为入射球面波前;光路图中实线表示入射光线,虚线则为反射回的检测光。少量的调整误差可以在后续数据处理过程中利用 Zernike 多项式将其去除,但由于非球面镜自身存在较大的法线像差,在调整误差较大时,导致条纹过密不利于后续的移项和解包裹等操作。因此,需要熟悉各种常见的调整误差,并在调整过程中尽量予以去除。非球面镜的调整方法与球面镜的相似,这里不再赘述。常见的离焦、倾斜、偏心等调整误差及其组合误差的仿真干涉图见图 5-34,仿真中所使用的系统参数与图 5-32 相同,故得到的无误差最佳球干涉图也相同。需要注意的是,与球面不同,非球面倾斜与偏心所导致的干涉图变化虽然有一定的相似性,但并不完全相同。在调整过程中,两者引入的调整误差会互相耦合,出现近似最佳球的干涉图,这种情况实际上是由于倾斜与偏心引入的像差存在部分相互抵消。故在调整过程中需时刻注意非球面偏心问题,可以通过目视观察保证光斑打在非球面正中心,再结合干涉图进一步判断。

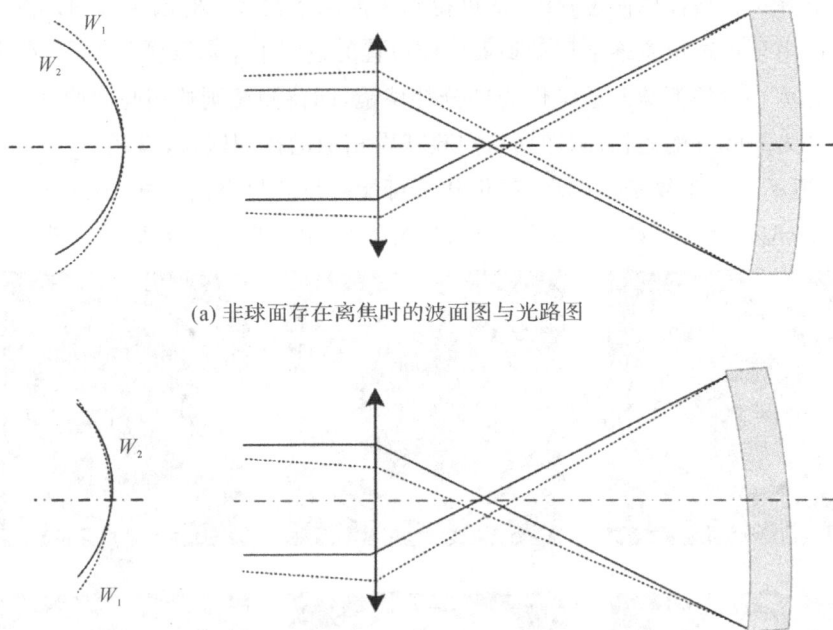

(a) 非球面存在离焦时的波面图与光路图

(b) 非球面存在倾斜时的波面图与光路图

图 5-33　调整过程中产生的离焦和倾斜误差

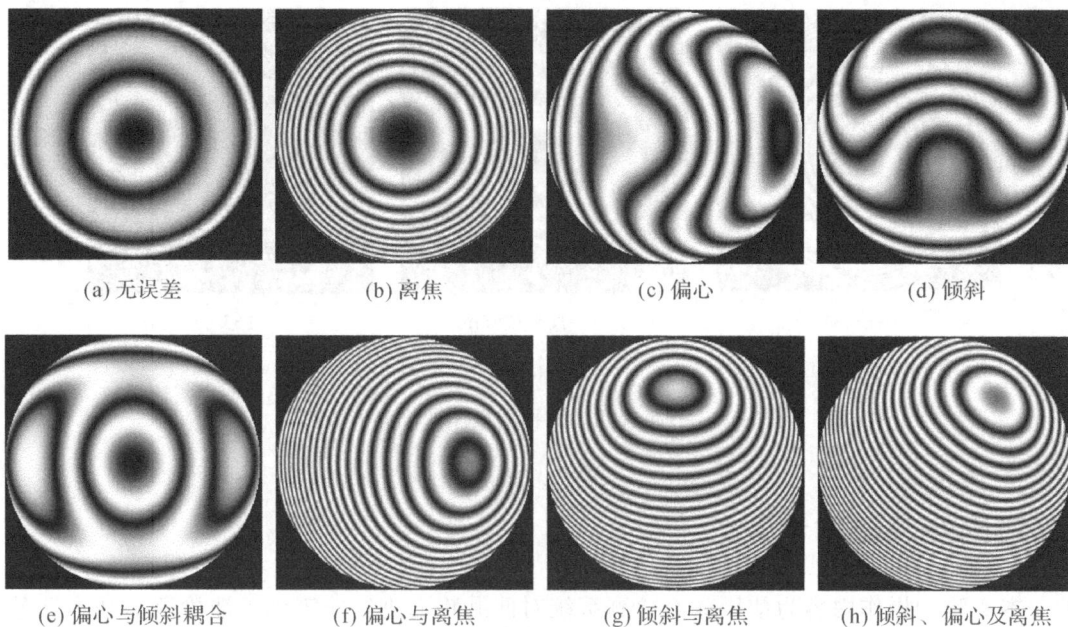

(a) 无误差　　　　(b) 离焦　　　　(c) 偏心　　　　(d) 倾斜

(e) 偏心与倾斜耦合　　(f) 偏心与离焦　　(g) 倾斜与离焦　　(h) 倾斜、偏心及离焦

图 5-34　调整误差仿真干涉图

### 3. 检测口径

在球面镜检测实验章节中已经分析过消球差透镜 $F$ 数对待测面检测有效区域的影响,在非球面检测过程中也需要考虑该问题。本实验继续沿用 PDIPS 球面检测光路,故其中消球差透镜焦距仍为 75mm、通光孔径为 30mm。需要注意的是,检测激光经过准直后,其有效范围并没有达到 30mm。此外为了防止系统中其他光学元件遮挡光线,保证有效干涉图为圆形口径,还会人为地使用扩束器后的可变光阑对光束大小进行控制。一般情况下,有效光束直径为 20mm 左右为最佳,也可根据实验情况进行微调。

在非零位检测中,为了获取较好的检测结果,一般会将非球面定位在干涉检测中的最佳球位置,即条纹数最少的位置。非球面上某点的纵向法线像差是径向坐标的函数,且随着径向位置增大而增大,所以当待测非球面上能够测量的口径不同时,其相应的最佳球也会不同。当待测面需要测量的范围改变时,其对应能得到最少条纹数干涉图的位置也将改变,而最佳球干涉图也将会完全不同。假设我们可以检测到抛物面的全口径(30mm),最佳球位置干涉图如图 5-35(a)所示,干涉波前 PV 值为 $6.5661\lambda$。这种情况下,抛物面与消球差透镜距离 $d=165.612$mm,远离顶点球位置。当需要检测口径缩小为 20mm 时,最佳球位置干涉图如图 5-35(b)所示。可以明显地看到获取干涉图的位置与图 5-35(a)不同,并且其干涉图也不是全口径干涉图部分,干涉波前的 PV 值大大降低。而当检测口径为 10mm 时,在检测光束可探测的范围内纵向法线像差极小,最佳球位置干涉图如图 5-35(c)所示。在这种情况下,非球面已经与球面非常相似,检测位置也接近非球面的顶点球位置(即相同曲率半径球面的共焦位置)。这也是子孔径拼接法进行非球面检测的基本原理。

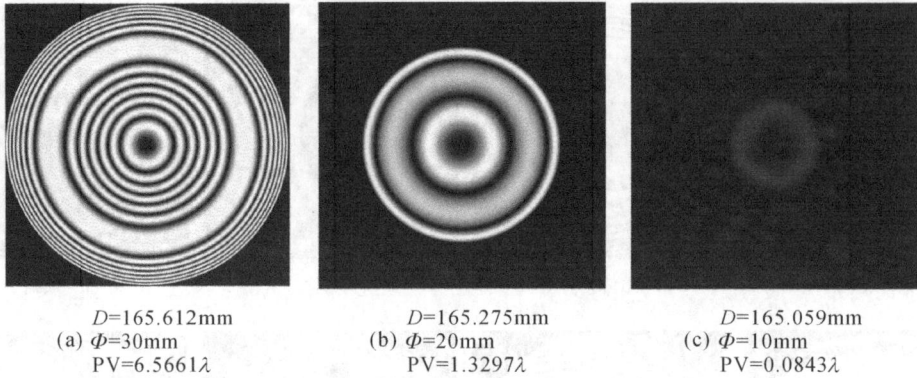

| $D$=165.612mm | $D$=165.275mm | $D$=165.059mm |
| (a) $\Phi$=30mm | (b) $\Phi$=20mm | (c) $\Phi$=10mm |
| PV=6.5661$\lambda$ | PV=1.3297$\lambda$ | PV=0.0843$\lambda$ |

图 5-35　不同口径凹抛物面最佳球位置干涉图

## 【实验内容及操作步骤】

本实验的操作内容为使用球面检测系统对凹抛物面进行非零位干涉检测。基本调整步骤及数据处理方法与球面镜检测实验一致,安装和调整消球差透镜到最佳位置以后,在检测路放入凹抛物面镜,将其调整到最佳球位置进行干涉检测。

**1. 运行操作软件及自准直参考镜**

(1)打开 PDIPS 操作软件,点击 CCD 控制中的"打开"按钮。实验期间根据干涉图亮暗情况设置合适的曝光时间,注意一般不要超过 $500\mu s$,防止损坏 CCD 相机。

(2)点击 PZT 控制中的"刷新"按钮,选择合适的通信串口后点击"连接",连接成功后指示灯会变为绿色,随后拨动 PZT 开关状态至"已开启"。

(3)因为 PZT 供电后会发生一定的不均匀伸长及旋转,所以需要重新对参考镜进行自准直,保障其垂直于光轴。取下参考路的 $\lambda/4$ 波片,在扩束器前的反射镜上能够观察到参考镜反射回的光斑,微调参考镜处的俯仰旋转台旋钮,使反射镜上的出射光斑与反射光斑重合,参考镜实现自准直。

(4)将 $\lambda/4$ 波片安装回原处,注意使光束完全从其通光孔径中穿过。

**2. 安装用于消球差透镜调整的平面镜**

(1)将平面镜安装在带有角度调整功能的镜架中,后与支杆、支杆调整架进行组装,并安装在导轨滑块的水平位移台上。

(2)调整平面镜的位置,使得光斑全部落在平面镜上。

(3)进一步调整平面镜的角度和位置,并且观察电脑显示屏(或者在检偏器后放置光屏接收),使得参考镜返回的光斑以及待测镜反射回的光斑基本重合。

(4)使用镜架上的微调旋钮微调角度,使得光斑完全重合,出现近似零条纹状态干涉图,条纹形状与实验 1 数字波面干涉仪平面面形检测图中的 1-26 相似。

(5)调节过程中若条纹对比度差,可通过调节起偏器与检偏器角度来调节条纹对比度。

### 3. 安装消球差透镜并进行准直调整

(1)将焦距为 75mm、直径为 30mm 的消球差透镜安装在带有角度调整功能的镜架中,注意胶合的消球差透镜中的凸透镜(曲率半径较小一面)对向平行光。将镜架与支杆、支杆调整架进行组装,安装在检测路 $\lambda/4$ 波片之后。

(2)移动平面镜至消球差透镜焦点附近位置,取下消球差透镜再次确认平面干涉图处于零条纹状态。调整消球差透镜的角度和高度,在使用肉眼观察的情况下,使得消球差透镜与检测路光线垂直,并且光斑在消球差透镜中间(使用纸片遮挡一半消球差透镜前的光斑,应该观察到入射光斑和反射光斑重合)。

(3)微调平面镜前后位置,使得其精确位于消球差透镜焦点处。确定焦点位置可以首先肉眼观察平面反射镜上聚焦的光点最小,之后借助观察干涉图上的条纹数比较稀疏。

(4)不断微调平面镜位置、微调消球差透镜倾斜及偏心,得到接近零条纹的干涉图,条纹形状与实验 3 数字波面干涉仪球面面形检测中的图 3-22 相似。

(5)确定消球差透镜调整到最佳位置后,取下平面镜。

### 4. 安装凹抛物面镜,调整得到干涉图

(1)将凹抛物面镜安装在带有角度调整功能的镜架内,并连接支杆,再将其安装在消球差透镜后方导轨的三维调整架上。

(2)粗调凹抛物面镜角度,使其基本垂直于光路。使用三轴调整架调整凹抛物面镜的位置,使得光斑入射至凹抛物面镜正中间的位置。

(3)在消球差透镜焦点处安装小孔光阑,使汇聚光束从光阑中心穿过。

(4)使用三维调整架调整凹抛物面镜前后的位置,使得返回的光束在小孔光阑上汇聚成一点。

(5)微调凹抛物面镜的角度,令反射的光能够通过孔阑中心返回,此时将出现密集的同心圆环条纹。

(6)使用三维调整架的前后调整旋钮,使得环状条纹逐渐变稀疏。在调整过程中,要不断调整待测面倾斜及偏心使得圆环纹中心在干涉图中央。需要注意的是,非球面与球面镜不同,偏心同样会引起条纹的不规则,故需要保证非球面中心与光轴重合。

(7)进一步微调凹抛物面镜的偏心、倾斜及轴向位置,使得环状条纹减少到最少,并且同心圆环形状较为规则。这时,凹抛物面镜到达干涉检测最佳球位置,条纹形状与图 5-36 相似。在最后精密调节过程中,需要注意前后调整旋钮回转误差的影响。

(8)点击采集模式旁的下拉选项栏,将其改为"非球面",随后点击"采集"按钮,选择图片保存路径,开始进行移相干涉图的采集。移相过程中请勿调节平面镜。

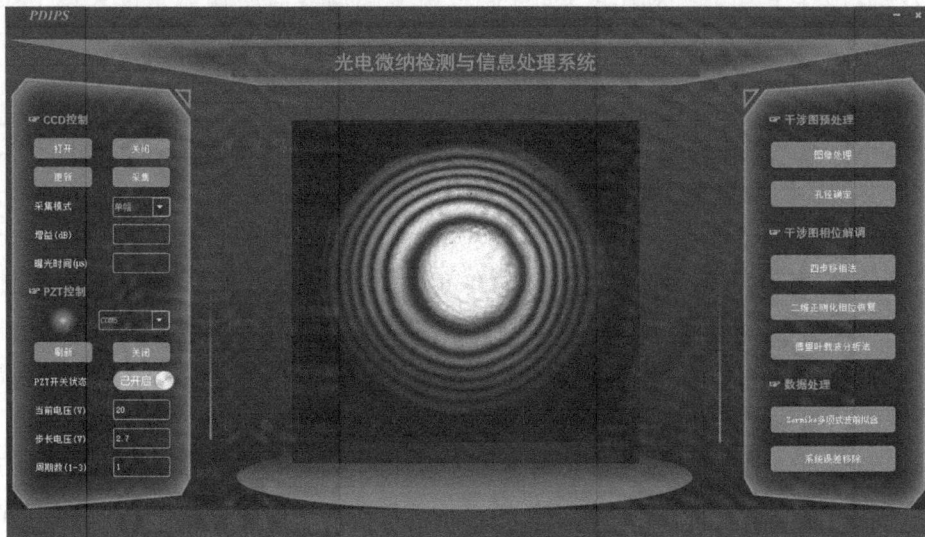

图 5-36　凹抛物面镜最佳球状态

### 5. 图像处理及孔径确定

(1)在主窗口中点击"孔径确定"按钮进入孔径确定窗口,点击"选择干涉图"按钮,选择要处理的图片文件夹,软件将自动生成原始干涉图的调制度图像。

(2)确定有效干涉孔径。拖动"腐蚀"和"膨胀"条,当腐蚀膨胀图可以确定有效区域后,依次点击"边缘提取""自动确认",将会在"确定的孔径图"中出现预览。如果此孔径选择得不理想,可在"边缘提取图"中,长按鼠标左键画圆,手动确认有效干涉孔径,若画得不理想,可以长按鼠标右键拖动现有孔径,或长按鼠标左键重新绘制,绘制成功后,点击"手动确定"按钮,得到最终确定的孔径。最终效果如图 5-37 所示。

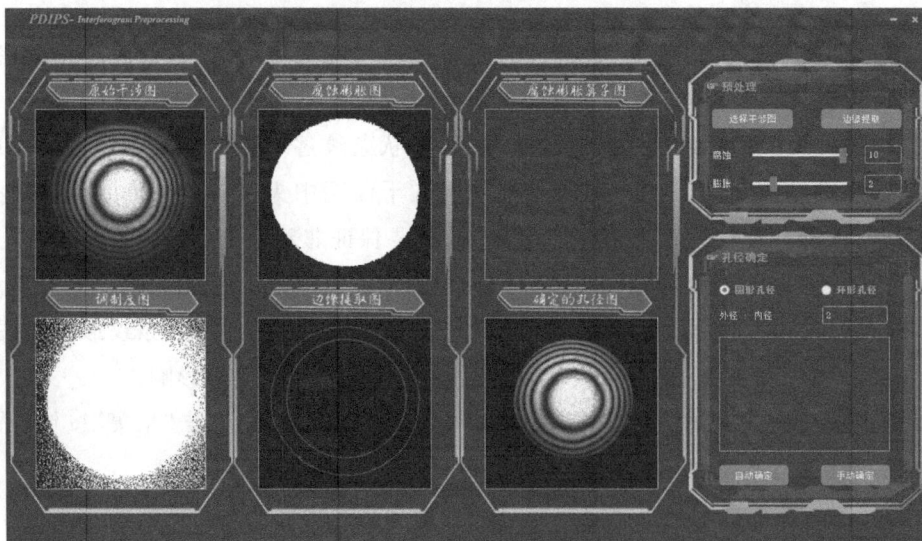

图 5-37　孔径确定窗口

（3）孔径确定后软件将自动保存该孔径的大小与位置，在后续多次实验中，若干涉图区域没有改变，可选择跳过该步骤。

**6. 相位调制与解调**

（1）在主窗口中点击"四步移相法"按钮，软件跳转到四步移相窗口，点击"显示干涉图"按钮，将会出现之前选择的干涉图。

（2）点击"显示孔径"按钮，载入图像处理过程中选取的图像孔径。

（3）点击"移相解调"按钮，进行四步移相解调。

（4）点击"解包裹"按钮，将包裹相位恢复为连续相位。测量相位结果的 PV 值、RMS 值显示在窗口右下方，如图 5-38 所示。

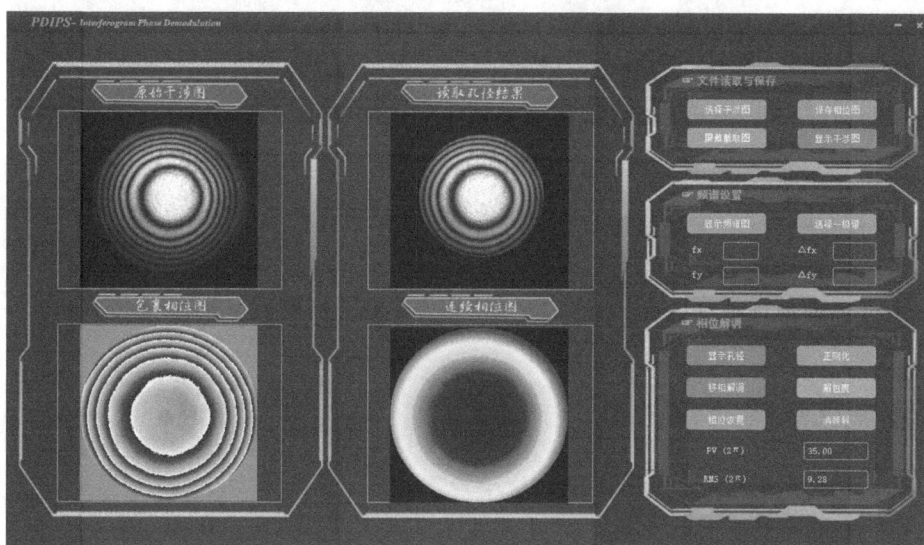

图 5-38　四步移相窗口

**7. 数据处理**

（1）在主窗口中点击"Zernike 多项式波前拟合"按钮，软件跳转到 Zernike 拟合窗口，依次点击"显示孔径""显示相位图"按钮，将会出现之前解调得到的连续相位图。

（2）点击"开始拟合"按钮，软件将生成拟合图像及拟合残差图。软件界面右侧显示 Zernike 拟合的前 37 项结果，选取 Zernike 多项式前 4 项以及前 11 项，点击"移除选中项"，下方中间显示选中项的拟合结果图，下方右边显示剩余项的拟合结果图。界面右边显示 Zernike 拟合数据与检测结果（PV 值及 RMS 值），Zernike 拟合窗口如图 5-39 所示。

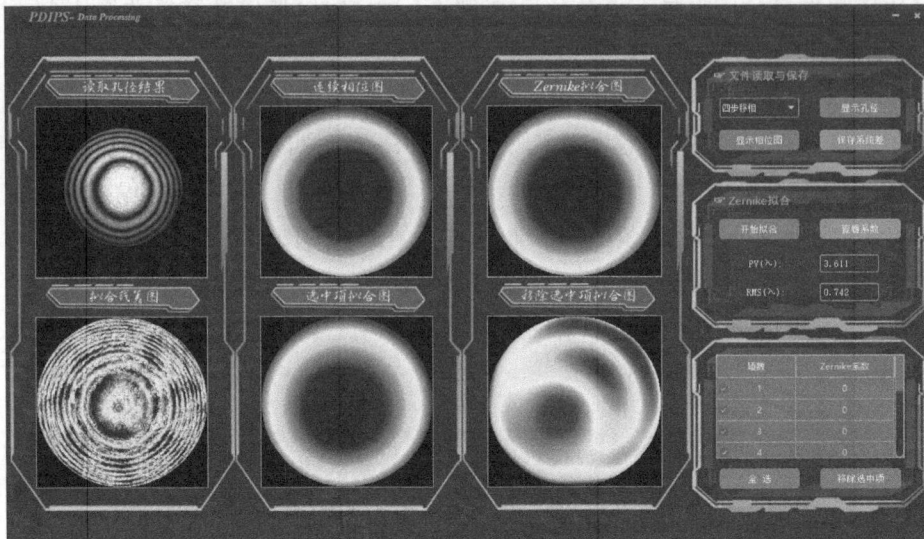

图 5-39　Zernike 多项式拟合窗口

### 8. 改变检测光口径，重复试验

(1)改变扩束器后方可变光阑的大小。

(2)重新调整得到最佳球干涉图，体会检测光有效口径对最佳球位置的影响。

## 【实验记录及数据处理】

1. 记录一组移相效果和对比度较好的干涉图。

2. 对凹抛物面镜进行三次测量，记录测量的面形结果、PV 值、RMS 值。

| 实验次数 | 面形图 | PV 值 | RMS 值 |
| --- | --- | --- | --- |
| 1 | | | |
| 2 | | | |
| 3 | | | |

注：图像结果可使用截图保存。

3. 保存不同检测光口径下凹抛物面镜的干涉图，对比不同条件下待测面位置及干涉图的区别。

# 【思考题】

1. 什么是非零位检测法？非零位检测与零位检测有何区别？

2. 本实验中使用的消球差透镜与非零位检测法中使用的部分补偿镜有何异同？

3. 在非球面的非零位检测方法中，去除干涉图中固有回程误差的常用方法有哪些？选择其中一种方法简述其基本原理。

4. 实验中要获得全口径的干涉图，应该如何选择消球差透镜的 $F$ 数使之与待测凹抛物面镜相匹配？

5. 实验中使用环形条纹干涉图得到的最终结果，是否可以准确描述待测抛物面的面形误差？之前处理实验结果时采用的最终波前除以 2 得到待测波前的关系是否还成立？

6. 选用 Zemax、MATLAB 等软件，模拟出球面波与凹抛物面的顶点球和最佳球位置处的干涉图（球面波和凹抛物面的参数可自行给定）。

7. 选用 Zemax、MATLAB 等软件，分别模拟出凹抛物面调整过程中，由离焦、偏心和倾斜产生的干涉图（参数可自行给定）。

# 【注意事项】

1. 不能对着仪器说话或咳嗽。严禁用手直接触摸元件光学面。

2. 三维调整架各方向都有一定的移动范围，使用时注意不要超过旋钮的最大范围。不要使用外力直接按压调整架。

3. 注意消球差透镜一定要调整到较好状态，否则无法得出理想的干涉图。

4. 如果无论如何调整消球差透镜都无法得出理想的干涉图，可能是因为偏振分光棱镜没有完全准直，请联系助教进行调整。

5. 非球面与球面镜不同，偏心同样会引起条纹的不规则，故需要保证非球面中心与光轴重合。

6. 进行过多次四步移相测量之后，需要重新自准直参考平面镜。

7. 驱动 PZT 进行四步移相时，请务必保持安静。

8. 注意入射到 CCD 探测器上的光强及 CCD 设置的曝光时间，防止损坏设备。

# 非球面高精度零位干涉检测

## 【实验目的】

1. 了解非球面镜零位检测常用的检测方法。

2. 理解无像差点法的基本原理,学会设计基本的无像差点法检测光路。

3. 使用无像差点法测量凹抛物面镜,初步掌握复杂干涉系统中干涉图的调整方法。

4. 了解环形区域 Zernike 多项式的基本概念,并掌握应用其进行环形孔径波前数据处理的方法。

## 【实验装置】

PDIPS、消球差透镜(焦距 50mm、通光孔径 30mm)、凹抛物面(参数见表 6-1)。

表 6-1　凹抛物面参数

| 参数 | 口径 | 顶点曲率半径 | 中心厚度 | 圆锥常数 | $F$ 数 | 另一面 |
|------|------|------------|---------|---------|-------|-------|
| 数值 | 30mm | −90mm | 4mm | −1 | 1.5 | 磨毛 |

## 【实验原理】

非球面非零位干涉检测法可以很大程度上提高非球面检测通用化的程度,然而其面形重构过程一般需要较为复杂的回程误差校正算法,或者需要精密的调节结构来完成波前匹配及子孔径波前的获取跟拼接,在 PDIPS 中复现有一定难度。此外,非零位检测在检测精度方面,相比零位检测法仍然有一定劣势。本实验将会对 PDIPS 球面检测光路进行改进,构建经典的二次曲面无像差点法检测光路,实现抛物面的零位检测。

在第 6.1 节中,将首先对常见的非球面零位干涉检测方法进行介绍。进而在第 6.2 节中,重点介绍本实验中应用到的非球面检测方法——无像差点法,并给出各种不同表面形状的典型检测光路。对于 PDIPS,只需要在球面检测光路中加入一个中孔平面反射镜,即可实现抛物面零位检测。不同于之前的检测方法,使用无像差点法得到的干涉图有效区域是一个环形,需要借助环形区域 Zernike 多项式进行数据处理。该部分内容详见第 6.3 节。

# 6.1 零位干涉检测技术

零位补偿法的基本思想是通过设计辅助补偿器的结构和位置来完全补偿待测非球面标称形状的法线像差,分析检测波与参考波干涉产生的条纹图样,得到待测面的面形误差信息。当待测面不存在面形误差且系统装调理想时,探测器得到的是零条纹或等间隔直条纹。零位补偿干涉技术历史悠久,其检测结果精度高,可靠性强,具有权威性,一般作为非球面光学元件检测结果的对照基准。

常用的零位补偿法有采用反射式补偿镜的无像差点法、采用透射式补偿镜的零位补偿镜法以及采用衍射式补偿器的计算全息法等。无像差点法利用了二次曲面光学共轭点的性质,借助平面或球面反射镜完成对非球面面形的检测,仅限于测量二次曲面非球面。关于无像差点法的内容将在接下来部分详细分析,本小节主要介绍补偿镜法及计算全息法。

## 6.1.1 补偿镜法

补偿镜法是一种以补偿镜作为辅助元件,通过完全补偿非球面的法线像差,并产生与理想非球面形状一致的波前,进而对非球面进行面形检测的技术。根据测量环境的不同可以选择不同形式的干涉系统,如特外曼-格林干涉仪或点衍射干涉系统等。检测时,补偿镜和待测非球面同时置于干涉仪的检测路,入射平面波或球面波经过补偿镜后成为与待测非球面理论形状完全匹配的波前,即若待测面不存在面形误差且光路精确校准,则入射到待测元件表面的光线经其反射后沿原路返回,并与参考波产生干涉形成零条纹。对于带有面形误差的非球面,通过处理干涉图的条纹信息,就可以高精度地检测出待测非球面的面形。

常用的零位补偿镜有 Dall 补偿镜和 Offner 补偿镜等。Dall 补偿镜是一种平凸型透镜,点光源通过补偿镜后产生的纵向法线像差,与非球面在近轴曲率中心产生的纵向法线像差大小相等、符号相反。常见的 Dall 补偿镜有两种设计与使用方式,检测光一次通过 Dall 补偿镜的光路如图 6-1(a)所示。由补偿镜出射的发散光经非球面反射后汇聚于检测点处,该处的像差得到平衡,可以使用刀口法等方式进行检测。在实际应用中,光线两次通过 Dall 补偿镜的光路形式更为常见,如图 6-1(b)所示。在这种情况下,检测非球面的光将会按照原路返回,可以使用数字波面干涉仪对返回波前进行检测,从而实现高精度的零位检测。Dall 补偿镜仅使用一个平凸透镜,易于加工,对中等以下相对口径的非球面可以提供较好的补偿效果。但当待测非球面相对口径增大时,这种补偿镜对边缘部分像差的补偿能力将会严重不足。

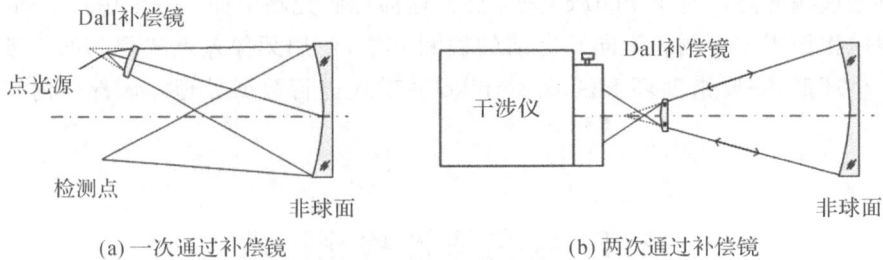

图 6-1　Dall 补偿镜光路

Offner 补偿镜由两片或多片透镜组合而成，能够对大相对口径的非球面提供良好的补偿效果，并且补偿镜组直径较小。Offner 补偿镜有反射式和折射式两种，由于折射式在光路中更容易设计和实现，因此一般多采用折射式结构。使用折射式 Offner 补偿镜的检测光路如图 6-2 所示，Offner 补偿镜组由补偿镜和场镜组成，补偿镜几乎全部补偿非球面产生的纵向法线像差，场镜则把补偿镜成像在非球面上。该透镜组将入射波前转换成待测非球面的理想表面形状，被待测非球面反射后回到干涉仪，通过分析干涉图样从而得到待测非球面的面形误差。虽然 Offner 补偿镜的补偿范围相对 Dall 补偿镜有了很大的提高，但其结构复杂，加工和装调也比较烦琐与困难。

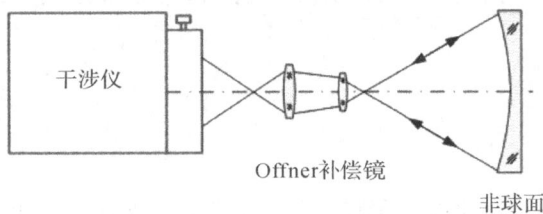

图 6-2　折射式 Offner 补偿镜光路

一般来说，补偿镜法检测凹面镜时所用的补偿镜口径相对待测面来说要小得多，并且补偿镜的表面形状基本为平面和球面，容易加工至很高的精度，因此补偿镜法能够实现对大口径凹非球面光学元件的高精度检测，其测量结果常常作为非球面面形检测的标准。但补偿镜法仍然存在一些不足，比如补偿镜的设计难度大，对补偿镜的加工、校准以及检测系统的装调等要求都非常高，测量中存在难以去除的装调和制造误差。针对不同参数的非球面需要专门设计与之对应的补偿镜，该方法不具备通用性。当待测面为凸非球面时，补偿镜的口径将大于待测面口径，增加了检测成本。

## 6.1.2　计算全息法

计算全息法（Computer-Generated Hologram，CGH）是干涉零位检测技术的另一种典型应用方法。如图 6-3 所示为 CGH 检测非球面的工作原理。该方法利用计算机直接产生理论上的全息图数据，再通过激光直写等方式制造出实际全息图。由于计算全息图的衍射作用，入射波的某一衍射级次可转换成与理想待测非球面形状相匹配的波前，起到与零位补偿镜类似的作用，从而完成对非球面面形误差的零位检测。

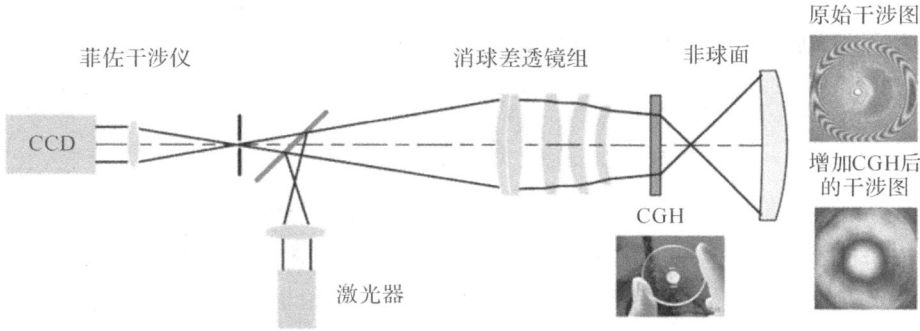

图 6-3 计算全息法检测非球面

计算全息法于 1971 年由 A. J. MacGovern 和 J. C. Wyant 首次应用于非球面检测领域。随着计算机技术和超大规模集成电路的发展，制作高精度（优于 λ/100 RMS）、高衍射效率的计算全息图成为现实，吸引着众多科学工作者加入这一研究行列。目前，美国亚利桑那大学在 CGH 法检测大型天文望远镜的研究工作走在世界前列。该单位利用 CGH 检测了 New Solar Telescope(NST)中的离轴抛物面主镜，其检测设备及 CGH 图如图 6-4 所示。亚洲、欧洲等众多国家的研究单位也都有 CGH 的相关研究。国内清华大学已经利用计算全息技术测量了矩形自由曲面光学元件，精度达到 0.7λ PV；中国科学院长春光机所利用计算全息技术测量了三次相位板的面形，也获得了较好的精度。

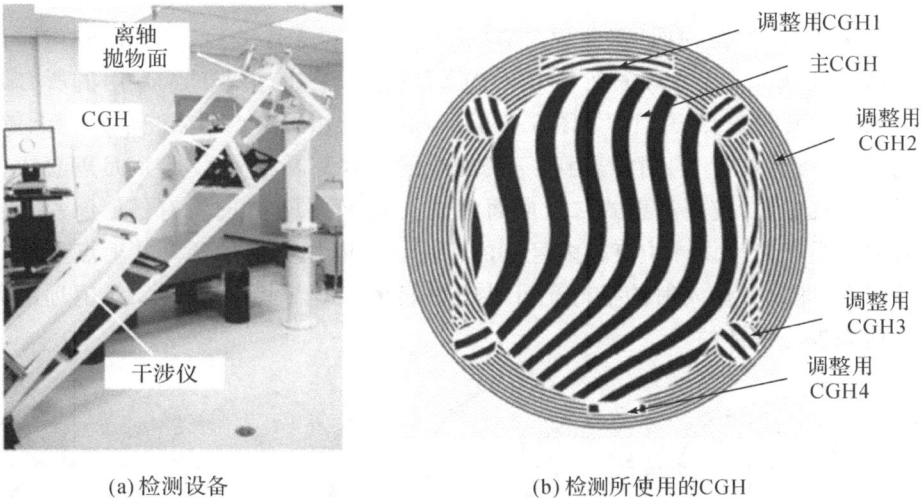

(a) 检测设备      (b) 检测所使用的CGH

图 6-4 亚利桑那大学利用 CGH 检测 NST 离轴抛物面

在设计与制造 CGH 时，并不需要有待测非球面的实体，理论上可以通过输入不同的非球面方程，得到与之匹配的 CGH 干板。该方法测量速度快、系统结构简单。在测量凹非球面光学元件时，所用 CGH 干板的尺寸小于待测面，且检测精度高。此外 CGH 干板的对准通常可以通过在主全息图周围加工辅助对准全息图来完成，比补偿镜更加方便。但是，当待测面为大偏离量的非球面时，全息图的线纹频率会非常高，其实际制作无法实现,大口径和非对称计算全息板的制作也存在困难。计算全息法检测也同样有零位检测法的通病——CGH 干板与不同参数非球面之间——对应的补偿关系使得计算全息法不具备通用性,尤其在测量大型天文望远镜时,检测成本较高。

## 6.2　无像差点法

虽然非球面在校正像差时可以为光学设计人员提供更大的自由度,但非球面的检测及加工一直都较困难。特别是复杂的非球面,其加工和检测更是一项极具挑战的工作。所以,在实际应用中,绝大多数的非球面往往仅是二次曲面,因为其具有的共轭点为对其进行检测带来了极大的便利。借助二次曲面的共轭点,使用一块辅助的平面或球面光学反射镜即可对其进行高精度面形检测,即无像差点法。在使用补偿镜或 CGH 进行非球面零位检测时,因为补偿器加工及装调引入的波前误差难以精确检测,故其测量方法的精度难以进行直接评估。相比较而言,无像差点法所需的辅助平面与球面反射元件的加工与检测手段都十分成熟,所以无像差点法可实现极高的检测精度,并且可对其检测精度实现定量评估,经常作为二次曲面检测的基准方法。接下来将对无像差点法进行详细的介绍。

### 6.2.1　无像差点的性质

部分二次曲面(如抛物面、双曲面、椭球面)存在一对无像差点,如果该非球面为反射面,则具有以下性质:若点光源放在其中一个几何焦点 $F_1$ 处,被非球面反射的所有光线都严格交于第二个几何焦点 $F_2$ 上,如图 6-5 所示,这一对几何焦点即为光学共轭无像差点。需要特别说明,所有从 $F_1$ 出射汇聚到 $F_2$ 的光线的光程都是相同的,即满足理想成像的等光程关系。也就是说,使用反射式二次曲面将焦点成像至 $F_2$ 处时没有任何像差。反射式二次曲面的性质在光学设计中有很多经典的应用,例如,抛物面的两个共轭点分别位于无穷远跟其焦点,即无穷远入射的平行光可以理想汇聚于焦点上,牛顿式反射望远镜即是通过这种原理来进行设计的。

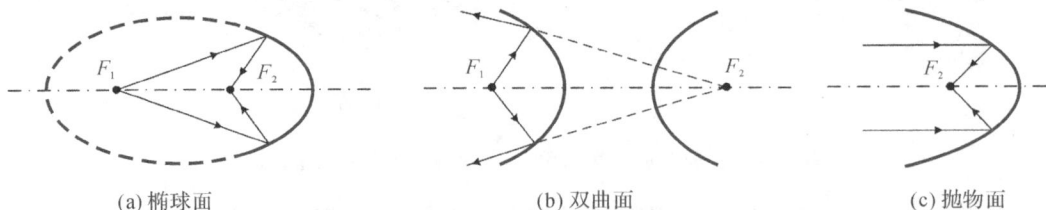

|            |            |            |
| :--------: | :--------: | :--------: |
| (a) 椭球面 | (b) 双曲面 | (c) 抛物面 |

图 6-5　有无像差点的二次曲面的反射性质

有无像差点的二次曲面的折射性质与反射不同,如图 6-6 所示。以椭球面为例:当折射表面两侧的介质折射率分别为 $n_1$ 和 $n_2$,且椭球面偏心率恰好为 $n_2/n_1$ 时,若 $n_2 < n_1$,则当入射光束汇聚于 $F_2$ 时,折射光线为严格平行光;反之,若 $n_2 > n_1$,则当入射光为沿椭球长轴的平行光时,折射光线将汇聚于点 $F_2$。

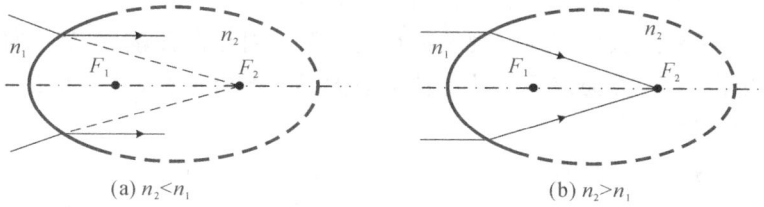

(a) $n_2 < n_1$　　　　　　　　(b) $n_2 > n_1$

图 6-6　椭球面的折射性质

## 6.2.2　无像差点法检测光路

无像差点法是一种利用上述二次曲面反射式共轭点的干涉检测方法,主要思路是借助平面或球面反射元件,构建零位检测光路,实现对非球面面形的高精度检测。图 6-7 (a)～(f) 给

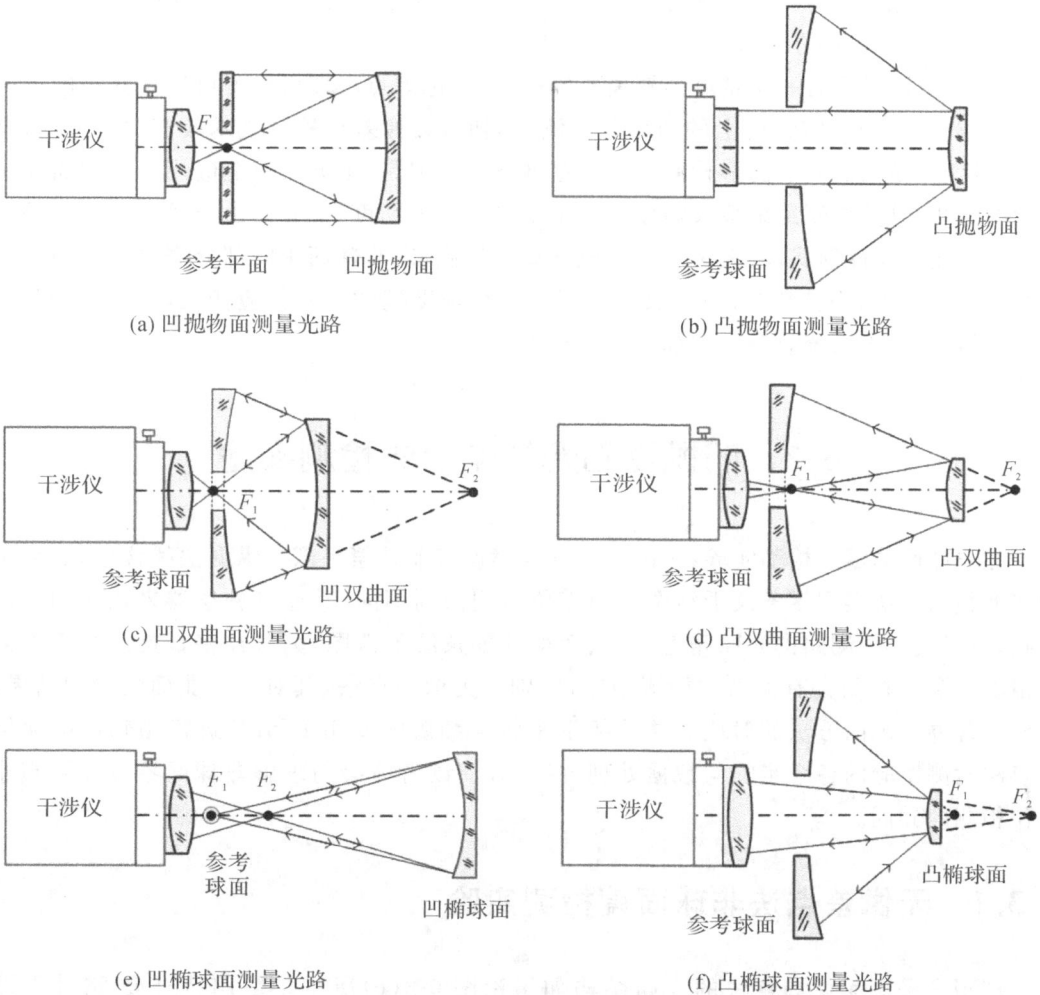

(a) 凹抛物面测量光路

(b) 凸抛物面测量光路

(c) 凹双曲面测量光路

(d) 凸双曲面测量光路

(e) 凹椭球面测量光路

(f) 凸椭球面测量光路

图 6-7　无像差点法测量光路

出了借助干涉仪使用无像差点法检测抛物面、双曲面和椭球面的典型光路结构,其中 $F_1$ 和 $F_2$ 为二次曲面的两个几何焦点($F$ 为抛物面的焦点)。从图中可以发现,与其他的干涉检测方法相似,无像差点法更容易实现凹面镜的检测。对于凸面镜,虽然同样可以根据共轭点构建检测光路,但一方面需要尺寸比待测镜大得多的参考镜,另一方面光路长度也会相对更长、干扰更明显。

本章实验内容是对抛物面进行测量,所以首先以无像差点法检测凹抛物面为例,对其光路结构进行说明,如图 6-7(a)所示,其利用一块中孔平面反射镜实现对凹抛物面的零位干涉检测。抛物面的焦点 $F$ 和无穷远点互为一对共轭点。由干涉仪出射的检测路平行光经过消球差透镜成为一束球面波,通过凹抛物面的焦点 $F$。同时,将中孔平面反射镜置于凹抛物面的焦点位置,使得球面波全部通过。通过焦点 $F$ 的球面波经凹抛物面反射后成为一束平行光,被中孔平面反射镜反射后沿原路返回,与参考路发生零位干涉。对于双曲面、椭球面及凸面的检测思路也是相似的。首先让检测光从二次曲面的一个焦点出射(或者汇聚于一个焦点),因为二次曲面可对焦点理想成像,所以检测光通过反射后,传播方向会朝向另一个焦点,即转换为理想球面波或平面波。其次通过一个辅助球面或者平面镜反射后,检测光便可原路返回,构建零位检测光路。

可以发现,只要有一块精度足够高的辅助镜,无像差点法即可检测口径比其小的二次曲面非球面,实现一定程度上的通用化检测。同时,无像差点检测技术具有检测方便、精度高等优点,是二次曲面面形检测的一种基准方法。但是,该方法仅能应用于二次曲面非球面的检测,且其检测结果极大地依赖于辅助镜的面形精度。同时,由于通常的辅助镜采用中空的光学元件形式,故无法一次完成全口径检测,即非球面中间部分需要用其他方法进行补测。另外,当待测二次曲面的口径增大时,辅助镜的尺寸相应变大,往往是待测镜的若干倍,不利于系统装调并增加了加工成本。

## 6.3 凹抛物面无像差点法检测实验

在非球面非零位检测实验中,因为部分补偿镜仅能补偿一部分纵向法线像差,故无论如何调整都无法得到零条纹干涉图。而零位检测法则不同,其通过补偿器来构建的零位光路,可以使得检测路的光原路返回,从而得到零条纹干涉图,其条纹将直接反映表面面形情况。零位检测具有极高的检测精度,特别是无像差点法,其对二次曲面的检测结果,常作为各种非球面方法的对比方法。接下来将详细讲解使用 PDIPS 进行抛物面的无像差点法检测实验的各个步骤与数据处理方法,方便读者体会与理解非球面零位检测与非零位检测的异同。

### 6.3.1 无像差点法非球面镜检测实验

PDIPS 采用无像差点法的光路结构如绪论图 0-2(c)所示。使用特外曼-格林干涉系统,在检测路上放置消球差透镜以产生理想球面波,并在消球差透镜的焦点位置附近放置一块中孔平面反射镜,其反射面朝向抛物面一侧。由于抛物面的焦点和无穷远点互为一对共轭点,若调节中孔平面镜的位置使其与抛物面的焦点重合,使得球面波全部通过并经凹抛物面反射后成为一束平行光,其被中孔平面反射镜反射后将沿原路返回,与参考路发生零位干涉。最后通过对干涉图的数据处理,可以得到待测抛物面的面形误差。

实验中,抛物面的全口径为 30mm、顶点曲率半径为 90mm。根据抛物面的性质,可计算得到抛物面焦点距顶点的距离为

$$\frac{R_0}{2} = 45 \text{mm}, \tag{6.1}$$

式中,$R_0$ 为顶点曲率半径。因此,抛物面距焦点位置较近,为覆盖更大的检测面积,本实验采用的消球差透镜与之前不同,改用焦距为 50mm 的消球差透镜。虽然消球差透镜焦距更小,可以检测到的抛物面的面积更大,但仍然无法检测到全口径。

由于中孔平面反射镜中间存在一个通光孔,所以得到的干涉图的中间部分必然没有干涉条纹,这也是无像差点法不可避免的一个问题,使用 zygo 干涉仪得到的典型干涉图如图 6-8(a)所示。另外,抛物面中心部分反射的光将会通过反射镜的中孔直接回到干涉仪成为检测中的干扰光,并且与参考光发生干涉。需要注意的是,待测面未镀膜,反射率为 4%,干扰光只经过待测面一次反射,光强比我们所需要的检测光(两次被待测面反射)强很多。干扰光为非球面波前,而无像差点法的有效检测波前为平面波,故可通过调整 CCD 相机及其前方成像镜的位置,将干扰光聚焦为一个亮斑,从而避免其对检测结果的影响,使用 PDIPS 得到的干涉图如图 6-8(b)所示。需要注意的是,由于无像差点法中待测非球面、中孔平面反射镜、消球差透镜等都有多个维度可以调节,因此很难得到如平面、球面实验一样的零条纹干涉图,尽量得到条纹数较少的干涉图即可。

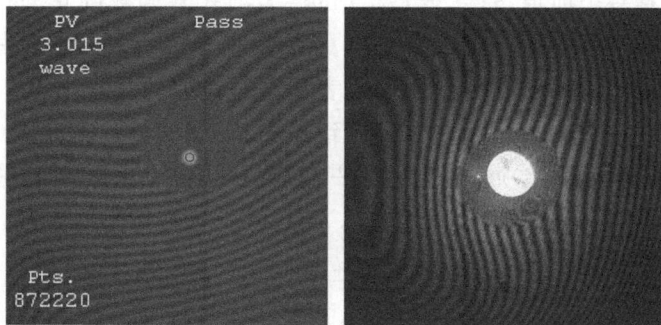

(a) zygo 干涉仪干涉图　　　　(b) PDIPS 干涉图

图 6-8　无像差点法干涉图

## 6.3.2　环形区域的 Zernike 多项式拟合

在使用无像差点法对凹抛物面面形进行检测时,由于平面反射镜的中孔无法将这一部分光反射,因此我们得到的抛物面干涉图的中心区域是无效的。在这种情况下,因为检

测光束仍然是圆形的,故我们获取的有效干涉条纹是在环形区域内的,如图 6-9(a)所示。前述实验中关于孔径确定的方式对这类干涉图也将不再适合,本实验将采用手动方式选取孔径有效区域。然而,四步移相调制及解调与后续解包裹都是逐像素点的操作,这些操作不会受到孔径不同的影响。需要注意的是,因为检测光线在待测面上反射 2 次,故需要对零位检测系统中的"二倍关系"进行修正,面形误差需要将干涉图对应的波前光程差除以4,如图 6-9(b)所示。很明显,这样的检测结果还包含了待测面及参考平面镜的调整误差(倾斜及离焦),需要采用一定的数据处理方法对其进行处理。

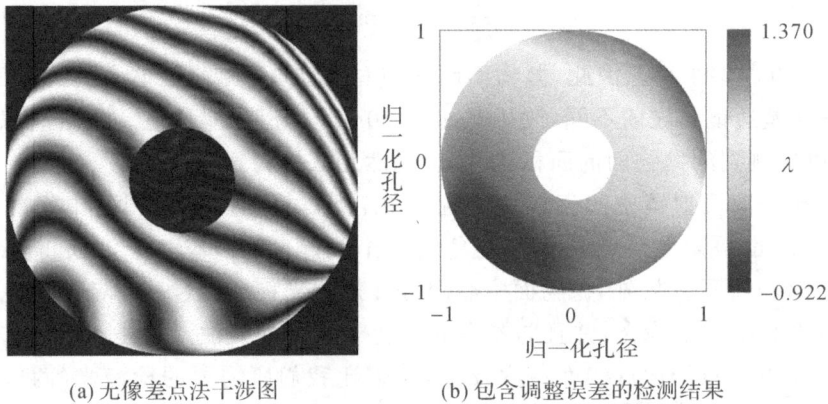

(a)无像差点法干涉图　　　　(b)包含调整误差的检测结果

图 6-9　无像差点法干涉图及包含调整误差的检测结果

在前面的几个实验中,使用 Zernike 多项式拟合技术,可以在镜面面形检测过程中去除由待测面位姿引入的波前误差,从而得到待测面的面形信息。此外,Zernike 多项式在光学系统波前分析当中也发挥着不可替代的作用。但是,利用 Zernike 多项式拟合进行数据分析时,有一个前提条件,就是 Zernike 多项式基函数的正交性。因为 Zernike 多项式在圆域内正交,因此拟合之后其各项的系数相互独立。且多项式每项都与经典像差对应,故每项对应的系数就可以独立地表征这一像差的大小。不幸的是,标准及条纹 Zernike 多项式的正交性在非圆域内将遭到破坏。

为了继续沿用 Zernike 多项式跟像差一一对应这一优势,需要对其进行一定的修正,得到适用于环形区域的新的 Zernike 多项式。定义环形区域的形状参数

$$\varepsilon = \frac{r_{\text{inner}}}{r_{\text{outer}}}, \tag{6.2}$$

式中,$r_{\text{inner}}$、$r_{\text{outer}}$ 分别为环形区域内外半径。通过将 ε 加入 Zernike 多项式拟合的基本公式中,即可修正得到环形区域 Zernike 多项式。例如 Zernike 多项式的第二项 $\sqrt{2}\rho\cos\theta$ 在环形区域内的表达式为

$$\frac{2\rho\cos\theta}{\sqrt{1+\varepsilon^2}}. \tag{6.3}$$

当 ε=0 时,环形区域 Zernike 多项式即为标准 Zernike 多项式;而当 ε>0,二者将会有明显区别。由于加入形状参数 ε 后的表达式过于复杂,本书就不一一将其列出,感兴趣的读者可以自行查阅相关资料。表 6-2 给出了环形区域(ε=0.3)内的前 15 项 Zernike 多项式

所表征的波前图,并且与圆形区域进行了对比。从表中可以看到,在环形区域内 Zernike 多项式仍然具有旋转对称性。

表 6-2　圆形区域与环形区域 Zernike 像差前 15 项对比

| 项数 | $n$ | $m$ | 像差类型 | 圆形区域 | 环形区域 |
|------|-----|-----|----------|----------|----------|
| 1 | 0 | 0 | 常数项 | | |
| 2 | 1 | 1 | $X$ 轴倾斜 | | |
| 3 | 1 | $-1$ | $Y$ 轴倾斜 | | |
| 4 | 2 | 0 | 离焦 | | |
| 5 | 2 | $-2$ | 初级像散($45°/-45°$) | | |
| 6 | 2 | 2 | 初级像散($0°/90°$) | | |
| 7 | 3 | $-1$ | $Y$ 轴<br>初级彗差 | | |

**续表**

| 项数 | $n$ | $m$ | 像差类型 | 圆形区域 | 环形区域 |
|---|---|---|---|---|---|
| 8 | 3 | 1 | $X$ 轴<br>初级彗差 | | |
| 9 | 3 | $-3$ | | | |
| 10 | 3 | 3 | | | |
| 11 | 4 | 0 | 初级球差 | | |
| 12 | 4 | 2 | 二级像散(0°/90°) | | |
| 13 | 4 | $-2$ | 二级像散(45°/$-$45°) | | |
| 14 | 4 | 4 | | | |

续表

| 项数 | $n$ | $m$ | 像差类型 | 圆形区域 | 环形区域 |
|---|---|---|---|---|---|
| 15 | 4 | $-4$ | | | |

利用环形区域 Zernike 多项式,对图 6-9(b)的测量结果进行拟合,并且移除前 4 项对应的分布,得到最终干涉图对应的待测面面形误差,如图 6-10(a)所示。同时,将前 4 项进行累加,则可以得到检测过程中待测面及参考镜等引入调整误差对最终检测面形的影响,如图 6-10(b)所示。从图中可以看到,调整误差除了由移相法引入的倾斜外,还有部分残余的离焦像差,这是非球面焦点与消球差透镜焦点没有完美重合所导致的。

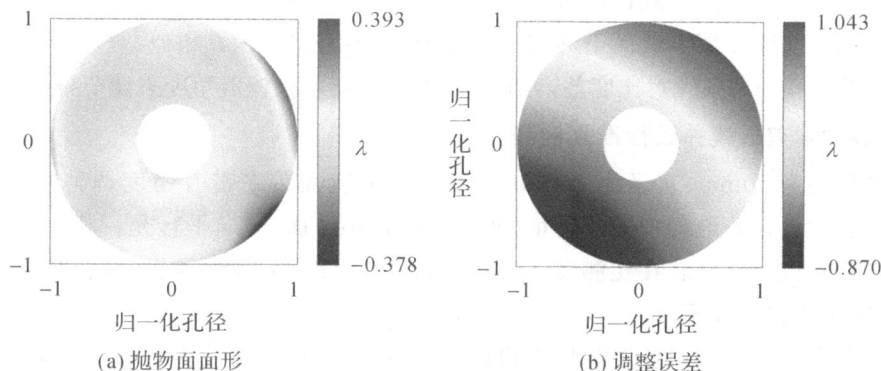

图 6-10　无像差点法抛物面面形检测结果及调整误差

## 【实验内容及操作步骤】

本实验的操作内容为搭建无像差点法光路对凹抛物面进行零位干涉检测。为实现合适的检测范围,相比非零位检测实验,需要更换焦距为 50mm 的消球差透镜。消球差透镜等的基本调整步骤与非零位检测实验一致,安装和调整消球差透镜到最佳位置以后,在检测路放入凹抛物面镜及中孔平面反射镜,通过调整得到符合零位条件的干涉图,并进行移相及数据处理。需要注意的是,待测镜中心区域的反射光会直接通过反射镜中间小孔回到干涉仪,成为杂散光,其光强很强,并且可与参考光发生干涉。为防止这部分光的干扰,将相机前的成像镜更换为焦距 50mm 的消球差透镜,并且调整成像镜与 CCD 相机在光路中的位置,确保杂散光不会分布在干涉图有效区域内。

**1. 运行操作软件及自准直参考镜**

(1)打开 PDIPS 操作软件,点击 CCD 控制中的“打开”按钮。实验期间根据干涉图亮暗情况设置合适的曝光时间,注意一般不要超过 $500\mu s$,防止损坏 CCD 相机。

(2)点击 PZT 控制中的“刷新”按钮,选择合适的通信串口后点击“连接”,连接成功后指示灯会变为绿色,随后拨动 PZT 开关状态至"已开启"。

（3）因为 PZT 供电后会发生一定的不均匀伸长及旋转,所以需要重新对参考镜进行自准直,保障其垂直于光轴。取下参考路的 λ/4 波片,在扩束器前的反射镜上能够观察到参考镜反射回的光斑,微调参考镜处的俯仰旋转台旋钮,使反射镜上的出射光斑与反射光斑重合,参考镜实现自准直。

（4）将 λ/4 波片安装回原处,注意使光束完全从其通光孔径中穿过。

**2. 安装消球差透镜调整用平面镜**

（1）将平面镜安装在带有角度调整功能的镜架中,后与支杆、支杆调整架进行组装,并且安装在水平位移台上。

（2）调整平面镜的位置,使得光斑全部落在平面镜上。

（3）进一步调整平面镜的角度和位置,并且观察电脑显示屏（或者在检偏器后放置光屏接收）,使得参考镜返回的光斑以及待测镜反射回的光斑基本重合。

（4）使用镜架上的微调旋钮微调角度,使得光斑完全重合,出现近似零条纹状态干涉图,条纹形状与实验 1 数字波面干涉仪平面面形检测中的图 1-26 相似。

（5）调节过程中若条纹对比度差,可通过调节起偏器与检偏器角度来调节条纹对比度。

**3. 安装消球差透镜并进行准直调整**

（1）将焦距为 50mm、直径为 30mm 的消球差透镜安装在带有角度调整功能的镜架中,注意胶合的消球差透镜中的凸透镜（曲率半径较小一面）对向平行光。将镜架与支杆、支杆调整架进行组装,安装在检测路 λ/4 波片之后。为方便后续调节,安装时,可将镜架旋钮一侧靠 λ/4 波片放置。

（2）移动平面镜至消球差透镜焦点附近位置,取下消球差透镜再次确认平面干涉图处于零条纹状态。调整消球差透镜的角度和高度,在使用肉眼观察的情况下,使得消球差透镜与检测路光线垂直,并且光斑在消球差透镜中间（使用纸片遮挡一半消球差透镜前的光斑,应该观察到入射光斑和反射光斑重合）。

（3）微调平面镜前后位置,使得其精确位于消球差透镜焦点处。确定焦点位置可以先用肉眼观察平面反射镜上聚焦的光点最小,之后观察干涉图条纹数直至比较稀疏。

（4）不断微调平面镜位置、微调消球差透镜倾斜及偏心,得到接近零条纹的干涉图,条纹形状与实验 3 数字波面干涉仪球面面形检测中的图 3-21 相似。

（5）确定消球差透镜调整到最佳位置后,取下平面镜。

**4. 安装凹抛物面镜及中孔平面反射镜,调整得到干涉图**

（1）将凹抛物面镜安装在带有角度调整功能的镜架内,并连接支杆,再将其安装在消球差透镜后方导轨的三维调整架上。

（2）粗调凹抛物面镜角度,使其基本垂直于光路。使用三轴调整架调整凹抛物面镜的位置,使得光斑入射至凹抛物面镜的中心。

（3）将凹抛物面镜移动至消球差透镜焦点后 45mm 处。

（4）将中孔平面反射镜安装在角度可调的调整镜架中,后与支杆、支杆调整架进行组装,并且安装在导轨滑块的水平位移台上。为方便后续操作,将镜架调整旋钮一侧靠近消球差透镜,反射面朝向待测镜。最后将中孔平面反射镜移动至消球差透镜焦点处,使得检测光可通过中间小孔达到待测镜。

(5)通过肉眼调节,保证中孔平面反射镜与光路垂直。之后调整凹抛物面轴向位置,并且调整凹抛物面与中孔平面反射镜角度,使得凹抛物面镜上看到的第一次入射光斑与经中孔平面反射镜反射后的光斑基本重合。

(6)微调凹抛物面轴向位置,可以在软件相机采集画面上看到无像差点法反射回去的中间带孔的光斑,调节凹抛物面及中孔平面反射镜角度,使得孔位于光斑正中心。同时也会观察到更亮的直接被抛物面一次反射回去的杂散光。

(7)微调抛物面角度,使得中孔光斑与参考光斑完全重合,产生干涉条纹。此过程中检测光与参考光的光强差距较大,需要转动偏振片、$\lambda/4$ 波片调节两路光的光强,得到对比度合适的干涉条纹。

(8)将 CCD 前的成像透镜更换为焦距 50mm 的透镜。由于杂散光是一个非球面波前,与检测光平面波前不同,故移动成像透镜和 CCD 位置,使得反射回的杂散光聚焦于干涉图中心位置,不影响干涉图的解调,如图 6-11(a)所示。

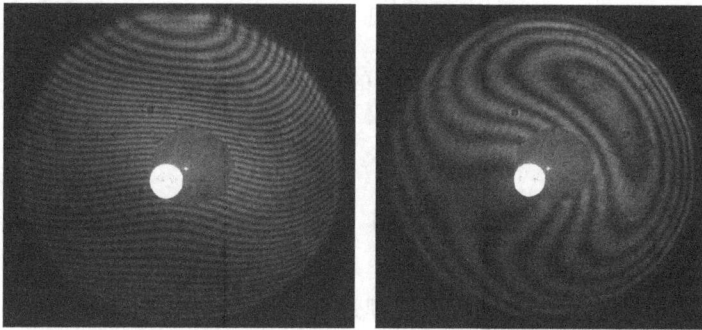

(a) 初步调解的干涉图　　　　(b) 可用于检测的干涉图

图 6-11　无像差点法典型干涉图

(9)此时仅仅是经过粗调得到干涉图,条纹数十分密集。接下来需要参照球面实验,调节非球面轴向位置、角度及偏心,使得条纹数减少。在非球面调整过程中,偏心与倾斜产生的条纹会互相耦合,故需不断使用角度调整架及三维调整架调整其角度与位置,保证检测光斑照射在待测镜中心。在此过程中还需注意微调待测面轴向位置,尽量减少离焦形状的条纹。最终得到条纹数较少的干涉图,如图 6-11(b)所示。

(10)点击采集模式旁的下拉选项栏,将其改为"非球面",随后点击"采集"按钮,选择图片保存路径,开始进行移相干涉图的采集。移相过程中请勿调节平面镜。

**5.孔径确定**

(1)在主窗口中点击"孔径确定"按钮进入孔径确定窗口,点击"选择干涉图"按钮,选择要处理的图片文件夹,软件将自动生成原始干涉图的调制度图像。

(2)确定有效干涉孔径。拖动"腐蚀"和"膨胀"条,当腐蚀膨胀图可以确定有效区域后,依次点击"边缘提取""自动确认",将会在"确定的孔径图"中出现预览。如果此孔径选择得不理想,可在"边缘提取图"中,长按鼠标左键画圆,手动确认有效干涉区域,若画得不理想,可以长按鼠标右键拖动现有孔径,或长按鼠标左键重新绘制,绘制成功后,点击"手动确定"按钮,得到最终确定的孔径。最终效果如图 6-12 所示。

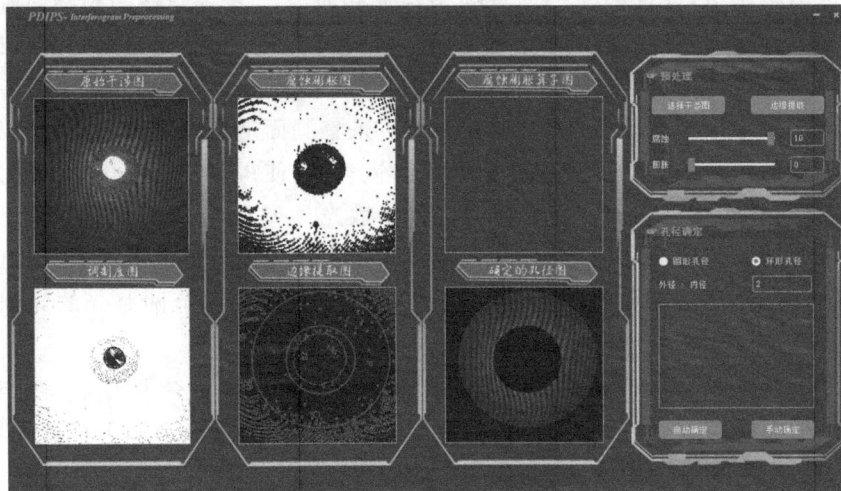

图 6-12　孔径确定窗口

(3)孔径确定后软件将自动保存该孔径的大小与位置,在后续多次实验中,若干涉图区域没有改变,可选择跳过该步骤。

**6.相位调制与解调**

(1)在主窗口中点击"四步移相法"按钮,软件跳转到四步移相窗口,点击"显示干涉图"按钮,将会出现之前选择的干涉图。

(2)点击"显示孔径"按钮,载入图像处理过程中选取的图像孔径。

(3)点击"移相解调"按钮,进行四步移相解调。

(4)点击"解包裹"按钮,将包裹相位恢复为连续相位。测量相位结果的 PV 值、RMS 值显示在窗口右下方,如图 6-13 所示。

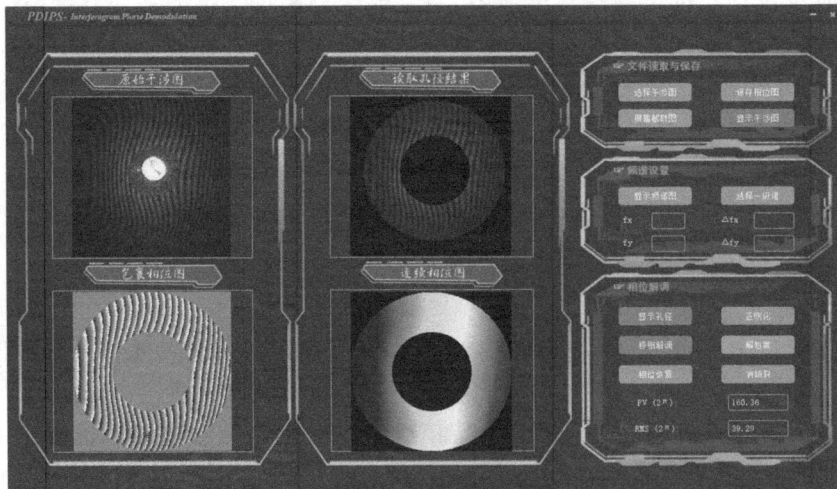

图 6-13　四步移相窗口

**7. 数据处理**

（1）在主窗口中点击"Zernike 拟合"按钮，软件跳转到 Zernike 拟合窗口，点击"选择相位图"按钮，选择相位调制与解调过程中保存相位图的文件夹。

（2）点击"开始拟合"按钮，软件将生成拟合图像及拟合残差图。该过程将自动使用环形区域 Zernike 多项式进行拟合，软件界面右侧显示 Zernike 拟合的前 37 项结果，选取 Zernike 多项式前 4 项，点击"移除选中项"，左下角显示选中项的拟合结果图，右下角显示剩余项的拟合结果图。点击"查看系数"按钮可查看各项 Zernike 多项式的对应图像，点击"显示三维"按钮可生成三维波前图。界面上可显示 Zernike 拟合数据与检测结果（PV 值及 RMS 值），最后点击"屏幕截图"按钮保存截图。Zernike 拟合窗口如图 6-14 所示。

图 6-14　Zernike 拟合窗口

## 【实验记录及数据处理】

1. 记录一组移相效果和对比度较好的干涉图。
2. 对凹抛物面镜进行三次测量，记录测量得到的面形结果、PV 值、RMS 值。

| 实验次数 | 面形图 | PV 值 | RMS 值 |
| --- | --- | --- | --- |
| 1 | | | |
| 2 | | | |

续表

| 实验次数 | 面形图 | PV 值 | RMS 值 |
|---|---|---|---|
| 3 | | | |

注:图像结果可使用截图保存。

3.对比无像差点法的测量结果与非零位检测实验的结果,可以从测量结果面形图,及对应 Zernike 多项式方面寻找差异。

# 【思考题】

1.请简述无像差点法检测抛物面的原理及光路。

2.根据实验所得的检测波前结果,采用 Zernike 多项式拟合出待测波前,观察去掉调整误差后的波前结果,比较去掉误差前后两者之间的差别。

3.在无像差点法检测抛物面的过程中,有哪些因素会影响到抛物面的面形检测精度?

4.相比于非零位干涉检测方法,试列举零位干涉检测方法的优缺点。

5.请画图说明除图 6-7 外其他的无像差点法检测光路。

6.请设计离轴抛物面的无像差点法检测光路和非零位检测光路。

7.试在 Zemax、CodeV 软件中设计无像差点法检测抛物面的光路。其中,抛物面的口径为 30mm,定点曲率半径为 90mm,$F$ 数为 1.5,中心厚度为 4mm。

# 【注意事项】

1.不能对着仪器说话或咳嗽。严禁用手直接触摸元件光学面。

2.三维调整架各方向都有一定的移动范围,使用时注意不要超过旋钮的最大范围。不要使用外力直接按压调整架。

3.注意消球差透镜一定要调整到较好状态,否则无法得出理想的干涉图。

4.如果无论如何调整消球差透镜都无法得出理想的干涉图,可能是因为偏振分光棱镜没有完全准直,请联系助教进行调整。

5.非球面与球面镜不同,偏心同样会引起条纹的不规则,故需要保证非球面中心与光轴重合。

6.该实验过程中 CCD 相机会观察到待测面直接反射回的杂散光,需要调节相机及其成像镜位置,将杂散光汇聚在干涉图中心没有条纹的位置。

7.无像差点法调整出理想干涉图的难度比较大,请保持足够耐心。

8.进行过多次四步移相测量之后,需要重新自准直参考平面镜。

9.驱动 PZT 进行四步移相时,请务必保持安静。

10.注意入射到 CCD 探测器上的光强及 CCD 设置的曝光时间,防止损坏设备。

# 参考文献

[1]Baldi A. Two-dimensional phase unwrapping by quad-tree decomposition[J]. Applied Optics,2001,40(8):1187-1194.

[2]Burke J,Wang K,Bramble A. Null test of an off-axis parabolic mirror. I:Configuration with spherical reference wave and flat return surface[J]. Optics Express,2009,17 (5):3196-3210.

[3]Cheng Z,Liu D,Yang Y,et al. Practical phase unwrapping of interferometric fringes based on unscented Kalman filter technique[J]. Optics Express,2015,23(25):32337.

[4]Deepan B,Quan C,Tay C J. A derivative based simplified phase tracker for a single fringe pattern demodulation[J]. Optics and Lasers in Engineering,2016,83(Aug.): 83-89.

[5]Deepan B,Quan C,Tay C J. Determination of slope,curvature,and twist from a single shearography fringe pattern using derivative-based regularized phase tracker[J]. Optical Engineering,2016,55(12):121707.

[6]Drever R W P,Hall J L,Kowalski F V,et al. Laser phase and frequency stabilization using an optical resonator[J]. Applied Physics B,1983,31(2):97-105.

[7]Halliday D, Resnick R, Walker J. Fundamentals of Physics [M]. New Jersey: Wiley,2013.

[8]Herráez M A, Gdeisat M A, Burton D R, et al. Robust, fast, and effective two-dimensional automatic phase unwrapping algorithm based on image decomposition [J]. Applied Optics,2002,41(35):7445-7455.

[9]Houston W V. A compound interferometer for fine structure work[J]. Physical Review,1927,29(3):478.

[10]Inoue T,Itoh K,Ichioka Y. Fourier-transform spectral imaging near the image plane [J]. Optics Letters,1991,16(12):934.

[11]Itoh K. Analysis of the phase unwrapping algorithm[J]. Applied Optics,1982,21 (14):2470.

[12]Kai L,Kemao Q. Improved generalized regularized phase tracker for demodulation of a single fringe pattern[J]. Optics Express,2013,21(20):24385.

[13]Kai L, Kemao Q. A generalized regularized phase tracker for demodulation of a

single fringe pattern[J]. Optics Express,2012,20(11):12579-12592.

[14]Kane T J,Byvik C E,Kozlovsky W J,et al. Coherent laser radar at $106\mu m$ using Nd: YAG lasers[J]. 1987,12(4):239-241.

[15]Kim C J. Polynomial fit of interferograms[J]. Applied Optics,1982,21(24): 4521-4525.

[16]Liu D,Shi T,Zhang L,et al. Reverse optimization reconstruction of aspheric figure error in a non-null interferometer[J]. Applied Optics,2014,53(24):5538.

[17]Liu D,Yang Y,Tian C,et al. Practical methods for retrace error correction in nonnull aspheric testing[J]. Optics Express,2009,17(9):7025-7035.

[18]Liu H,Lu Z,Li F. Redistribution of output weighting coefficients for complex multiplexed phase-diffractive elements[J]. Optics Express,2004,12(19):4347-4352.

[19]Malacara D. Optical Shop Testing[M]. 3rd Edition. New Jersey:Wiley,2007.

[20]Quiroga J A, Bernabeu E. Phase-unwrapping algorithm for noisy phase-map processing[J]. Applied Optics,1994,33(29):6725.

[21]Quiroga J A,Gonzálezcano A,Bernabeu E. Phase-unwrapping algorithm based on an adaptive criterion[J]. Applied Optics,1995,34(14):2560-2563.

[22]Shepherd G G,Gault W A,Miller D W,et al. WAMDII:wide-angle Michelson Doppler imaging interferometer for Spacelab[J]. Applied Optics,1985,24(11):1571-1584.

[23]Shi T,Liu D,Zhou Y,et al. Practical retrace error correction in non-null aspheric testing:a comparison[J]. Optics Communications,2017,383:378-385.

[24]Wang X,Wang L,Yin L,et al. Measurement of large aspheric surfaces by annular subaperture stitching interferometry[J]. Chinese Optics Letters,2007,5(11):645-647.

[25]Qi Y,Wang P,Xie J,et al. A novel method of measuring convex aspheric lens using hologram optical elements[C]//Proceedings of SPIE—The International Society for Optical Engineering. 2005,6024.

[26]Zhang L,Liu D,Shi T,et al. Aspheric subaperture stitching based on system modeling[J]. Optics Express,2015,23(15):19176.

[27]白剑,程上彝. 子孔径检测及拼接的目标函数分析法[J]. 光学仪器,1997(4):36-39.

[28]玻恩,沃耳夫. 光学原理[M]. 杨葭荪,等译. 北京:科学出版社,1978,19(7):8.

[29]陈军. 光学电磁理论[M]. 北京:科学出版社,2005.

[30]侯溪,伍凡,杨力,等. 环形子孔径拼接算法的精度影响因素分析[J]. 光电工程,2005,32(3):20-24.

[31]李俊峰,宋淑梅. 离轴抛物镜检测中调整误差对波前畸变的影响[J]. 光学精密工程,2011,19(8):1763-1770.

[32]李俊峰,宣斌. 离轴非球面零位补偿检验的三坐标装调技术[J]. 电子测量与仪器学报,2013,27(11):1073-1079.

[33]李世杰,陈强,吴高峰,等.计算全息检测离轴非球面的离散相位计算[J].强激光与粒子束,2011,23(12):3163-3166.

[34]梁铨廷.物理光学[M].北京:电子工业出版社,2008.

[35]梁子健,杨甬英,赵宏洋,等.非球面光学元件面型检测技术研究进展与最新应用[J].中国光学,2022,15(02):161-186.

[36]刘东,杨甬英,田超,等.高精度单幅闭合条纹干涉图相位重构技术[J].中国激光,2010,37(2):531-536.

[37]刘东.光电干涉检测技术[M].杭州:浙江大学出版社,2020.

[38]刘月爱.条纹分析中一种简单的 Zernike 多项式拟合方法[J].光学学报,1985(4):82-87.

[39]师途,杨甬英,张磊,等.非球面光学元件的面形检测技术[J].中国光学,2014,7(1):26-46.

[40]师途.基于部分零位补偿透镜的非球面通用化检测技术研究[D].杭州:浙江大学,2017.

[41]田超.非球面非零位环形子孔径拼接干涉检测技术与系统研究[D].杭州:浙江大学,2013.

[42]王孝坤,王丽辉,张学军.子孔径拼接干涉法检测非球面[J].光学精密工程,2007,15(2):192-198.

[43]鄢静舟,雷凡,周必方,等.用 Zernike 多项式进行波面拟合的几种算法[J].光学精密工程,1999,7(5):119-128.

[44]闫力松.子孔径拼接干涉检测光学镜面算法的研究[D].长春:中国科学院长春光学精密机械与物理研究所,2015.

[45]郁道银,谈恒英.工程光学[M].北京:机械工业出版社,2005.

[46]张磊.光学自由曲面子孔径拼接干涉检测技术[D].杭州:浙江大学,2016.

[47]赵凯华,钟锡华.光学:上册[M].北京:北京大学出版社,1984.

[48]郑德锋,王向朝.一种基于平板横向剪切干涉的角位移测量方法[J].中国激光,2007,34(8):1125-1129.